智能制造高技能人才培养规划丛书

基于SolidWorks 2022版讲解

SolidWorks机械设计与工业机器人方案设计案例详解

工控帮教研组 / 编著

電子工業出版社
Publishing House of Electronics Industry
北京 · BEIJING

内 容 简 介

Solidworks 是一款在 Windows 环境下运行的机械设计软件，它集 CAD/CAE/CAM 功能于一体，以设计为核心，具有使用简单、操作方便的特点。近年来，因其卓越的产品性能，赢得了越来越多的用户青睐。

本书分为基础篇和进阶篇两部分：基础篇主要介绍 Solidworks 设置、草图绘制、特征使用、结构构件设计、钣金生成等基础操作技能；进阶篇则通过工业机器人末端执行器、焊接工装夹具、工业机器人工作站等具体实例，深入阐述 Solidworks 软件在工业机器人相关工程中的应用。

本书融理论与实践于一体，紧贴当前教学特点，既可作为 Solidworks 初学者的入门指南，也可作为高等院校相关专业及企业相关岗位的培训教材。

图书在版编目（CIP）数据

SolidWorks 机械设计与工业机器人方案设计案例详解/工控帮教研组编著. --北京 ：电子工业出版社，2025. 4. --（智能制造高技能人才培养规划丛书）. -- ISBN 978-7-121-49797-1

Ⅰ. TH122；TP242.2

中国国家版本馆 CIP 数据核字第 2025ME7794 号

责任编辑：张　楠
印　　刷：三河市华成印务有限公司
装　　订：三河市华成印务有限公司
出版发行：电子工业出版社
　　　　　北京市海淀区万寿路 173 信箱　邮编：100036
开　　本：787×1092　1/16　印张：15.25　字数：390.4 千字
版　　次：2025 年 4 月第 1 版
印　　次：2025 年 4 月第 1 次印刷
定　　价：59.80 元

凡所购买电子工业出版社图书有缺损问题，请向购买书店调换。若书店售缺，请与本社发行部联系，联系及邮购电话：（010）88254888，88258888。

质量投诉请发邮件至 zlts@phei.com.cn，盗版侵权举报请发邮件至 dbqq@phei.com.cn。

本书咨询联系方式：（010）88254579。

本书编委会

主　编　余德泉

副主编　邹文莉　涂承刚　张　林

前言
PREFACE

当前，工业机器人替代人工生产已成为未来制造业的必然，工业机器人作为“制造业皇冠顶端的明珠”，将大力推动工业自动化、数字化、智能化的早日实现，为智能制造奠定基础。然而，智能制造发展并不是一蹴而就的，而是从“自动信息化”“互联化”到“智能化”层层递进、演变发展的。智能制造产业链涵盖智能装备（机器人、数控机床、服务机器人、其他自动化装备）、工业互联网（机器视觉、传感器、RFID、工业以太网）、工业软件（ERP/MES/DCS 等）、3D 打印及将上述环节有机结合起来的自动化系统集成和生产线集成等。

根据智能制造产业链的发展顺序，智能制造需要先实现自动化，然后实现信息化，再实现互联网化，最后才能真正实现智能化。工业机器人是实现智能制造前期最重要的工作之一，是联系自动化和信息化的重要载体。智能装备和产品是智能制造的实现端。围绕汽车、机械、电子、危险品制造、国防军工、化工、轻工等应用需求，工业机器人将成为智能制造中智能装备的普及代表。

由此可见，智能装备应用技术的普及和发展是我国智能制造推进的重要内容，工业机器人应用技术是一个复杂的系统工程。工业机器人不是买来就能使用的，还需要对其进行规划集成，把机器人本体与控制软件、应用软件、周边的电气设备等结合起来，组成一个完整的工作站方可进行工作。通过在数字工厂中工业机器人的推广应用，不断提高工业机器人作业的智能水平，使其不仅能替代人的体力劳动，而且能替代一部分脑力劳动。因此，以工业机器人应用为主线构造智能制造与数字车间关键技术的运用和推广显得尤为重要，这些技术包括机器人与自动化生产线布局设计、机器人与自动化上下料技术、机器人与自动化精准定位技术、机器人与自动化装配技术、机器人与自动化作业规划及示教技术、机器人与自动化生产线协同工作技术及机器人与自动化车间集成技术，通过建造机器人自动化生产线，利用机器手臂、自动化控制设备或流水线自动化，推动企业技术改造向机器化、自动化、集成化、生态化、智能化方向发展，从而实现数字车间制造过程中物质流、信息流、能量流和资金流的智能化。

近年来，虽然多种因素推动着我国工业机器人在自动化工厂的广泛使用，但是一个越来越大的问题清晰地摆在我们面前，那就是工业机器人的使用和集成技术人才严重匮乏，甚至阻碍了这个行业的快速发展。哈尔滨工业大学机器人研究所所长、长江学者孙立宁教授指出：按照目前中国机器人安装数量的增长速度，对工业机器人人才的需求早已处于干渴状态。目前，国内仅有少数本科院校开设工业机器人的相关专业，学校普遍没有完善的工业机器人相关课程体系及实训工作站。因此，学校老师和学员都无法得到科学培养，从而不能快速满足产业发展的需要。

工控帮教研组结合自身多年的工业机器人集成应用技术和教学经验，以及对机器人集成应用企业的深度了解，在细致分析机器人集成企业的职业岗位群和岗位能力矩阵的基础上，整合机器人相关企业的应用工程师和机器人职业教育方面的专家学者，编写"智能制造高技能人才培养规划丛书"。按照智能制造产业链和发展顺序，"智能制造高技能人才培养规划丛书"分为专业基础教材、专业核心教材和专业拓展教材。

专业基础教材涉及的内容包括触摸屏编程技术、运动控制技术、电气控制与 PLC 技术、液压与气动技术、金属材料与机械基础、EPLAN 电气制图、电工与电子技术等。

专业核心教材涉及的内容包括工业机器人技术基础、工业机器人现场编程技术、工业机器人离线编程技术、工业组态与现场总线技术、工业机器人与 PLC 系统集成、基于 SolidWorks 的工业机器人夹具和方案设计、工业机器人维修与维护、工业机器人典型应用实训、西门子 S7-200 SMART PLC 编程技术等。

专业拓展教材涉及的内容包括焊接机器人与焊接工艺、机器视觉技术、传感器技术、智能制造与自动化生产线技术、生产自动化管理技术（MES 系统）等。

本书内容力求源于企业、源于真实、源于实际，然而因编著者水平有限，错漏之处在所难免，欢迎读者关注微信公众号 GKYXT1508 进行交流。

与本书配套的资源已上传至华信教育资源网（www.hxedu.com.cn），读者可下载使用。若在下载过程中遇到问题，可以发送邮件至 zhangn@phei.com.cn，或者直接在公众号 GKYXT1508 留言，索取配套资料。

工控帮教研组

目 录
CONTENTS

基 础 篇

进 阶 篇

基础篇

第 1 章

SolidWorks 设置

【学习目标】

- SolidWorks 的软件界面
- SolidWorks 的基本操作
- SolidWorks 的系统选项设置
- SolidWorks 的术语说明

1.1 SolidWorks 概述

SolidWorks，一款功能强大的三维 CAD（计算机辅助设计）软件，自推出以来就因出色的性能和技术创新能力在机械设计领域备受推崇。

回溯 SolidWorks 的历史，我们可以发现其起源于 1993 年。当时，它由 PTC 公司的技术副总裁和 CV 公司的副总裁联手创立，旨在为每个工程师提供一套高效且实用的实体模型设计系统。仅仅两年后，即 1995 年，SolidWorks 便推出了首款三维机械设计软件，并迅速推向全球市场。而在 1997 年，SolidWorks 更是迎来了重要的转折点——被法国达索公司收购，从此成为达索公司在中端主流市场的核心品牌。至今，该产品已通过 300 多家经销商在 140 多个国家进行销售。

SolidWorks 的成功并非偶然，它凭借功能全面、操作简便和技术创新等显著特点，在行业中独树一帜。通过使用 SolidWorks，设计师能够轻松创建多样化的设计方案，同时软件内置的智能工具也能有效减少设计失误，进而提升产品质量。更令人称赞的是，对于工程师和设计师来说，SolidWorks 的操作界面简洁直观，使得学习和掌握变得轻而易举。这些因素共同促成了 SolidWorks 在三维 CAD 解决方案领域的领先地位。

1.2 SolidWorks 的软件界面

本书以 SolidWorks 2022 版本为例，详细讲解 SolidWorks 的操作方法。

在安装 SolidWorks 2022 后，双击桌面上的 SolidWorks 2022 快捷方式图标，在等待启动的过程中，会展示启动界面，如图 1-1 所示。

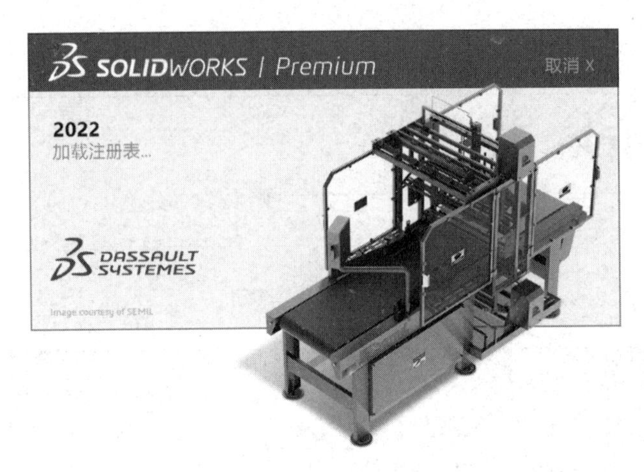

图 1-1

当 SolidWorks 2022 成功启动后，将展示主界面，如图 1-2 所示。

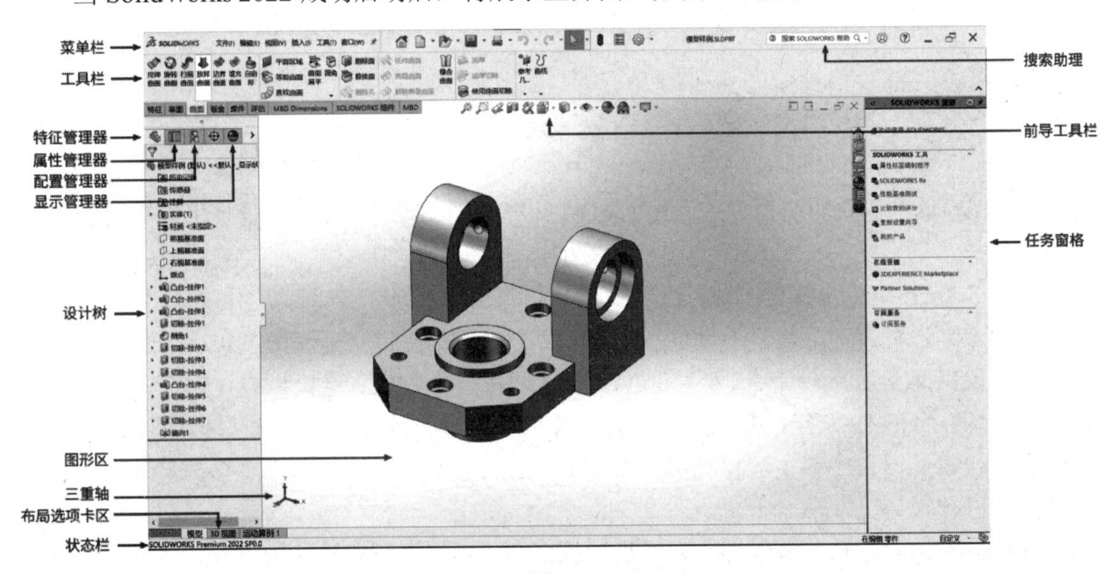

图 1-2

注意： 主界面可能因 SolidWorks 的具体版本和配置而有所不同，建议参考 SolidWorks 的官方文档或教程，以获取更详细和准确的信息。

1.2.1 菜单栏

SolidWorks 的菜单栏是一个功能强大的工具，它整合了软件中的大部分功能，让用户能够轻松访问并执行各种命令。菜单栏不仅包含常用菜单，如“文件”“编辑”“视图”等，还提供了一个搜索助理菜单，帮助用户快速找到并执行特定命令。

SolidWorks 的菜单栏设计得非常智能，它能够根据用户当前的工作环境动态调整菜单选项。这意味着，当用户在不同的工作环境中切换时，菜单栏中的选项也会随之变化，以适应用户当前的需求。这种设计大大提高了用户的工作效率，使用户能够更快地找到并执行所需的命令。

举个例子：假设用户想要切换到多视图查看模式，以便同时查看零件的不同视图。这时，用户可以选择菜单栏中的“窗口”>“视口”>“四视图”命令，如图 1-3 所示，视图将立即切换为多视图查看模式，如图 1-4 所示。在这个模式下，用户可以通过单击各个视图中左下角的坐标系来更改视图中零件的视图状态，这对于全面观察和分析零件非常有帮助。

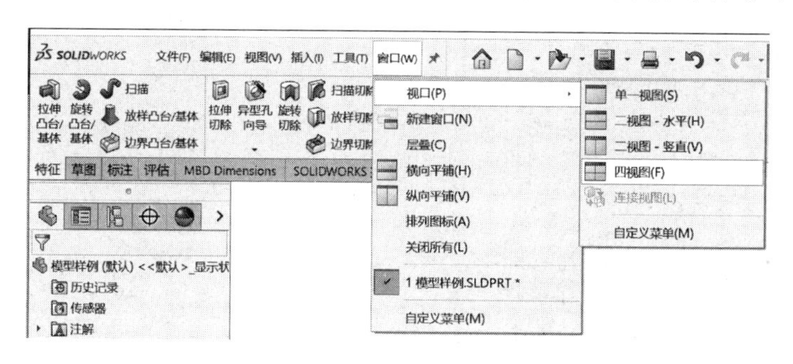

图 1-3

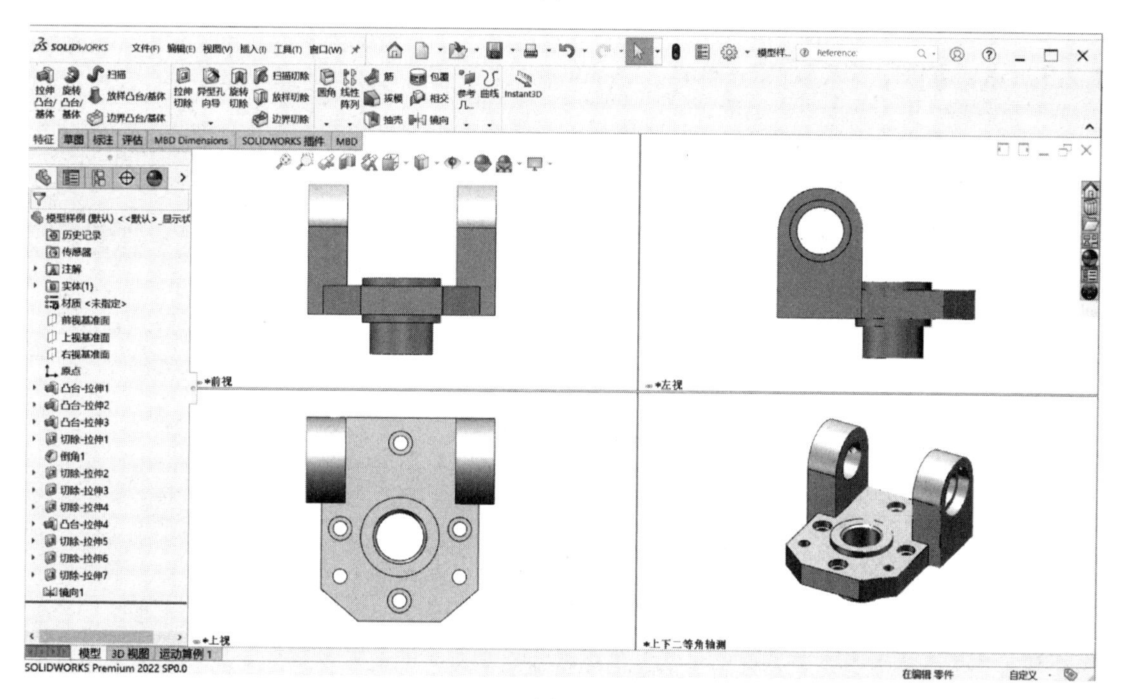

图 1-4

1.2.2　工具栏

工具栏包含快速工具栏与自定义工具栏两部分：

- 快速工具栏是一个与上下文相关的工具栏，它可以根据用户的使用要求进行动态更新，如图 1-5 所示。
- 自定义工具栏既可以通过菜单栏启用，也可以通过在快速工具栏的空白区域单击鼠标右键来启动。在自定义工具栏中可以看到软件提供的多种工具，如图 1-6 所示。

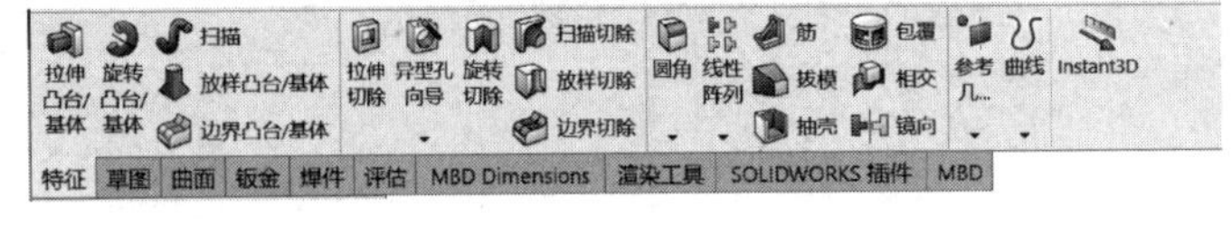

图 1-5

图 1-6

1.2.3 设计树

设计树是一个强大的组织和记录工具：不仅罗列了模型中的各个组成要素，还详细记录了这些要素之间的参数信息和相互关系，以及模型、特征和零件之间的约束关系等。简而言之，设计树几乎囊括了设计的所有关键信息，为用户提供了一个全面且清晰的设计概览。下面简要介绍一下设计树的几个主要工具和功能。

- 退回控制棒：允许用户将模型退回到之前的某个状态，以便设计师在设计过程中进行回溯和调整，如图 1-7 所示。

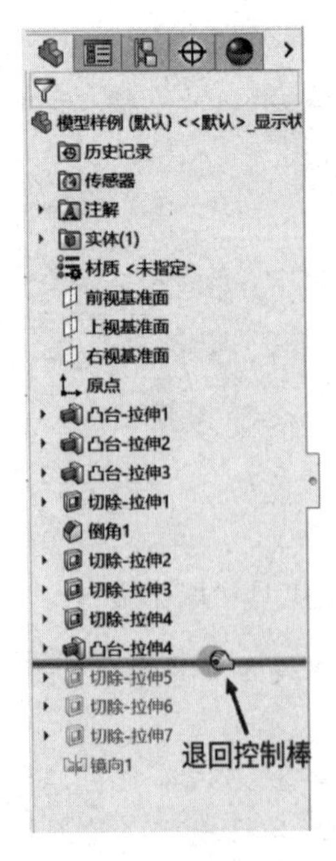

图 1-7

- 注解管理：通过单击设计树中的“注解”文件夹，可轻松控制尺寸和注解的显示。
- 材质编辑：通过单击“材质”文件夹，可添加或修改零件的材质。这一功能极大地提升了设计的灵活性和实用性，使得设计师能够根据实际需求快速调整零件的物理属性。

1.2.4　状态栏

状态栏位于软件界面的底部，用于显示当前编辑内容的状态、指针位置坐标、草图状态等信息，如图 1-8 所示。

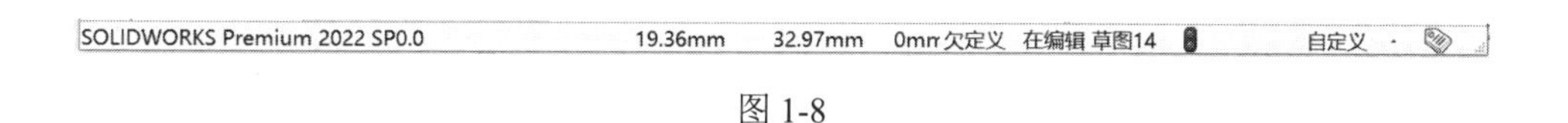

图 1-8

1.2.5　任务窗格

任务窗格是与管理 SolidWorks 文件有关的一个工作窗格，包括“SOLIDWORKS 资源”“设计库”“文件探索器”等选项卡。“SOLIDWORKS 资源”选项卡如图 1-9 所示。

图 1-9

1.3　SolidWorks 的基本操作

1.3.1　新建文件

单击主界面中的按钮，将弹出“新建 SOLIDWORKS 文件”对话框，如图 1-10 所示。

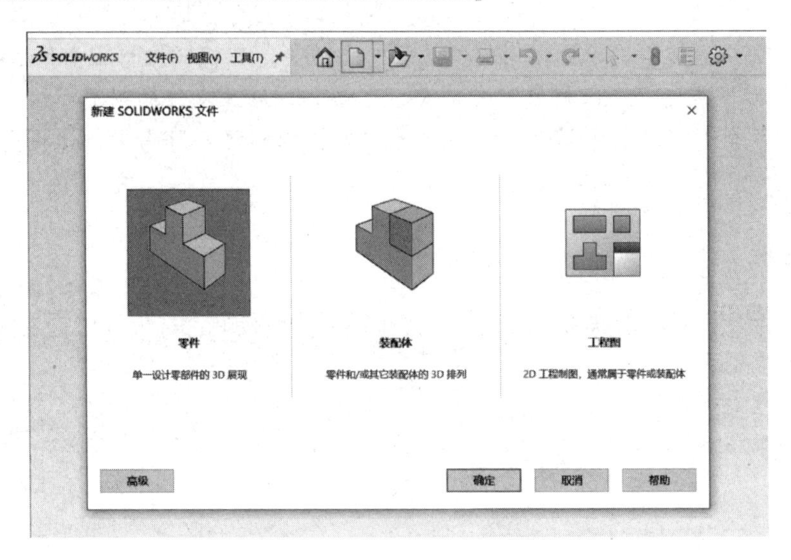

图 1-10

- “零件”按钮：双击该按钮，可以生成单一的三维零件文件。
- “装配体”按钮：双击该按钮，可以生成零件或其他装配体的排列文件。
- “工程图”按钮：双击该按钮，可以生成零件或装配体的二维工程图文件。
- “高级”按钮：单击该按钮可以切换成如图 1-11 所示的“新建 SOLIDWORKS 文件”对话框。

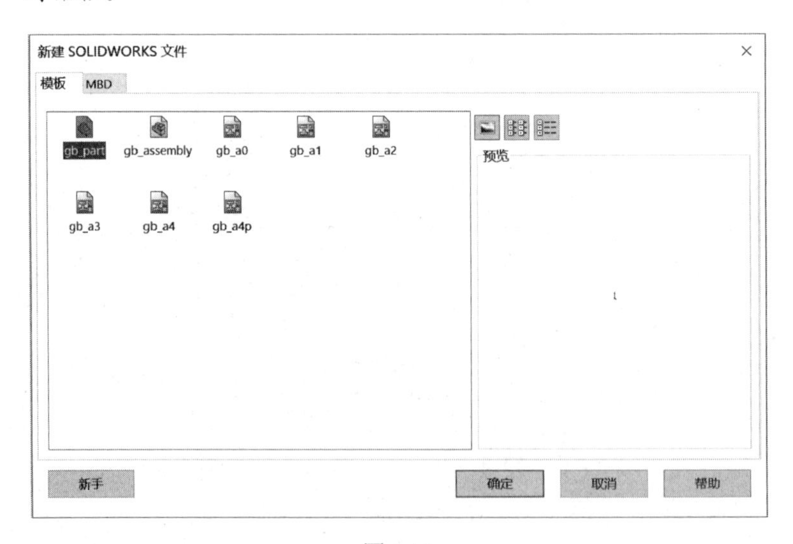

图 1-11

1.3.2 打开文件

单击主界面中的按钮，可打开“打开”对话框。在该对话框中，通过选择已经存在的文件，可对其进行编辑操作，如图 1-12 所示。在“打开”对话框中，系统会默认按照前一次读取的文件格式打开文件。如果想要打开不同格式的文件，则请在 所有文件 (*.*) 下拉列表中选择适当的文件类型。

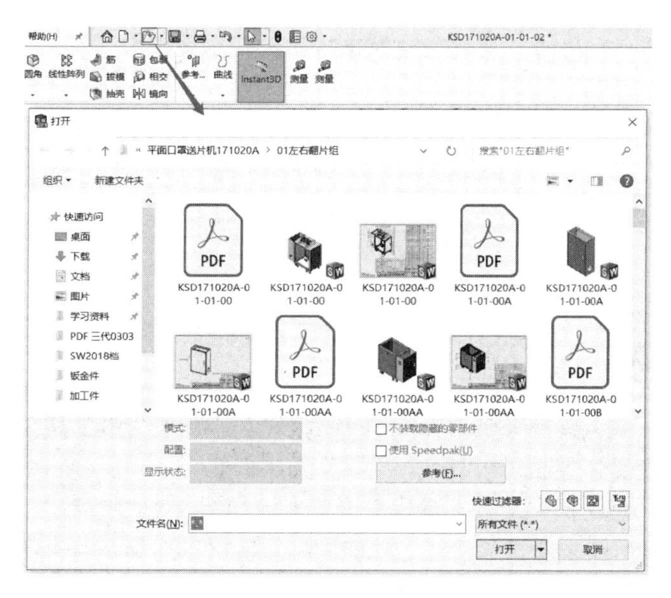

图 1-12

1.3.3　保存文件

完成文件设计后，单击🖫按钮，或者选择菜单栏中的“文件”>“保存”命令，将弹出“另存为”对话框（第一次保存时弹出该对话框）。在输入要保存的文件名、保存类型、保存路径后，便可将当前文件保存，如图 1-13 所示。

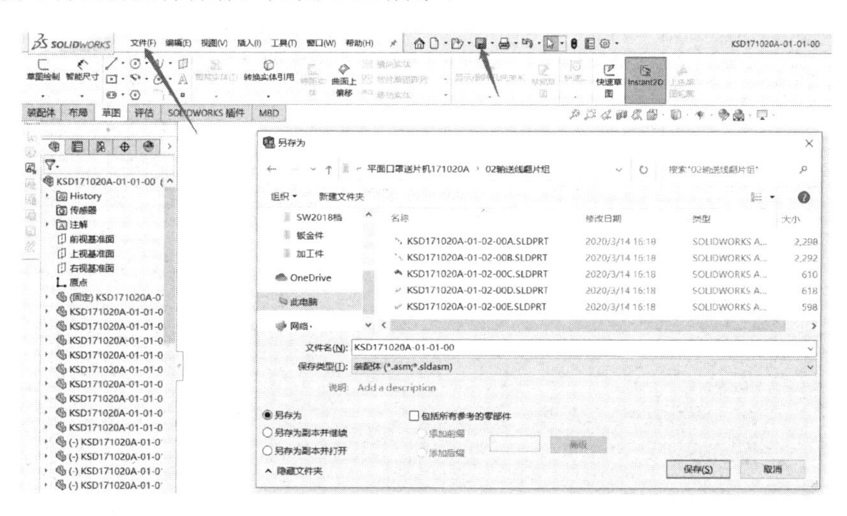

图 1-13

1.4　SolidWorks 的基本设置

选择菜单栏中的“工具”>“自定义”命令，或者单击菜单栏中的⚙按钮，在弹出的下拉列表中选择“自定义”命令，如图 1-14 所示，即可弹出“自定义”对话框。在该对话框中，可对工具栏、命令、键盘、鼠标笔势等进行个性化设置。

图 1-14

1.4.1 工具栏设置

使用工具栏可以大大提高 SolidWorks 的设计效率。合理利用工具栏，既可以使操作方便、快捷，又不会使操作界面过于复杂。

打开“自定义”对话框中的“工具栏”选项卡，如图 1-15 所示，即可对工具栏进行设置。例如，既可以根据需求选择显示哪些功能图标，又可以选择是否以图像方式显示。设置完毕后单击“确定”按钮，勾选的功能图标便会显示在操作界面的工具栏中。

图 1-15

1.4.2 命令设置

打开“自定义”对话框中的“命令”选项卡，如图 1-16 所示。通过“命令”选项卡中的设置，可重新排列和删除工具栏中的按钮。

● 重新排列工具栏中的按钮：在“工具栏”列表框中找到所需的命令，通过上下拖动将其放置在新位置，即可重新调整工具栏中的按钮顺序。

图 1-16

● 删除工具栏中的按钮：选中“工具栏”列表框中的某个命令，将其拖拽到“按钮”列表框，即可完成删除操作。

1.4.3　键盘设置

打开“键盘”选项卡，如图 1-17 所示。在“键盘”选项卡中的“命令”列找到需要的命令，单击要使用的命令按钮，并在“快捷键”列中为所选的命令设置快捷键，从而实现快速执行软件操作、提高工作效率的目的。

图 1-17

1.4.4　鼠标笔势设置

鼠标笔势允许用户通过简单的鼠标动作来快速访问预先指派的工具，从而避免了在复杂的菜单或工具栏中寻找所需功能的麻烦。用户可以根据自己的使用习惯和需要，自定义鼠标笔势的数量和方向。例如，打开“鼠标笔势”选项卡，如图 1-18 所示。勾选“启用鼠标笔试”复选框，该复选框下包含“2 个笔势（垂直）”“2 个笔势（水平）”“3 个笔势”“4 笔势”“8 笔势”“12 个笔势”选项，可根据个人偏好进行设置，从而满足不同用户的需求。

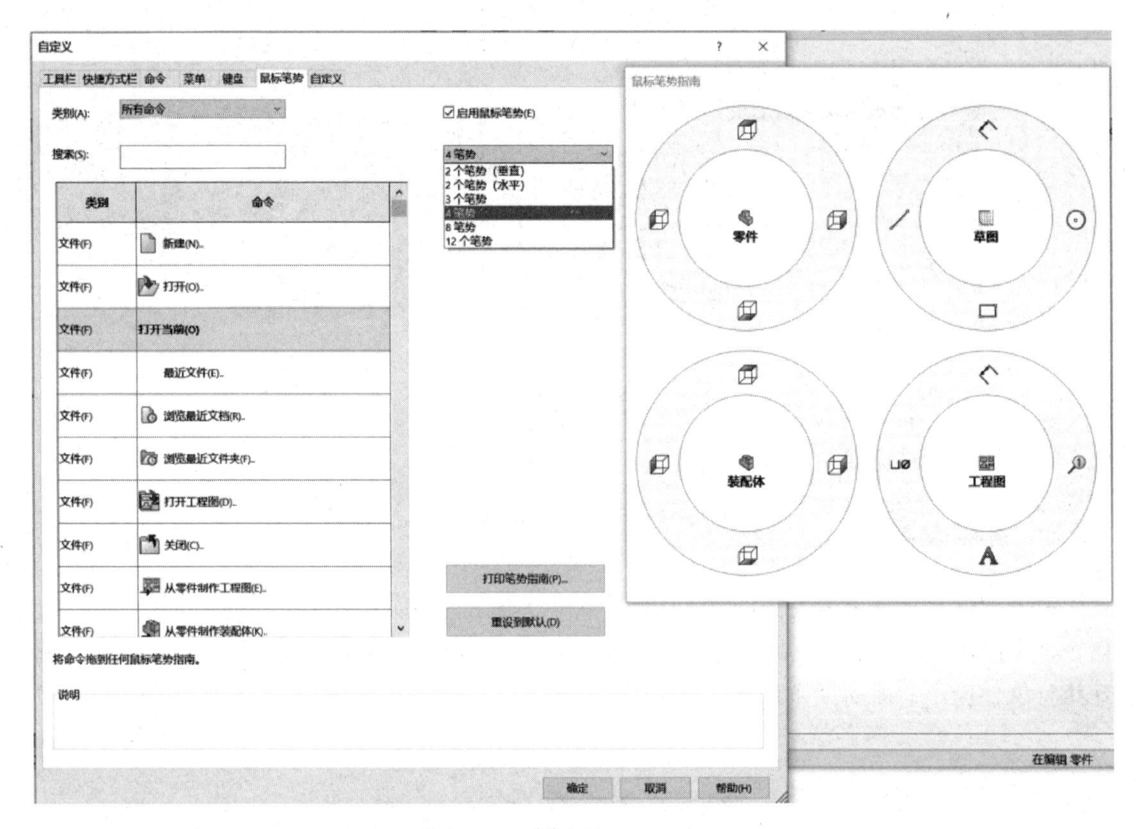

图 1-18

鼠标笔势还可以在不同的工作环境（如零件、草图、装配体、工程图等）中进行设置，从而进一步提升工作的便捷性。

1.5 SolidWorks 的系统选项设置

用户可以根据自身的使用习惯或相应的国家标准，灵活调整 SolidWorks 的系统选项。

若要设置系统选项，则可选择菜单栏中的“工具”>“选项”命令，打开“系统选项”对话框。该对话框包含两个选项卡：“系统选项”选项卡和“文档属性”选项卡。举例来说，用户可以在“文档属性”选项卡中，将尺寸的国家标准选定为 GB。一旦这一设置生效，系统就会在之后的设计中自动遵循中华人民共和国的标准进行尺寸标注。

注意：每个选项卡中列出的选项会以树状格式显示在选项卡左侧。在选中其中一个选项后，与其相关的选项就会出现在选项卡右侧。

1.5.1 “系统选项”选项卡

1. “普通”选项

在“系统选项”选项卡中选中“普通”选项，即可显示如图 1-19 所示的对话框。

- “启动时打开上次所使用的文档”选项：如果希望在打开 SolidWorks 时自动打开最近使用的文件，则在该下拉列表中选择“总是”，否则选择“从不”。
- “输入尺寸值”复选框：若选中该复选框，则在对一个尺寸进行标注后，会自动显示尺寸值的修改框；否则，必须在双击标注尺寸后才会显示修改框。

图 1-19

- “每选择一个命令仅一次有效”复选框：若选中该复选框，则在每次使用草图绘制或者尺寸标注工具进行操作之后，系统会自动取消其选择状态，从而避免该命令的连续执行。
- “在资源管理器中显示缩略图”复选框：如果选中该复选框，则在 Windows 资源管理器中会显示每个文件的缩略图，这些缩略图基于文件保存时的模型视图，而非传统的文件图标。
- “为尺寸使用系统分隔符”复选框：如果选中该复选框，则将使用系统默认的小数分隔符来显示小数数值。如果要使用不同于系统默认的小数分隔符，则取消勾选该复选框，此时其右侧的文本框便被激活，可在其中输入作为小数分隔符的符号。
- “使用英文菜单”复选框：SolidWorks 支持多种文字，如中文、俄文、西班牙文等，如果在安装 SolidWorks 时已指定使用其他文字，则通过选中此复选框可将其改为英文版本。

- “激活确认角落”复选框：如果选中该复选框，则在进行某些需要确认的操作时，图形区域的右上角会显示确认角落。
- “自动显示 PropertyManager”复选框：若选中该复选框，则对特征进行编辑时，系统将自动显示该特征的属性管理器。

2. “工程图”选项

SolidWorks 是一款以造型为基础的三维机械设计软件，它遵循实体造型、虚拟装配到工程图的基本设计流程。为了更便捷地将二维图纸融入 SolidWorks 环境，并保留原始数据，SolidWorks 推出了专用的二维转换工具。这一工具使用户能够轻松地将二维图纸转换为 SolidWorks 格式，进而生成详尽的工程图。在“系统选项”选项卡中选中“工程图”选项，即可显示如图 1-20 所示的对话框。

图 1-20

- “在插入时消除复制模型尺寸”复选框：若选中该复选框，则复制的尺寸在模型被插入时不插入到工程图中。
- “自动缩放新工程视图比例”复选框：若选中该复选框，则在插入零件或装配体的三视图到工程图时，会自动调整三视图的比例，以匹配工程图纸的大小。
- “显示新的局部视图图标为圆”复选框：若选中该复选框，则新的局部视图轮廓显示为圆；若取消勾选该复选框，则新的局部视图轮廓为草图轮廓。

- “选取隐藏的实体”复选框：若选中该复选框，则可选择隐藏实体的切边和边线，当光标经过隐藏的边线时，隐藏的边线将以双点画线的方式显示。
- “打印不同步水印”复选框：在 SolidWorks 的工程制图中，存在一个强大的分离制图功能。此功能能够迅速生成与三维零件和装配体临时分离的二维工程图，且仍维持与三维模型的全相关性，从而彻底打破了从三维转换到二维的瓶颈。当用户勾选该复选框后，若二维工程图与三维模型之间出现不同步的情况，则在打印输出时，系统会自动在工程图上加盖一个“SolidWorks 分离工程图不同步打印”的水印，以此作为提醒。
- “在工程图中显示参考几何体名称”复选框：若选中该复选框，则在将参考几何实体输入工程图时，它们的名称将在工程图中显示出来。
- “生成视图时自动隐藏零部件”复选框：若选中该复选框，则在生成新的视图时，装配体的任何隐藏零部件将自动列举在“工程视图属性”对话框的“隐藏/显示零部件”选项卡中。
- “显示草图圆弧中心点”复选框：若选中该复选框，则草图圆弧的中心点将显示在工程图中。
- “显示草图实体点”复选框：若选中该复选框，则草图中的实体点将显示在工程图中。

3. “草图”选项

SolidWorks 软件中的每一个零件都源于草图设计，且该软件的大部分特征均始于 2D 草图的绘制。因此，草图绘制能力直接关乎零件设计的熟练程度。在“系统选项”选项卡中选中“草图”选项，即可显示如图 1-21 所示的对话框。

图 1-21

- “使用完全定义草图”复选框：完全定义草图是指草图中的每一条直线和曲线，以及它们的位置，都通过明确的尺寸标注或几何关系被精确描述。
- “在零件/装配体草图中显示圆弧中心点”复选框：若选中该复选框，则所有的圆弧中心点都将显示在草图中。
- “在零件/装配体草图中显示实体点”复选框：若选中该复选框，则实体的端点将以实心圆点的方式显示在草图中。该圆点的颜色可反映草图中该实体的状态：若为黑色，则表示该实体是完全定义的；若为蓝色，则表示该实体是欠定义的，即实体中有些尺寸或几何关系未定义，可以随意改变；若为红色，则表示该实体是过定义的，即实体中有些尺寸或几何关系是有冲突的或是多余的。
- “提示关闭草图”复选框：选中该复选框后，当利用具有开环轮廓的草图生成凸台时，如果此草图可用模型的边线来封闭，则系统会显示“封闭草图到模型边线”对话框。单击“是”按钮，即可用模型的边线来封闭草图轮廓，并选择封闭草图的方向。
- “打开新零件时直接打开草图”复选框：若选中该复选框，则在新建零件时可直接使用草图绘制区域和草图绘制工具。
- “尺寸随拖动/移动修改”复选框：若选中该复选框，则可通过拖动草图中的实体或在“移动/复制”属性管理器中移动实体来修改尺寸值。拖动完成后，尺寸将自动更新。
- “上色时显示基准面”复选框：若选中该复选框，则在上色模式下，草图基准面看起来像上了色一般。
- “过定义尺寸”选项组：该选项组包括两个复选框，一是“提示设定从动状态”复选框，所谓从动状态是指该尺寸是由其他尺寸或条件驱动的，不能被修改，若选中该复选框，则当添加一个过定义尺寸到草图时，会弹出一个用于询问尺寸是否应为从动的对话框；二是“默认为从动”复选框，若选中该复选框，则当添加一个过定义尺寸到草图时尺寸会被默认为从动。

4．“显示”选项

任何一个零件的轮廓都是一个复杂的闭合边线回路。在 SolidWorks 的操作中离不开对边线的操作。“显示”选项用于设置边线的显示和选择，如图 1-22 所示。

- “隐藏边线显示为”选项组：若选中“实线”单选按钮，则将零件或装配体中的隐藏线以实线显示；若选中“虚线”单选按钮，则以浅灰色线显示视图中不可见的边线，而可见的边线仍正常显示。
- “零件/装配体上的相切边线显示”选项组：用来控制在消除隐藏线和隐藏线变暗模式下，模型切边的显示状态。若选中“为可见”单选按钮，则显示切边；若选中“为双点画线”单选按钮，则使用双点画线显示切边；若选中“移除”单选按钮，则不显示切边。
- “在带边线上色模式下的边线显示”选项组：用来控制在上色模式下模型边线的显示状态。若选中“消除隐藏线”单选按钮，则所有在消除隐藏线模式下出现的边线都会在带边线上色模式下显示；若选中“线架图”单选按钮，则显示零件或装配体中的所有边线。
- “关联编辑中的装配体透明度”选项组：所谓关联是指在装配体中，若在零件中生成一个参考其他零件的几何特征，则相互的关联性也会相应改变。该选项组中的下拉列表用来设置在关联编辑中的装配体透明度，可以选择“保持装配体透明度”和“强制装配体透明度"选项，其右边的移动滑块用来设置透明度的值。

图 1-22

- "高亮显示所有图形区域中选中特征的边线"复选框：若选中该复选框，则当单击模型特征时，所选特征的边线会高亮显示。
- "图形视区中动态高亮显示"复选框：若选中该复选框，则当光标经过草图、模型或工程图时，系统将高亮显示模型的边线、面及顶点。
- "以不同的颜色显示曲面的开环边线"复选框：若选中该复选框，则系统将以不同的颜色显示曲面的开环边线，从而区分曲面开环边线、相切图线或侧影轮廓边线等。
- "显示上色基准面"复选框：若选中该复选框，则系统将显示上色基准面。
- "显示参考三重轴"复选框：若选中该复选框，则将在图表区域显示参考三重轴。

1.5.2 "文档属性"选项卡

"文档属性"选项卡仅在文件打开时可用，如图 1-23 所示。对于新建的文件，如果没有特别指定该文件的属性，则将使用模板中的文件设置（如网格线、边线显示、单位等）。

在不同的模型环境与工程图环境下，"文档属性"选项卡中的内容会有所不同。下面以工程图环境为例，介绍几个常用的选项。

1. "绘图标准"选项

（1）"注解"选项

在"文档属性"选项卡中可对绘图时的注解进行设置，包括"零件序号""基准点""形位公差""注释""修订云""表面粗糙度""焊接符号"等选项，如图 1-24 所示。

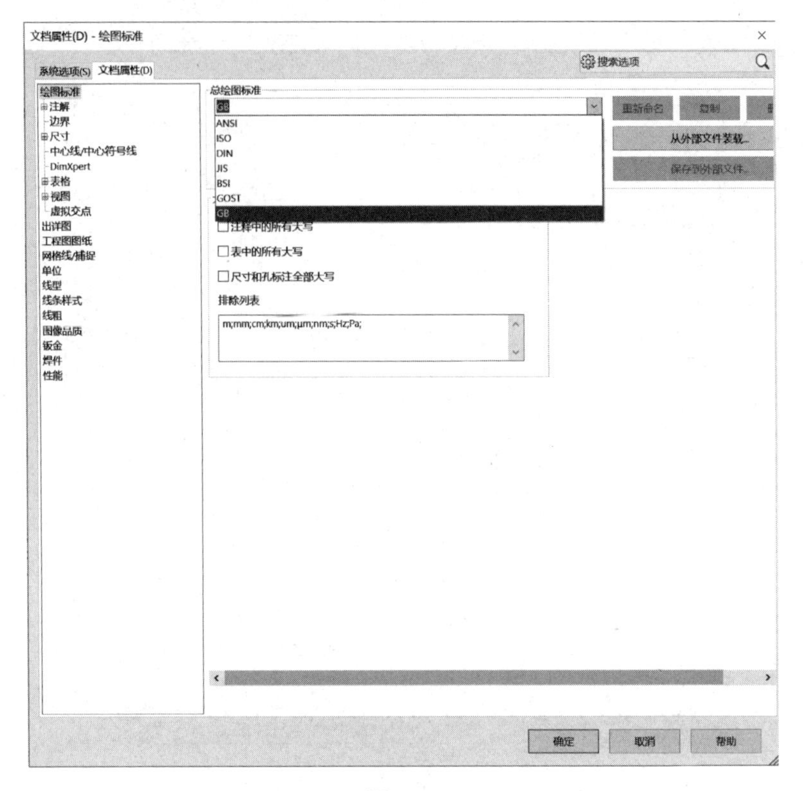
文档属性(D) - 绘图标准
系统选项(S)
文档属性(D)
搜索选项
绘图标准
注解
边界
尺寸
中心线/中心符号线
DimXpert
表格
视图
虚拟交点
出详图
工程图图纸
网格线/捕捉
单位
线型
线条样式
线粗
图像品质
钣金
焊件
性能
总绘图标准
GB
ANSI
ISO
DIN
JIS
BSI
GOST
GB
从外部文件装载...
保存到外部文件...
注释中的所有大写
表中的所有大写
尺寸和孔标注全部大写
排除列表
m;mm;cm;km;um;µm;nm;s;Hz;Pa;
确定
取消
帮助

图 1-23

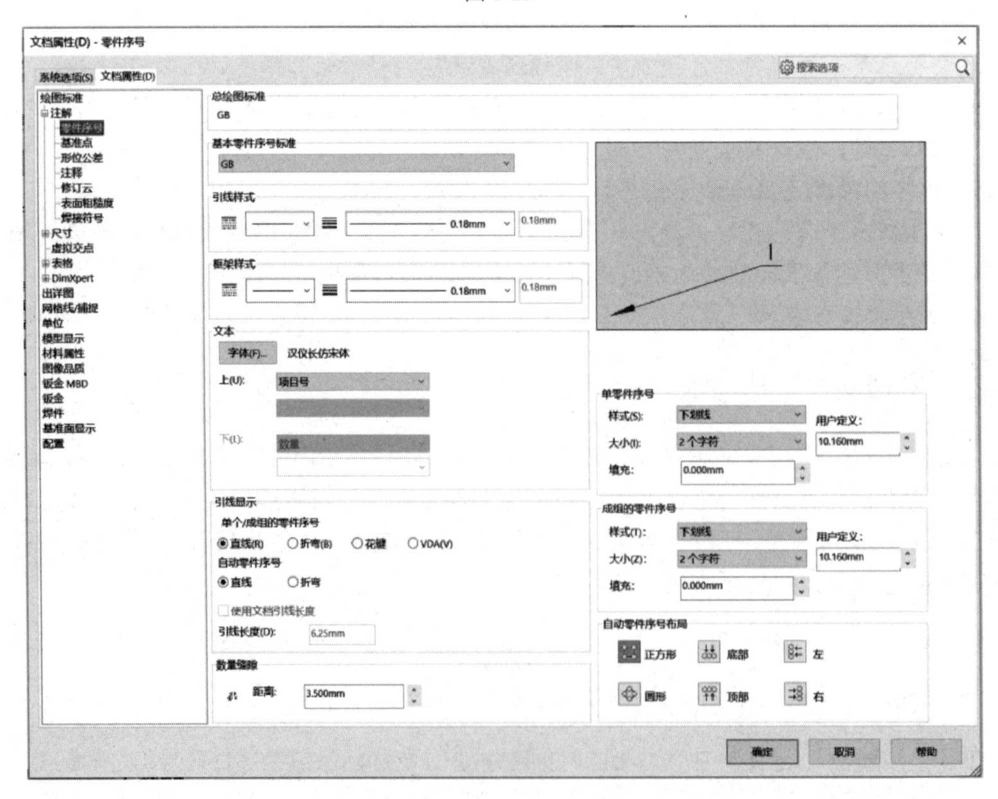
文档属性(D) - 零件序号
系统选项(S)
文档属性(D)
搜索选项
绘图标准
注解
零件序号
基准点
形位公差
注释
修订云
表面粗糙度
焊接符号
尺寸
虚拟交点
表格
DimXpert
出详图
网格线/捕捉
单位
模型显示
材料属性
图像品质
钣金 MBD
钣金
焊件
基准面显示
配置
总绘图标准
GB
基本零件序号标准
GB
引线样式
0.18mm
框架样式
0.18mm
文本
字体(F)...
汉仪长仿宋体
上(U):
项目号
下(L):
数量
引线显示
单个/成组的零件序号
直线(R)
折弯(B)
花键
VDA(V)
自动零件序号
直线
折弯
使用文档引线长度
引线长度(D):
6.25mm
数量骤距
距离:
3.500mm
单零件序号
样式(S):
下划线
大小(I):
2 个字符
填充:
0.000mm
用户定义:
10.160mm
成组的零件序号
样式(T):
下划线
大小(Z):
2 个字符
填充:
0.000mm
用户定义:
10.160mm
自动零件序号布局
正方形
底部
左
圆形
顶部
右
确定
取消
帮助

图 1-24

（2）“尺寸”选项

单击“尺寸”选项，可对工程图中的尺寸标注进行设置，如图 1-25 所示。

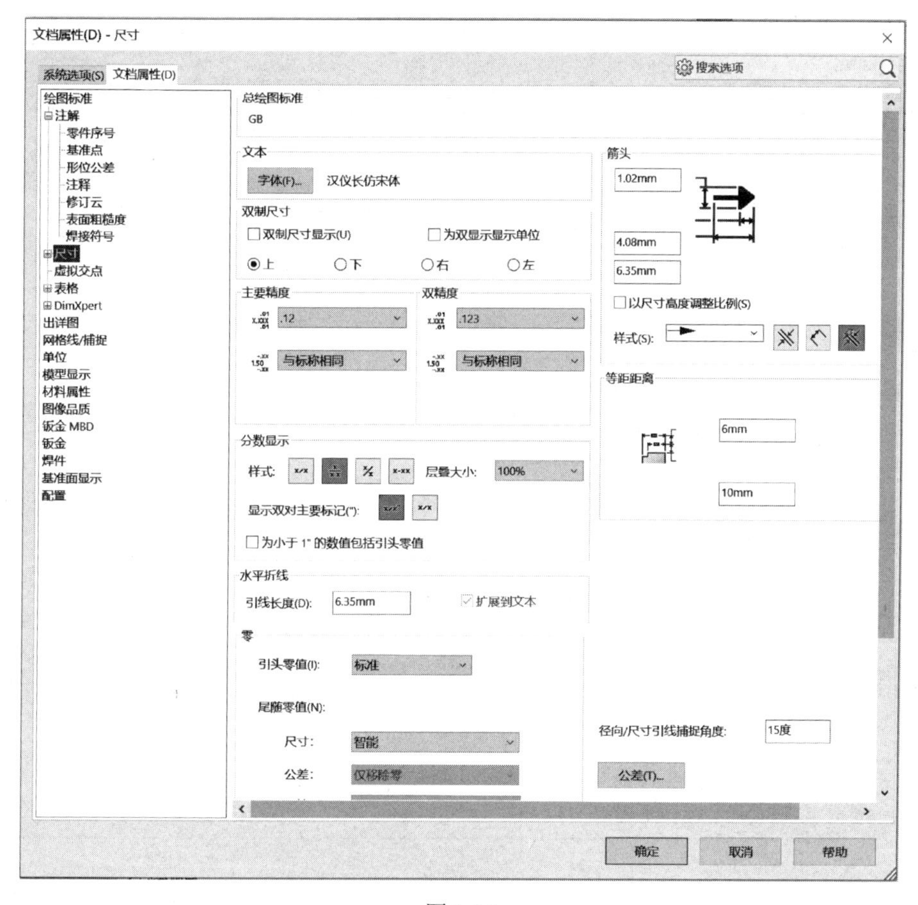

图 1-25

- “文本”选项组：单击“字体”按钮，可以修改尺寸标注中的字体。
- “双制尺寸”选项组：用于设置双制尺寸的显示位置，以及是否显示单位。
- “主要精度”选项组：用于设置尺寸和公差中小数点后的位数。
- “分数显示”选项组：用于设置分数尺寸的显示样式。
- “箭头”选项组：用于设置箭头的样式与箭头参数。
- “等距距离”选项组：用于设置尺寸间的排列间距。

2. “出详图”选项

“出详图”选项用于设置是否在工程图中显示装饰螺纹线、基准点、基准目标等，如图 1-26 所示。

- “显示过滤器”选项组：用于设置工程图中显示的项目。
- “始终以相同大小显示文字”复选框：若选中该复选框，则所有注解和尺寸都以相同大小显示（无论是否缩放）。

- “仅在生成此项的视图上显示项目”复选框：若选中该复选框，则仅在模型的方向与添加注解时的方向一致时才显示注解。在旋转零件或选择不同的视图方向时会将注解从显示中移除。

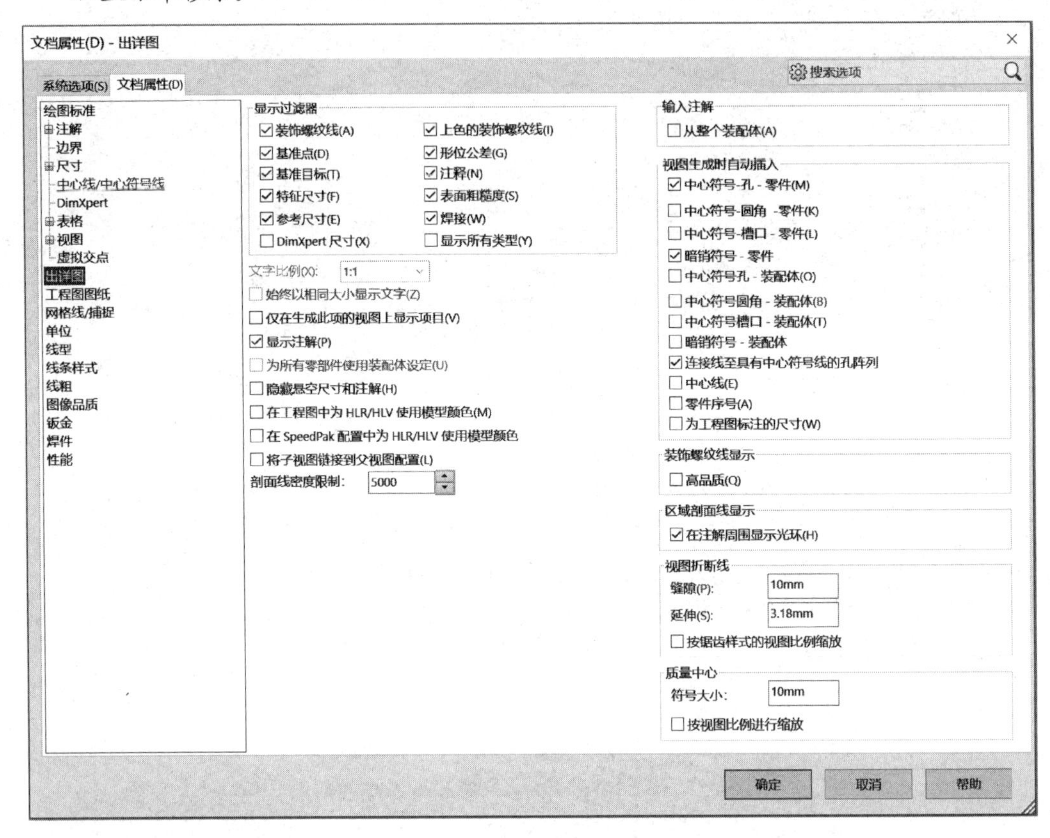

图 1-26

- “显示注解”复选框：若选中该复选框，则可显示过滤器中选定的所有注解类型。对装配体而言，此选项不仅对属于装配体的注解适用，也对显示在个别零件文档中的注解适用。
- “为所有零部件使用装配体设定”复选框：若选中该复选框，则可让所有注解的显示采用装配体文档的设定，而忽略个别零部件文档的设定。
- “隐藏悬空尺寸和注解”复选框：对于零件或装配体，若选中该复选框，则可隐藏由已删除特征得出的参考工程图中的悬空尺寸和注解，以及从抑制的特征中得出的悬空尺寸和注解；对于工程图，若选中该复选框，则可隐藏悬空注解。
- “在工程图中为 HLR/HLV 使用模型颜色”复选框：若选中该复选框，则可在 HLR/HLV 模式下查看工程图中的零件或装配体的模型颜色。虽然此设置可覆盖“工具”>“选项”>“系统选项”>“颜色”中的颜色设置，但任何指定的图层设置也将覆盖此设置。

3. “单位”选项

该选项用来指定零件、装配体或工程图所使用的单位类型，如图 1-27 所示。若选中“自定义”单选按钮，则可自行设置表格内的选项。

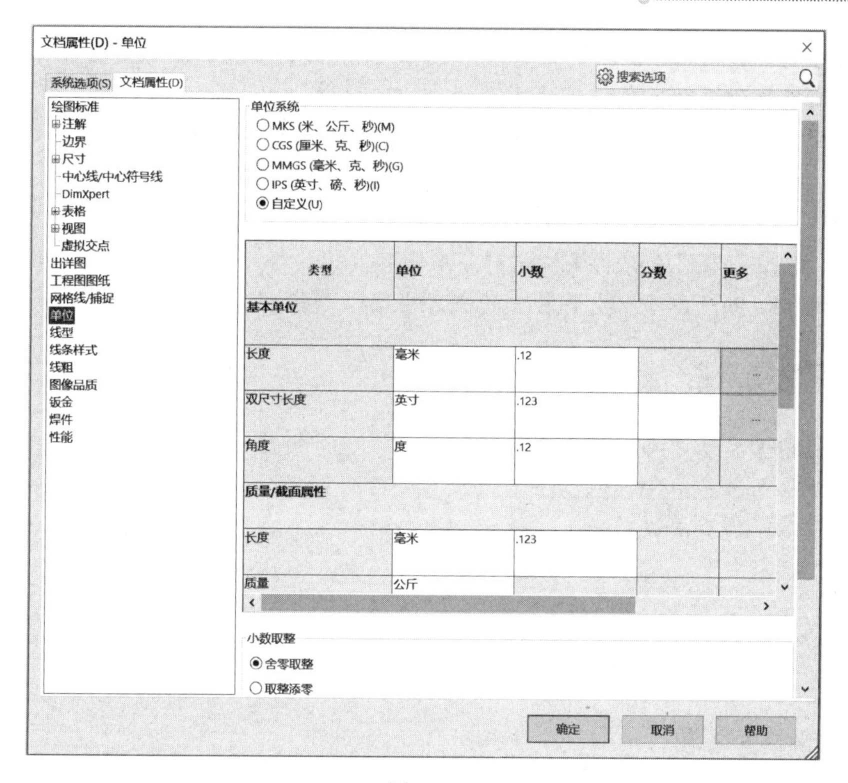

图 1-27

1.6　SolidWorks 的术语说明

1.6.1　通用术语

- 特征：SolidWorks 所创建的零件是由许多独立的元素组成的，这些元素就被称为特征。
- 实体模型：用于表达三维物体固体性质的形式，是一种几何模型。
- 模板：是 SolidWorks 软件中用于划分软件应用功能模块的基本单元。这些基本单元定义了尺寸标注形式、单位及系统配置等信息，如零件模板、装配体模板、工程图模板、材料明细表模板等。
- 相关性：是指 SolidWorks 所创建的零件或装配体文件与对应的工程图之间的内在关系，这种关系使得模型和图纸始终保持一致。
- 图层：是在 SolidWorks 工程图中存放的一组相关实体，以明确区分不同类型的信息，从而达到分别显示和维护的目的。
- 约束：用于限定几何对象的尺寸、位置、数值或表达式。例如，某一线段标注的长度尺寸、参数之间设置的方程式等。

1.6.2　零件建模术语

- 基准轴：是用点划线来直观展示的一种特征，在创建特征、确定尺寸位置、定位基准面时可起到关键作用。值得注意的是，在 SolidWorks 中，当创建圆柱体或圆锥体零件时，系统会自动生成临时的基准轴。

- 基准面：这一特征在视觉上呈现为一个矩形平面，常被用作参考，以辅助创建特征、定位尺寸或绘制草图。
- 草图：是封闭的线框几何图形，也是构建模型特征的基础。
- 特征：是指一系列能够明显标识产品形状的实体组合，如拉伸体、孔、螺纹、圆角等。这些特征使得产品可在更高层次的概念框架内进行描述和交流。

1.6.3 装配建模术语

- 装配：用于展示产品中的各零件与子装配体之间相互关系的集合。
- 装配体：通过 SolidWorks 装配技术将多个零件或子装配体组合而成的整体。
- 子装配体：被更高级别的装配体所调用的装配体，通常也被称作部件。

1.7 知识点练习

1. 快捷键设置练习

选择菜单栏中的“工具”>“自定义”命令，弹出“自定义”对话框，打开“键盘”选项卡，在“命令”列找到需要的命令，设置后面的快捷键与搜索快捷键，从而实现快捷操作软件的目的。例如：设置“直线”命令的快捷键为 L，如图 1-28 所示；设置“智能尺寸”的快捷键为 F2，如图 1-29 所示。

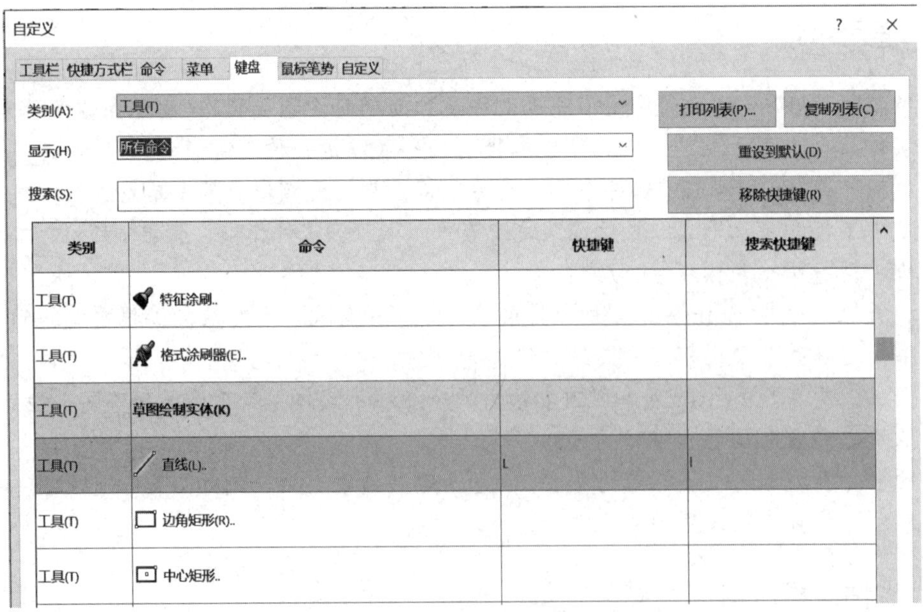

图 1-28

自定义

工具栏 快捷方式栏 命令 菜单 键盘 鼠标笔势 自定义

类别(A): 工具(T)

显示(H) 所有命令

搜索(S):

打印列表(P)... 复制列表(C) 重设到默认(D) 移除快捷键(R)

类别	命令	快捷键	搜索快捷键
工具(T)	显示曲率(U)..		
工具(T)	尺寸(S)		
工具(T)	智能尺寸(S)..	F2	
工具(T)	水平尺寸(H)..		
工具(T)	竖直尺寸(V)..		

图 1-29

2. 鼠标笔势设置练习

选择菜单栏中的“工具”>“自定义”命令，弹出“自定义”对话框，打开“鼠标笔势”选项卡，即可进行鼠标笔势的设置。例如，勾选“启用鼠标笔势”复选框，在下拉列表中选择“12 个笔势”，打开“鼠标笔势指南”对话框，在左边的命令区中找到“正视于”命令，按住鼠标左键不放将命令拖放至“鼠标笔势指南”对话框中的 12 个笔势中，即可替换平移工具，如图 1-30 所示。

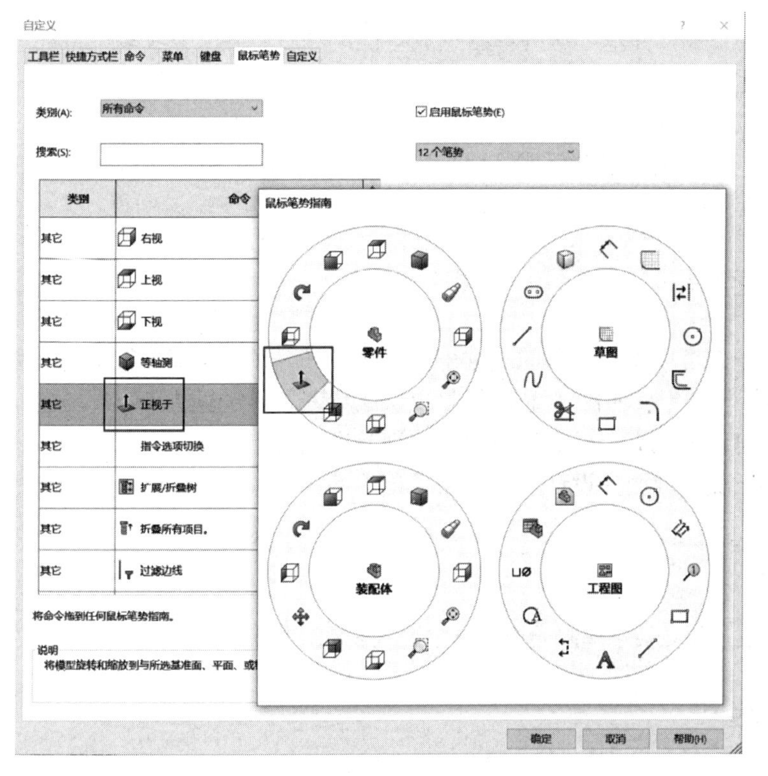

图 1-30

第 2 章

草图绘制与编辑

【学习目标】
- 草图基础
- 绘制草图工具
- 编辑草图工具
- 添加几何约束/尺寸标注
- 绘制 3D 草图

2.1 草图基础

草图，通常指的是轮廓线或横断面，是设计和建模过程中的关键元素。在创建模型时，需要先着手绘制草图，并基于这些草图生成特征；然后，将一个或多个特征进行组合，从而构建出完整的零件；接着，通过组合多个零件，创建出复杂的装配体；最后，这些零件或装配体将作为生成工程图的基础。

使用者不仅可以利用基准面或平面来绘制 2D 草图，以精准地展现设计细节，还可以创建包含 X 轴、Y 轴和 Z 轴的 3D 草图，以在空间中全面实现设计构想。

2.1.1 基准面

基准面是一个可以无限伸展的二维平面，不仅可用作绘制草图特征的平面，还可作为特征放置、尺寸标注和零件装配的重要参考。当使用默认模板创建零件或装配体并进入设计模式时，系统会自动生成三个正交基准面：前视基准面、上视基准面和右视基准面，如图 2-1 所示。这三个正交基准面为设计工作提供了便捷的起点。

2.1.2 原点

通常情况下，原点被用作起始定位点来绘制草图，它是最基本的参考点，如图 2-2 所示。

2.1.3 工具栏

在工具栏中打开“草图”选项卡，通过单击“草图”选项卡中的相关选项，并选择正交基准面，即可开始绘制或编辑草图，如图 2-3 所示。

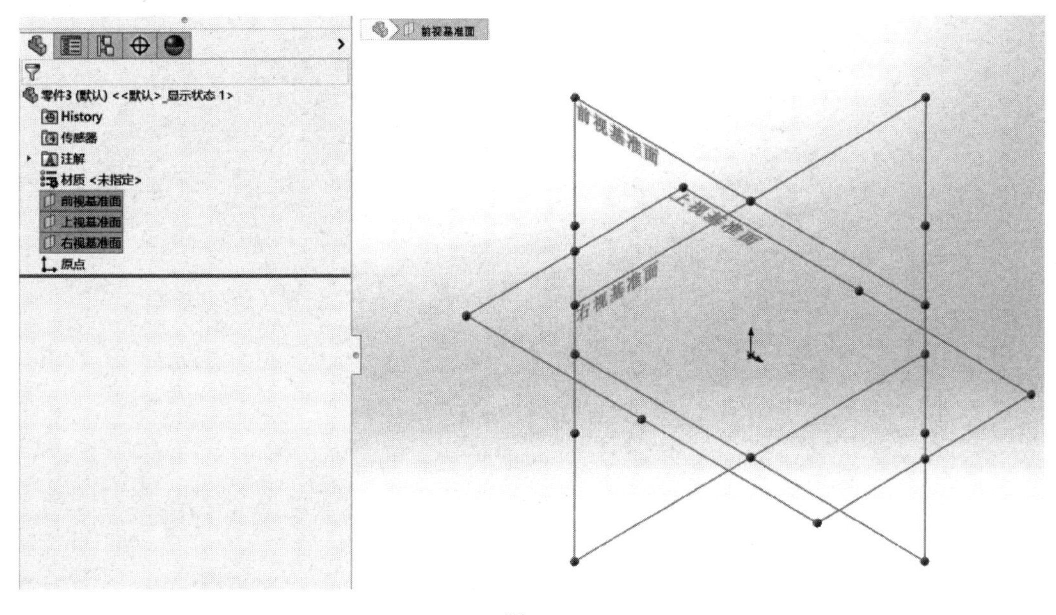

图 2-1

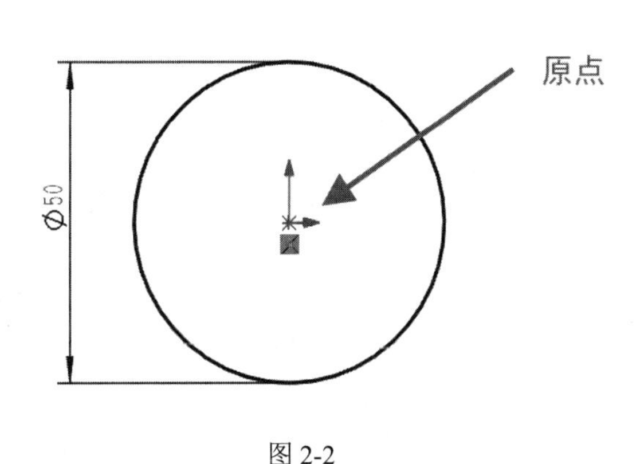

图 2-2

图 2-3

例如，单击“智能尺寸”选项，可弹出如图 2-4 所示的对话框。在数值框内更改尺寸参数，即可对选中的草图进行尺寸标注。

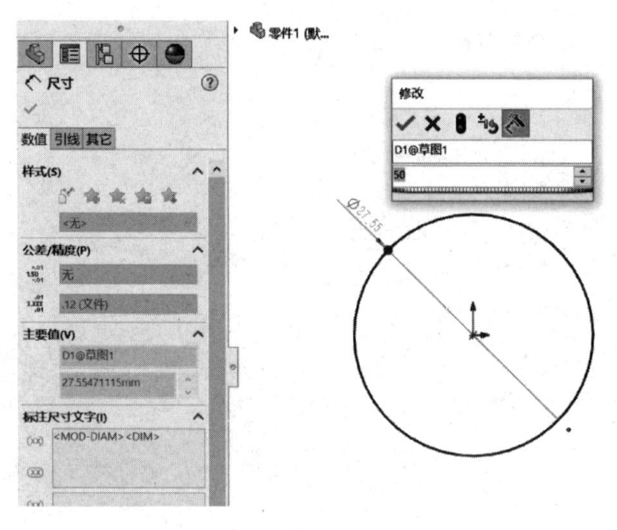

图 2-4

2.2 绘制草图工具

2.2.1 直线工具

直线工具由“直线”“中心线”“中点线”命令组成，如图 2-5 所示。

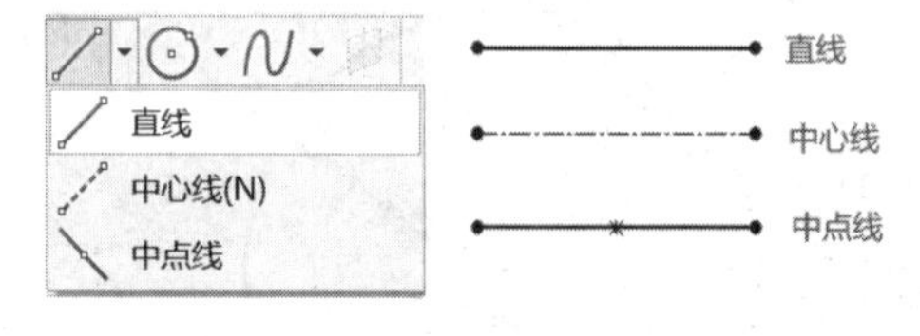

图 2-5

- 直线：在草图模式下，通过左键单击确定起点，随后在期望的位置再次单击以绘制一段或多段直线。若需中断绘制，则可按 ESC 键退出“直线”命令。另外，长按鼠标左键并拖动，可从起点生成一条直线。
- 中心线：此命令会生成点画线样式的线段，这种线段主要用作辅助线。
- 中点线：先通过单击左键确定起点，该起点会自动定位于某线段的中点，然后移动光标并再次单击，即可生成从中点出发的线段。

2.2.2 矩形工具

矩形工具由“边角矩形”“中心矩形”“3 点边角矩形”“3 点中心矩形”“平行四边形”命令组成，如图 2-6 所示。

- 边角矩形：移动光标至图形区域，光标将变成“笔”状，在合适的位置单击，生成边角矩形的第一点，再移动光标到合适的位置单击，以便生成边角矩形的第二点，如图 2-7 所示。

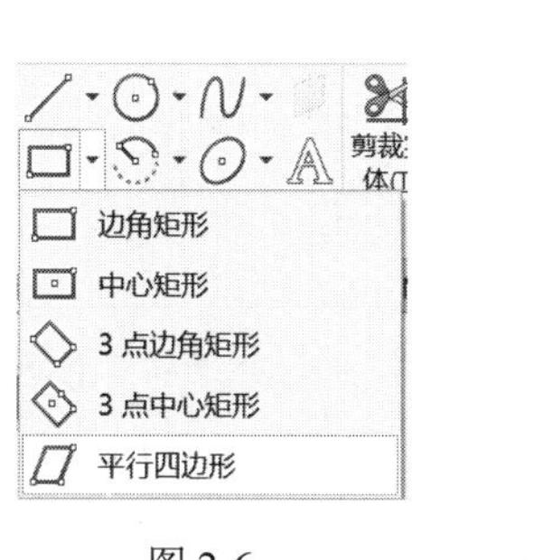

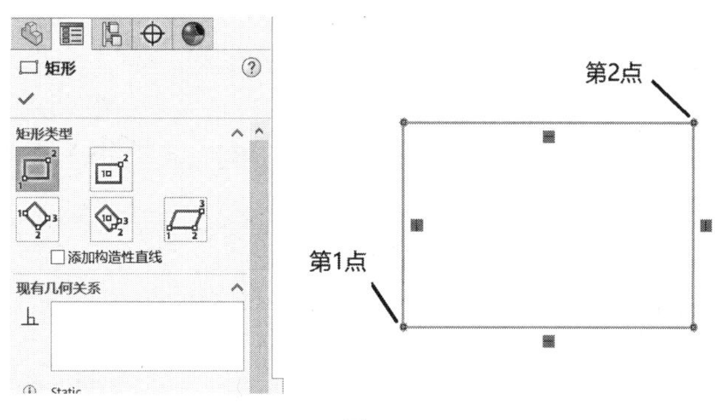

图 2-6　　　　　　　　　　图 2-7

- 中心矩形：中心矩形有“从边角”和“从中点”两种形式。移动光标至图形区域，光标将变成“笔”状，在合适的位置单击，生成中心矩形的中心点，再移动光标到合适的位置单击，生成中心矩形的第 2 点，如图 2-8 所示。

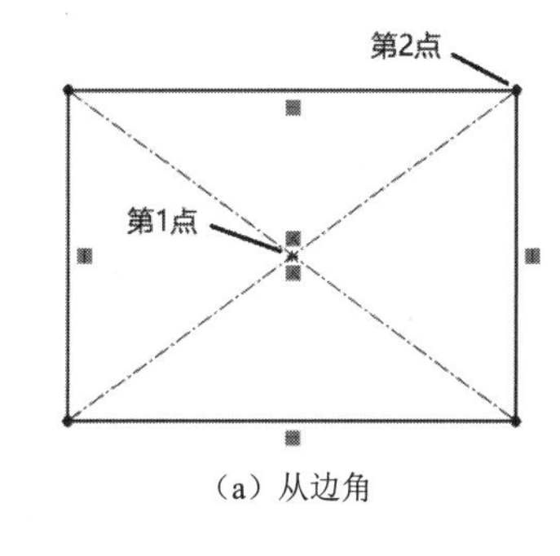

（a）从边角

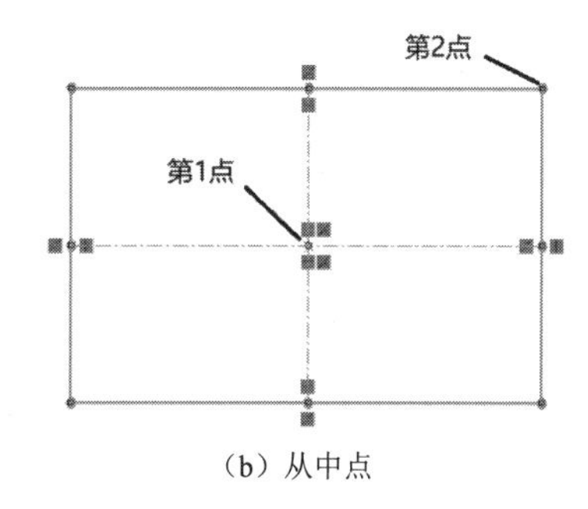

（b）从中点

图 2-8

- 3 点边角矩形：移动光标至图形区域，光标将变成“笔”状，在合适的位置单击 3 次，生成边角矩形的 3 个点，如图 2-9 所示。

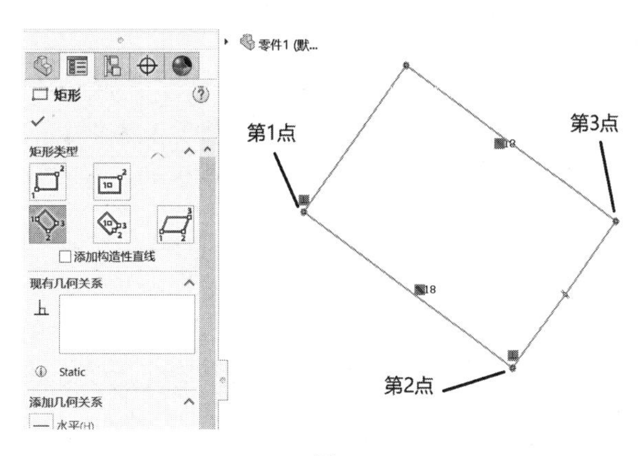

图 2-9

- 3 点中心矩形：中心矩形有“从边角”和“从中点”两种形式。移动光标至图形区域，光标将变成“笔”状，先在合适的位置单击生成中心矩形的中心点，再移动光标到合适的位置依次单击，以确定中心矩形的第 2 点和第 3 点，如图 2-10 所示。

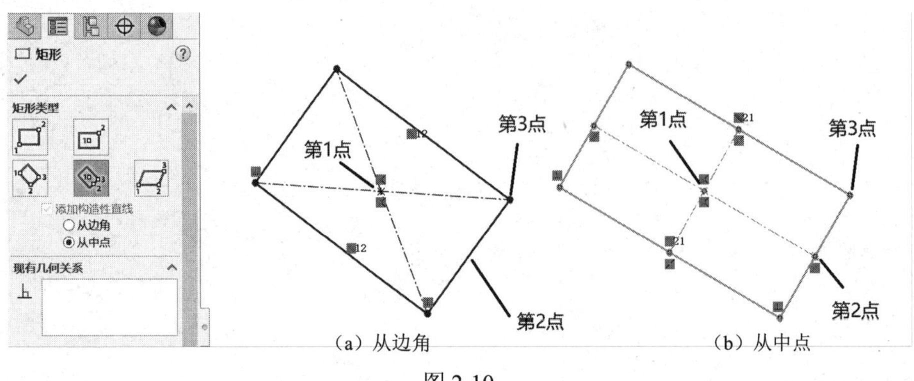

图 2-10

- 平行四边形：移动光标至图形区域，光标将变成“笔”状，先在合适的位置单击生成平行四边形的起点，再移动光标到合适的位置单击，以确定平行四边形的第 2 点和第 3 点，如图 2-11 所示。

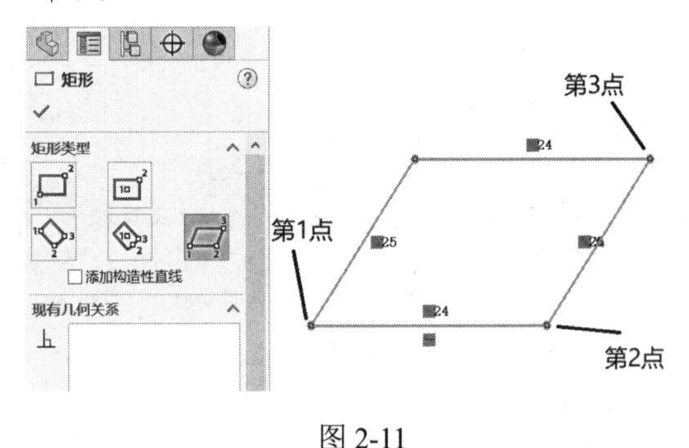

图 2-11

2.2.3 槽口工具

槽口工具由“直槽口”“中心点直槽口”“三点圆弧槽口”“中心点圆弧槽口”命令组成，如图 2-12 所示。

- 直槽口：移动光标至图形区域，光标将变成“笔”状，先在合适的位置单击，以确定直槽口的第 1 点；接着，移动光标到合适槽口的长度位置单击，以确定直槽口的第 2 点；最后，在合适的位置单击，以确定直槽口的第 3 点，如图 2-13 所示。

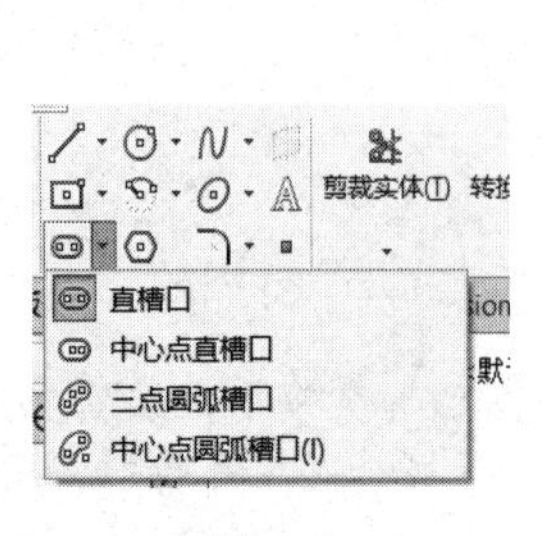

图 2-12

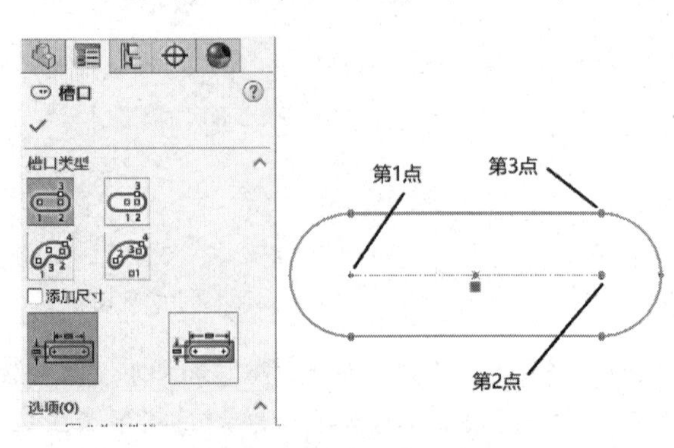

图 2-13

- 中心点直槽口：移动光标至图形区域，光标将变成“笔”状，先在合适的位置单击，以确定直槽口的第 1 点；接着，移动光标到合适槽口的长度位置单击，以确定直槽口的第 2 点；最后，在合适的位置单击，以确定直槽口的第 3 点，如图 2-14 所示。

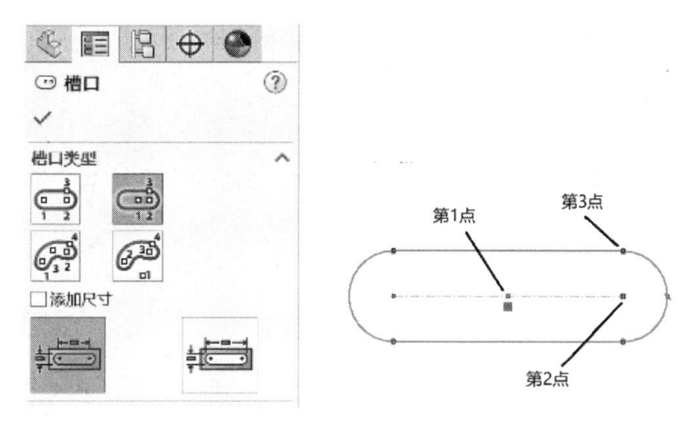

图 2-14

- 三点圆弧槽口：移动光标至图形区域，光标将变成“笔”状，先在合适的位置单击，以确定圆弧槽口的第 1 点；接着，移动光标到合适位置单击，以确定圆弧槽口的弧度，即第 2 点；最后，在合适的位置连续单击，以确定圆弧槽口的第 3 点和第 4 点，如图 2-15 所示。

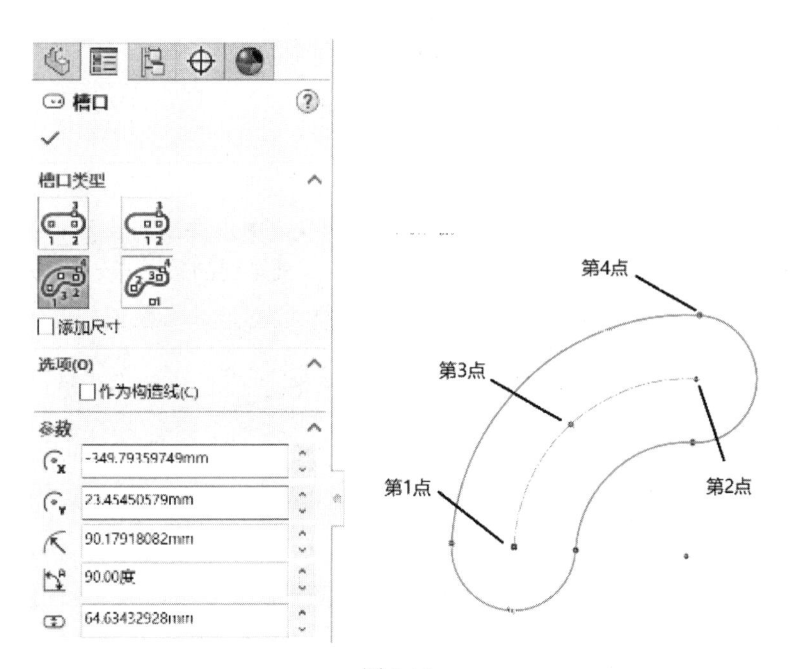

图 2-15

- 中心点圆弧槽口：移动光标至图形区域，光标将变成“笔”状，先在合适的位置单击，以确定圆弧槽口的第 1 点，再移动光标到合适位置连续单击，以确定圆弧槽口的第 2 点、第 3 点、第 4 点，如图 2-16 所示。

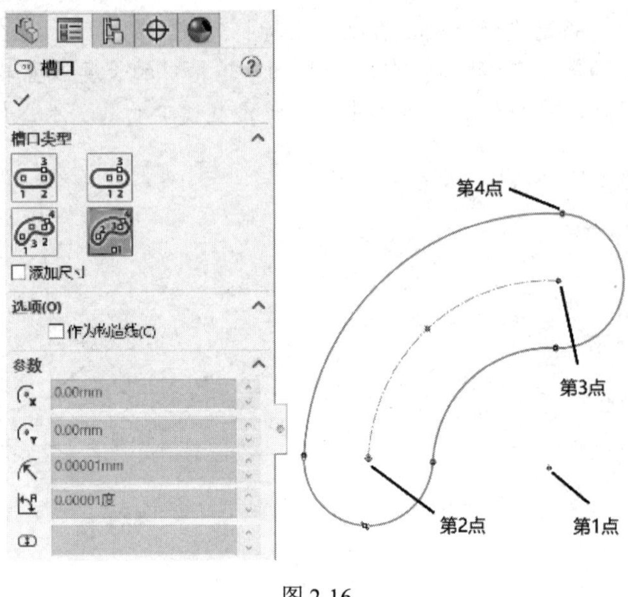

图 2-16

2.2.4 圆工具

圆工具由“圆”“周边圆”命令组成，如图 2-17 所示。

图 2-17

- 圆：移动光标至图形区域，光标将变成“笔”状，先在合适的位置单击形成圆心，以确定第 1 点，再移动光标到合适的位置单击，以确定圆的第 2 点，如图 2-18 所示。

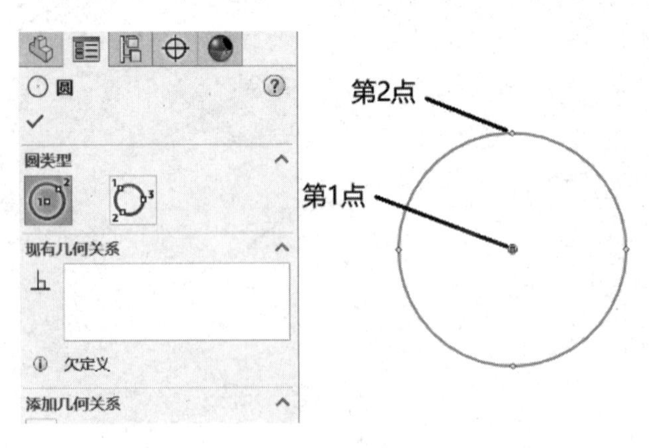

图 2-18

- 周边圆：移动光标至图形区域，光标将变成“笔”状，在合适的位置单击，以确定第 1 点，第 2 点，第 3 点，如图 2-19 所示。

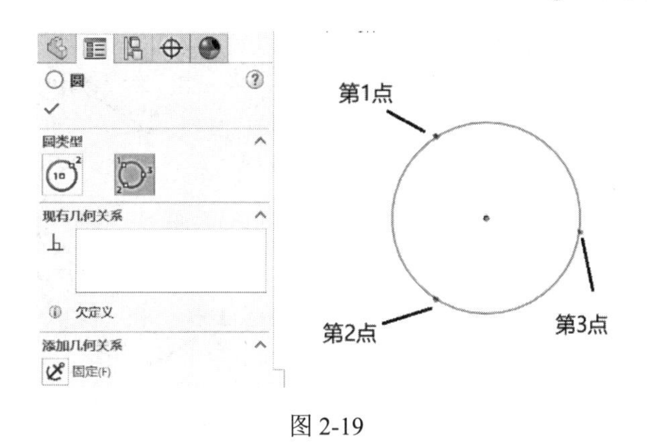

图 2-19

2.2.5 圆弧工具

圆弧工具由“圆心/起/终点画弧”“切线弧”“3 点圆弧”命令组成，如图 2-20 所示。

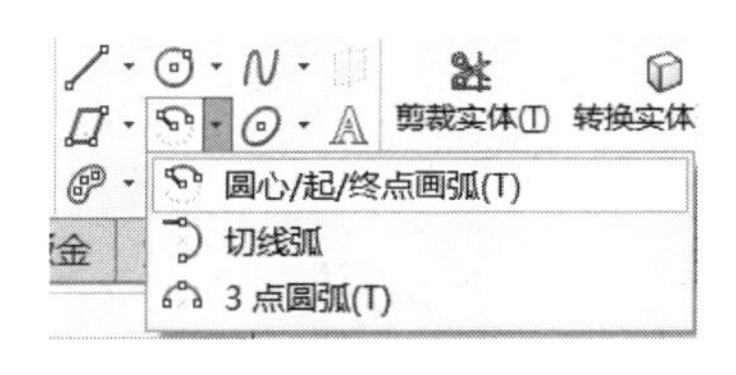

图 2-20

- 圆心/起/终点画弧：移动光标至图形区域，光标将变成“笔”状，先在合适的位置单击，以确定圆弧中心，即第 1 点；再移动光标到合适的位置单击，以确定圆弧半径与圆弧起点，即第 2 点；最后，移动光标到合适的位置单击，以确定圆弧终点，即第 3 点，如图 2-21 所示。

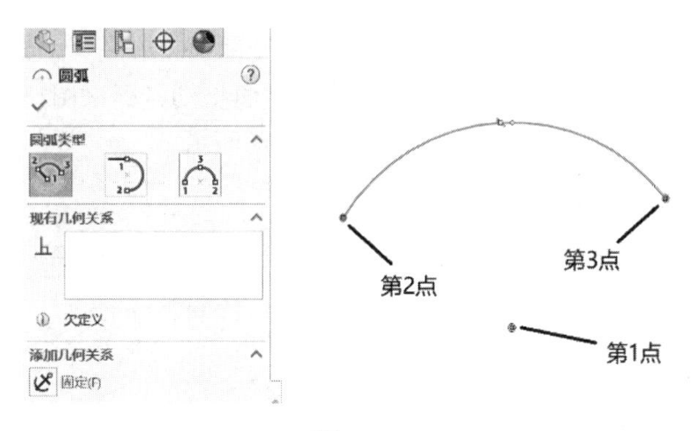

图 2-21

- 切线弧：移动光标至图形区域，光标将变成“笔”状，先在直线（也可为圆弧、椭圆、样条曲线）的端点上单击，以确定第 1 点；拖动圆弧绘制所需形状后单击，即可确定第 2 点，如图 2-22 所示。
- 3 点圆弧：移动光标至图形区域，光标将变成“笔”状，先在合适的位置单击，以确定圆弧的第 1 点；接着，拖动圆弧单击，以确定圆弧的第 2 点；最后，拖动圆弧设置圆弧半径，即确定第 3 点，如图 2-23 所示。

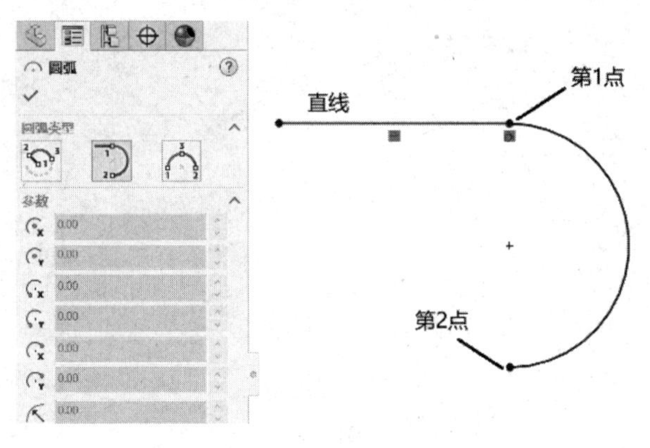

图 2-22

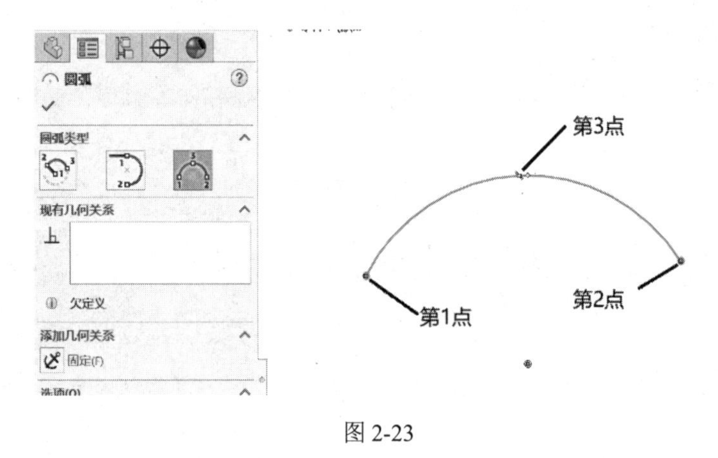

图 2-23

2.2.6 多边形工具

单击“草图”选项卡中的“多边形”按钮，移动光标至图形区域，光标将变成“笔”状，先在合适的位置单击，以确定多边形中心，即第 1 点，再拖动光标来调整多边形的大小与方向，在合适的位置单击，以确定多边形的第 2 点，如图 2-24 所示。

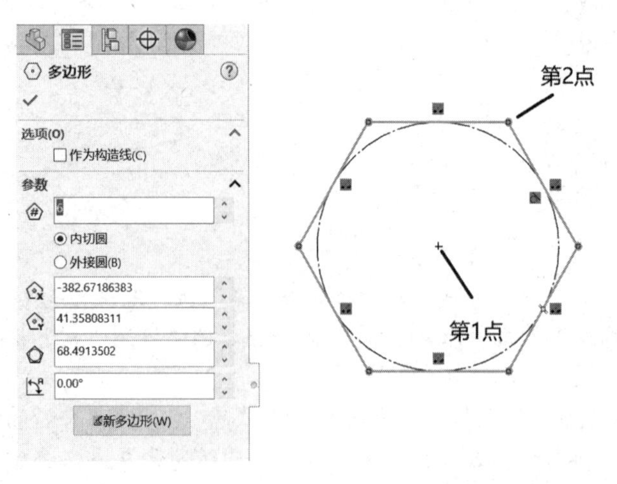

图 2-24

2.2.7　样条曲线工具

样条曲线工具由“样条曲线”“样式曲线”“方程式驱动的曲线”命令组成，如图 2-25 所示。下面主要介绍“样条曲线”命令的应用步骤。

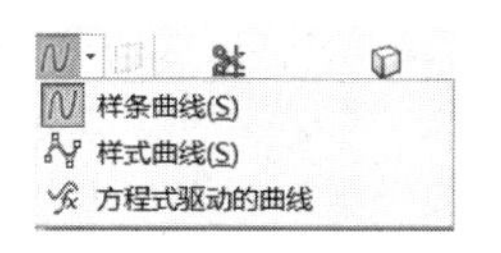

图 2-25

❶ 样条曲线的绘制：移动光标至图形区域，光标将变成“笔”状，在合适的位置单击，以确定样条曲线的第 1 点；拖动样条曲线，以绘制样条曲线的第一段，即确定第 2 点；拖动样条曲线，以绘制样条曲线的第二段，即确定第 3 点；依次生成其余各段，最后按 ESC 键结束样条曲线的绘制操作，如图 2-26 所示。

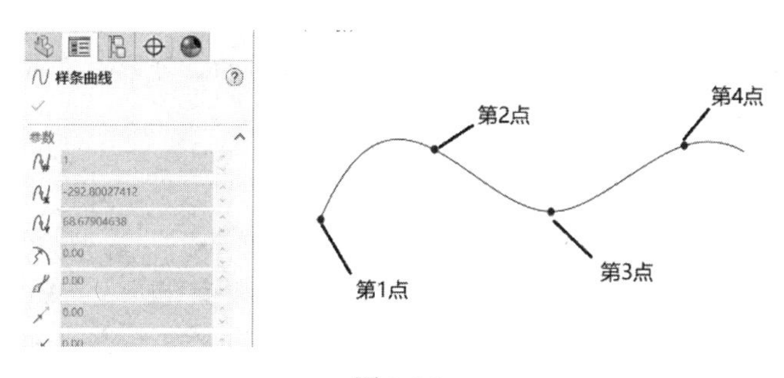

图 2-26

❷ 样条曲线的调整：拖动样条曲线上的控制点或调整曲率控标，即可调整样条曲线的形状和位置，如图 2-27 所示。

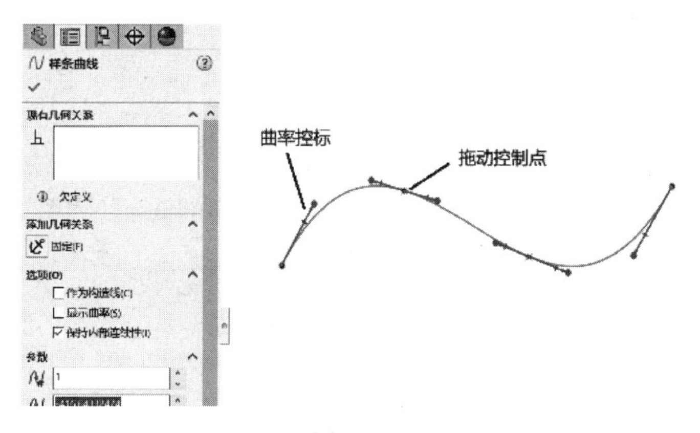

图 2-27

2.2.8　椭圆工具

椭圆工具由“椭圆”“部分椭圆”“抛物线”“圆锥”命令组成。下面主要介绍“椭圆”“部分椭圆”命令的操作步骤。

- 椭圆：移动光标至图形区域，光标将变成“笔”状，先在合适的位置单击，以确定椭圆的圆心，即第 1 点；然后，移动光标到合适的位置依次单击，分别确定椭圆的长半轴（R）与短半轴（r），即第 2 点和第 3 点，如图 2-28 所示。

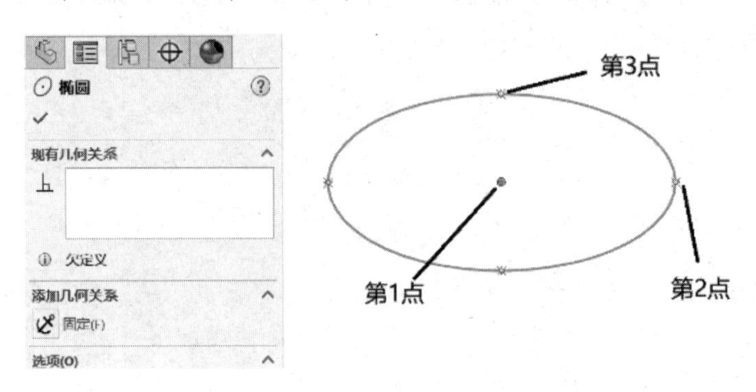

图 2-28

- 部分椭圆：移动光标至图形区域，光标将变成“笔”状，先在合适的位置单击，以确定椭圆的圆心，即第 1 点；然后，移动光标到合适的位置依次单击，分别确定第 2 点、第 3 点、第 4 点和第 5 点，如图 2-29 所示。

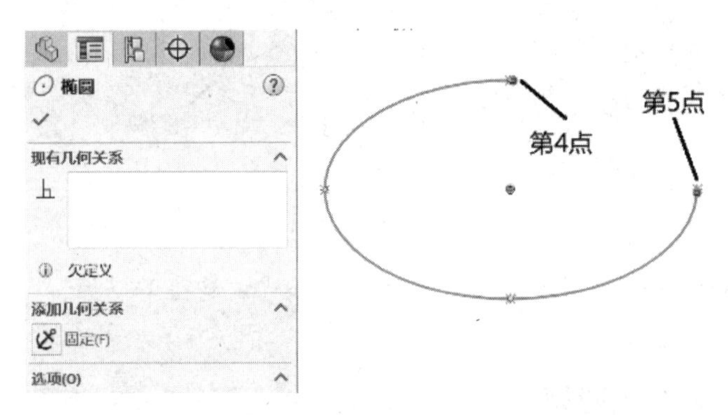

图 2-29

2.2.9 倒角工具

倒角工具用于在两个草图线段交叉处生成圆角或倒角的效果，如图 2-30 所示。

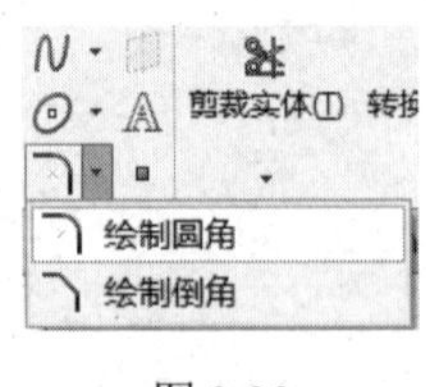

图 2-30

1. 绘制圆角

选择“绘制圆角”命令，打开“绘制圆角”属性管理器。

- 5.00mm：用于设置圆角半径，如图 2-31 所示。

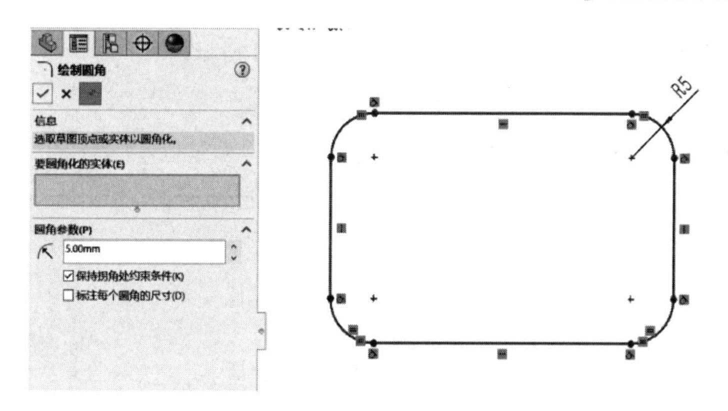

图 2-31

- 标注每个圆角的尺寸：若选中该复选框，则可将尺寸添加到每个圆角上，如图 2-32 所示。

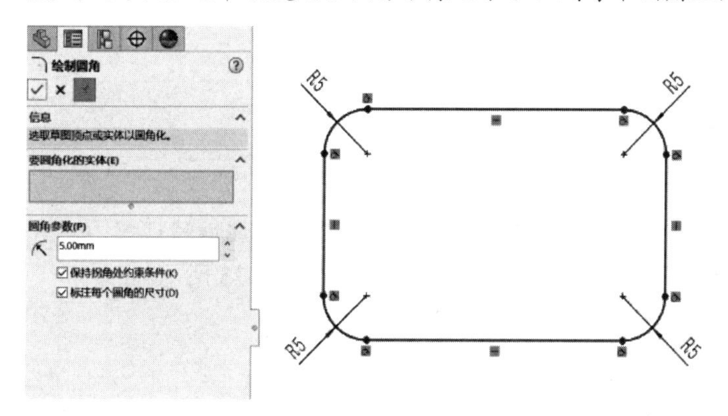

图 2-32

- 保持拐角处约束条件：若勾选该复选框，则在绘制圆角时保留顶点具有尺寸或几何关系的条件。

2. 绘制倒角

选择“绘制倒角”命令，打开“绘制倒角”属性管理器。

- 角度距离：用于设置倒角的距离和角度，如图 2-33 所示。

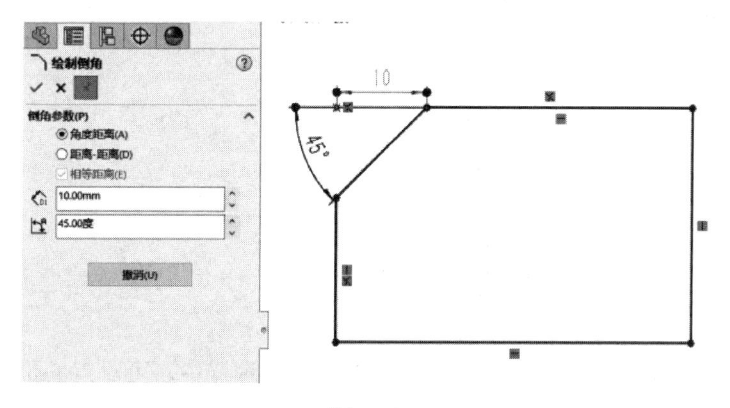

图 2-33

- 距离-距离：用于设置两个倒角的距离，如图 2-34 所示。

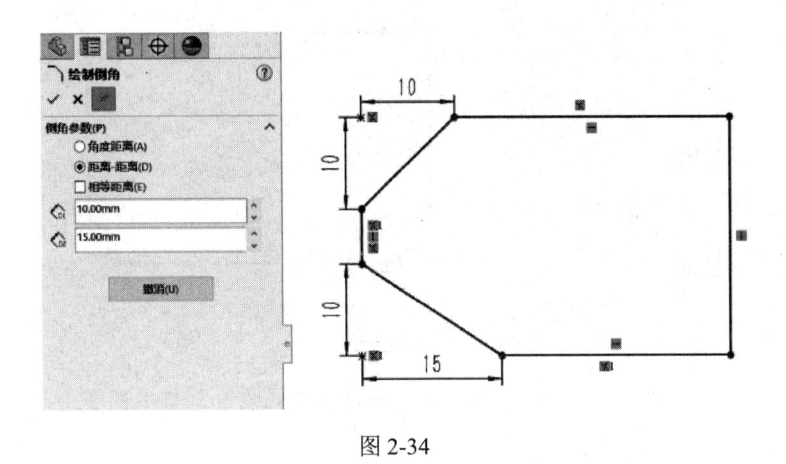

图 2-34

- 相等距离：用于生成距离相等的倒角。

2.2.10 草图文字工具

选中该工具，打开“草图文字”属性管理器。在该属性管理器中，既可输入文字，也可绘制构造线，作为辅助曲线，以改变文本的形状，如图 2-35 所示。

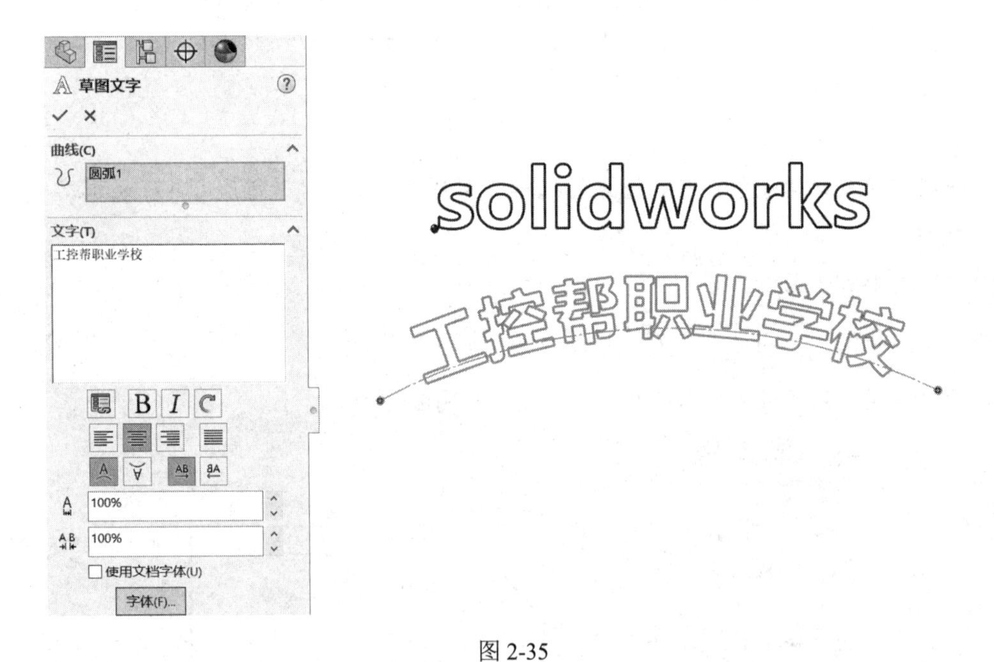

图 2-35

2.2.11 点工具

选中该工具，打开“点”属性管理器。在该属性管理器中，可对点的位置进行约束，如图 2-36 所示。

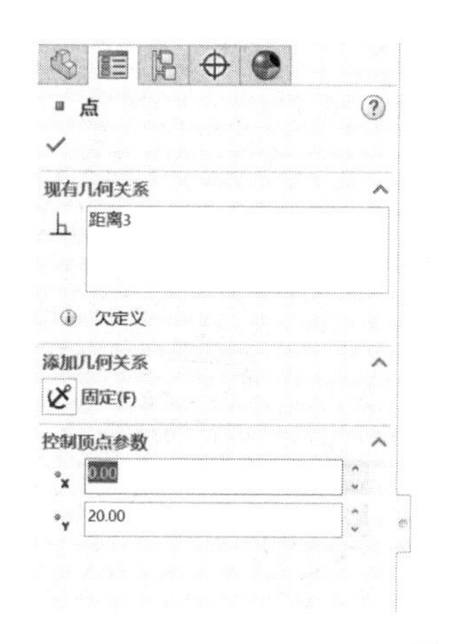

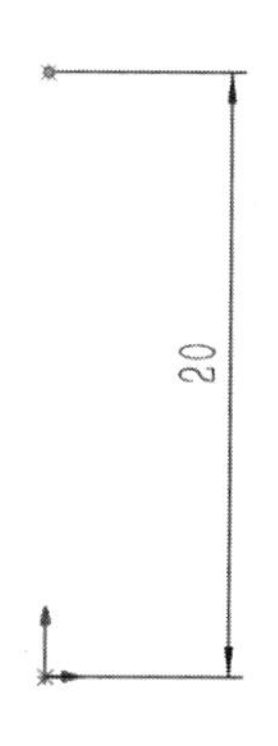

图 2-36

2.3 编辑草图工具

2.3.1 剪裁工具

单击“剪裁”按钮，在打开的“剪裁”属性管理器中可选择各种剪裁方式。

- 强劲剪裁：按住鼠标左键，在想要剪裁的实体上拖动即可进行剪裁，如图 2-37 所示。

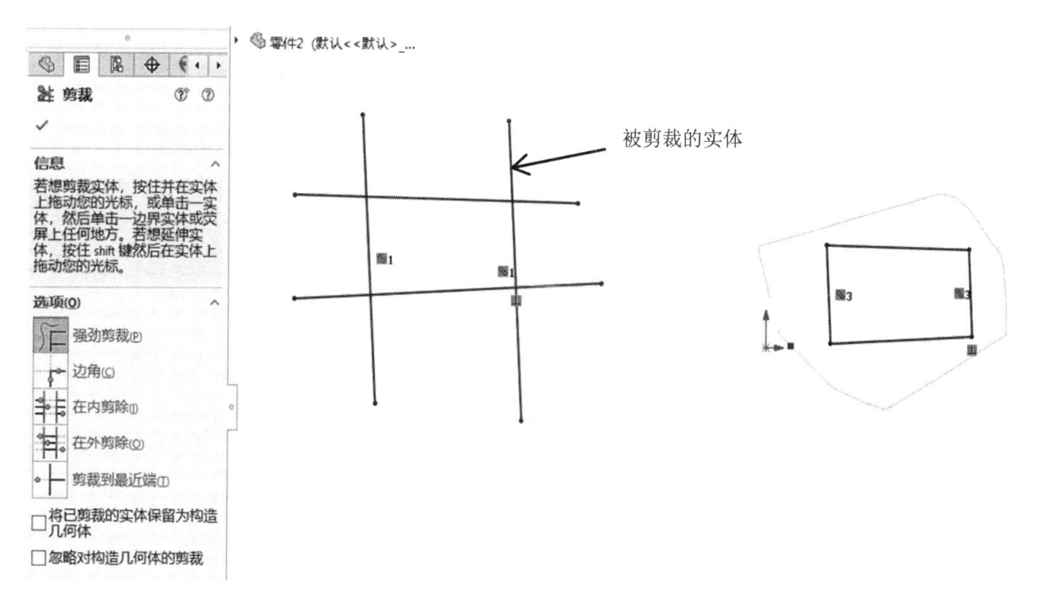

图 2-37

- 边角：选中的实体不被剪裁，未被选中的实体将被剪裁，如图 2-38 所示。
- 在内剪除：先选择两条边界，然后单击边界内的实体进行剪裁，如图 2-39 所示。
- 在外剪除：与“在内剪除”操作相反，如图 2-40 所示。
- 剪裁到最近端：选中被剪裁的实体，可剪裁到最近的交点，如图 2-41 所示。

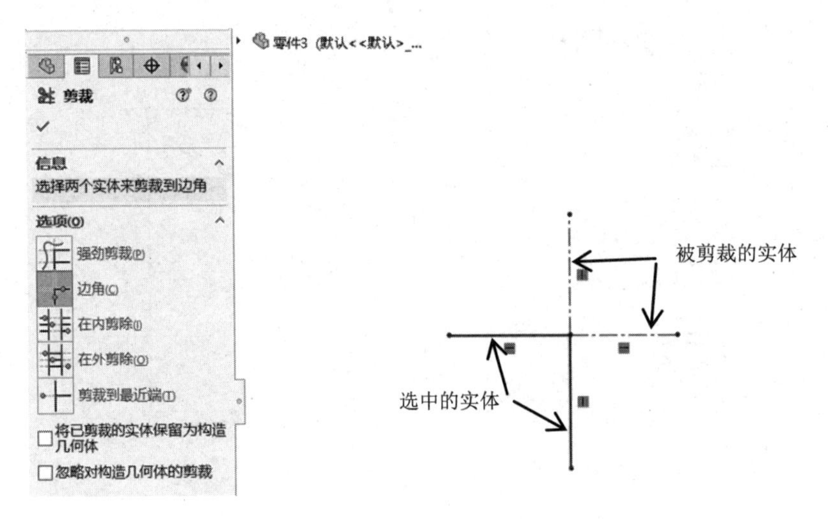

图 2-38

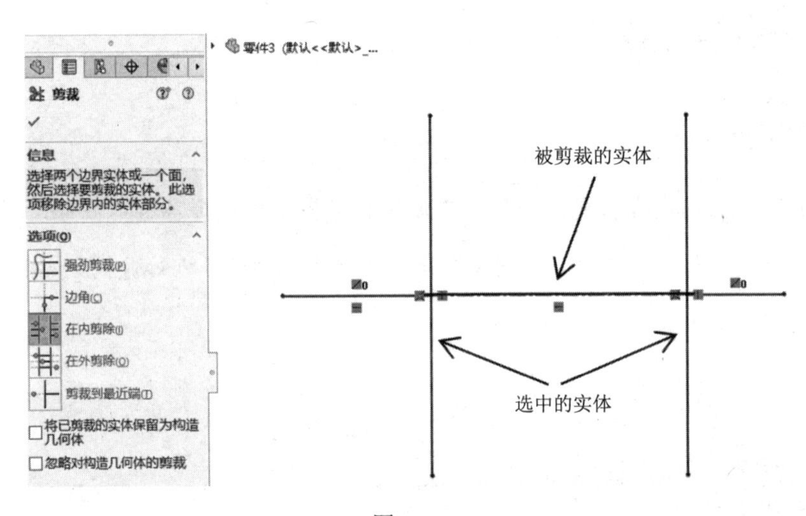

图 2-39

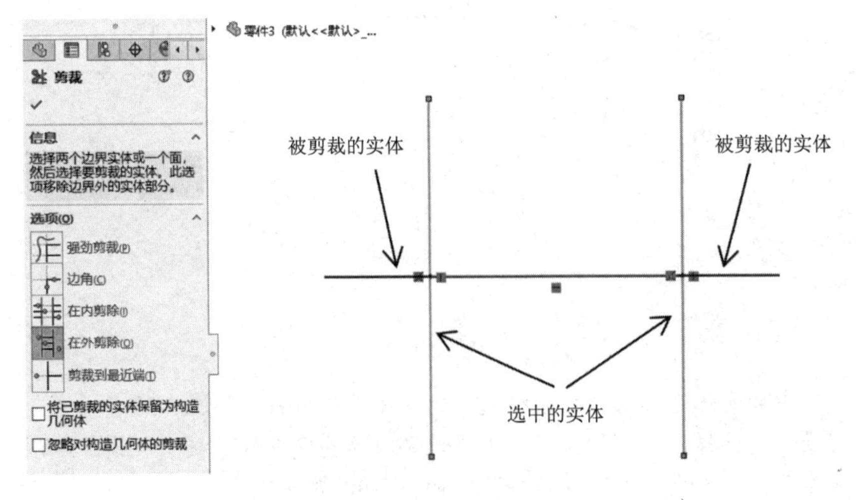

图 2-40

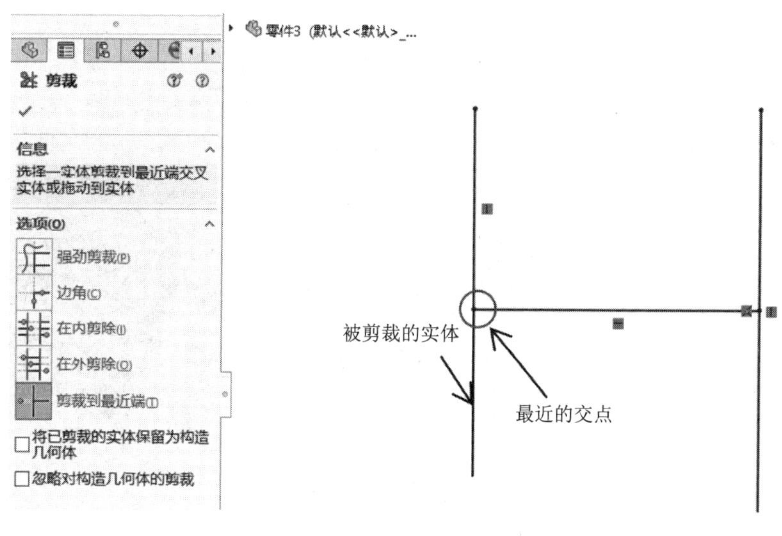

图 2-41

2.3.2　延伸工具

延伸工具可将草图中的直线、中心线或圆弧等延长到指定的位置，如图 2-42 所示。

图 2-42

注意：剪裁工具和延伸工具的侧重点不同，即剪裁工具是将多余的草图剪掉；延伸工具是将草图延长。

2.3.3　转换实体引用工具

转换实体引用工具可将三维实体的模型边线投影到绘图的基准面上，从而形成几何图形的投影草图，是一种方便、快捷的草图制作方法。操作方法如下：单击“转换实体引用”按钮，打开“转换实体引用”属性管理器。单击要转换的模型边线或面，即可将实体的模型边线或面转换为草图，如图 2-43 所示。

2.3.4　交叉曲线工具

交叉曲线工具是利用实体面或曲面的交叉，提取相交位置的交叉线，通常用于生成三维空间曲线，如图 2-44 所示。

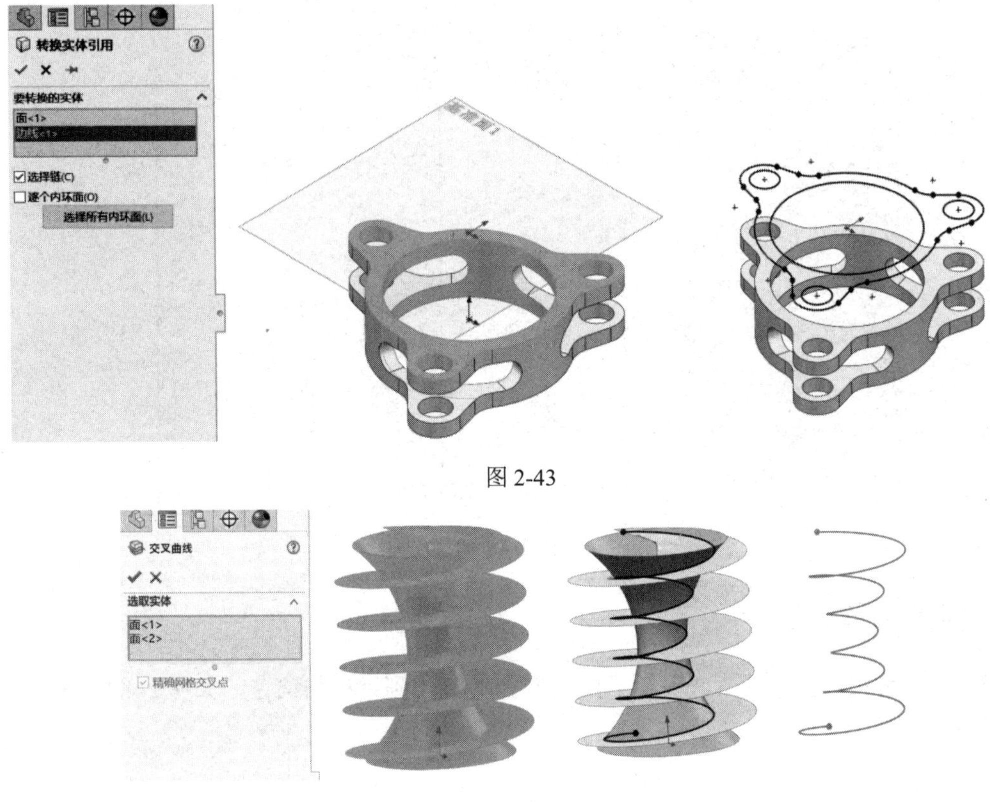

图 2-43

图 2-44

2.3.5 等距实体工具

等距实体工具用于对直线段、样条曲线、圆弧、模型边线组等草图实体按一定间距等距距离生成新的草图线段，主要包含以下设置。

- 10.00mm：输入数值，设置草图实体的间距。
- 添加尺寸：若勾选此复选框，则在草图中自动添加等距尺寸间的约束，如图 2-45 所示。

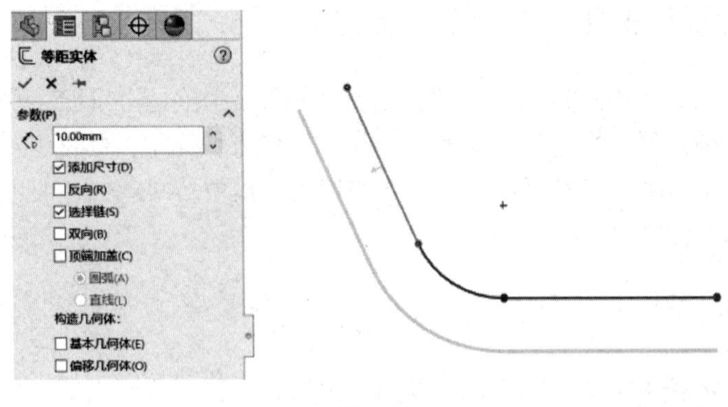

图 2-45

- 反向：若勾选此复选框，则将草图线段等距在另一侧。
- 双向：若勾选此复选框，则表示在草图的两侧同时添加等距实体草图。

- 顶端加盖：若勾选此复选框，则默认两个实体之间以圆弧或直线的方式连接在一起，如图 2-46 所示。

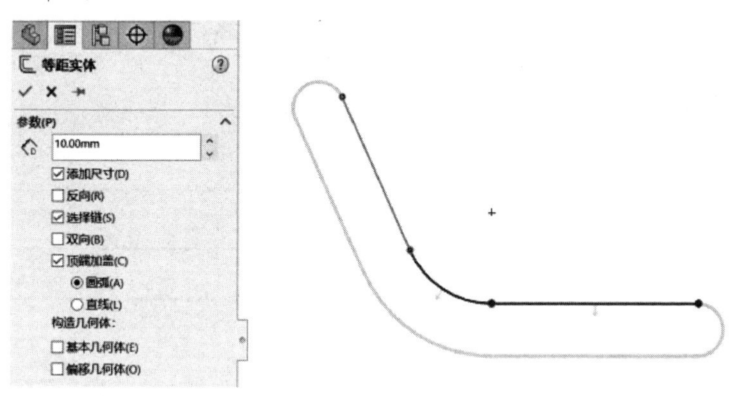

图 2-46

- 基本几何体：若勾选此复选框，则把草图实体线段转换成构造线，如图 2-47 所示。
- 偏移几何体：若勾选此复选框，则等距出来的草图线段为构造线，如图 2-48 所示。

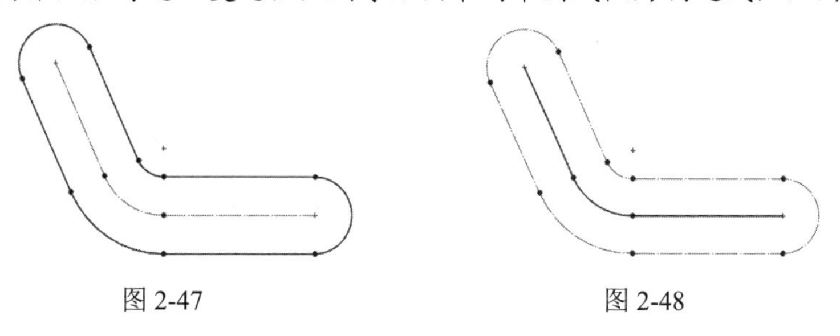

图 2-47　　　　图 2-48

2.3.6　镜像工具

镜像工具用于将草图中的部分实体通过直线段作为镜向轴复制到另一侧。若勾选“复制”复选框，则被镜像的实体和镜像的实体之间存在着对应关联，即如果更改被镜像的实体，则其镜像的实体也将随之更改，如图 2-49 所示。若未勾选“复制”复选框，则只对草图中的部分实体进行镜像位移。

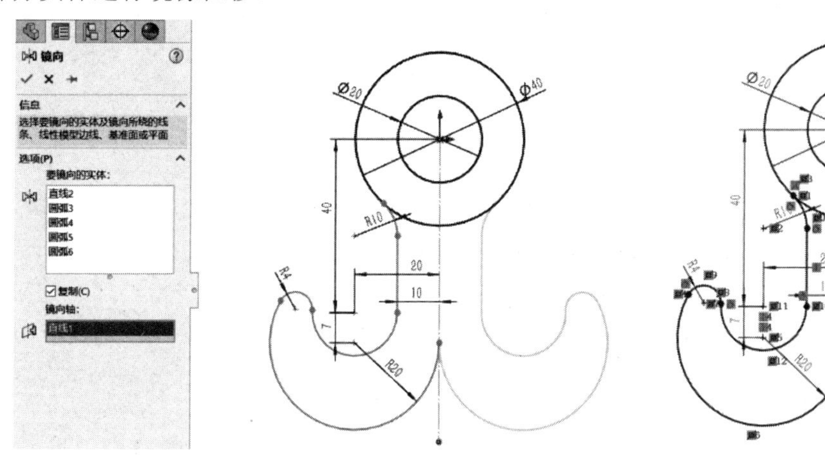

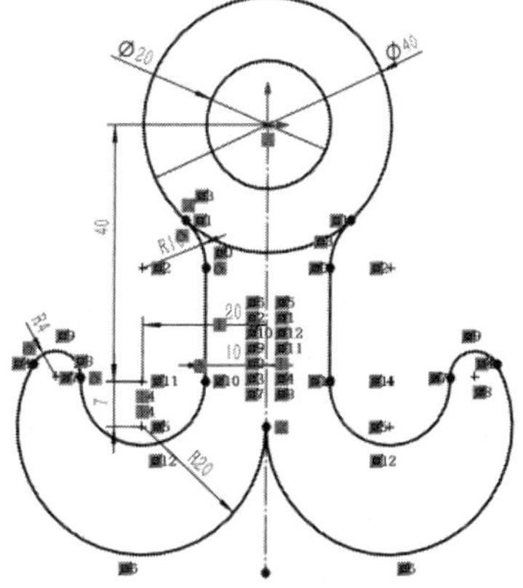

图 2-49

2.3.7 线性阵列工具

单击“草图”选项卡中的“线性阵列”按钮，弹出“线性阵列”属性管理器，如图 2-50 所示。

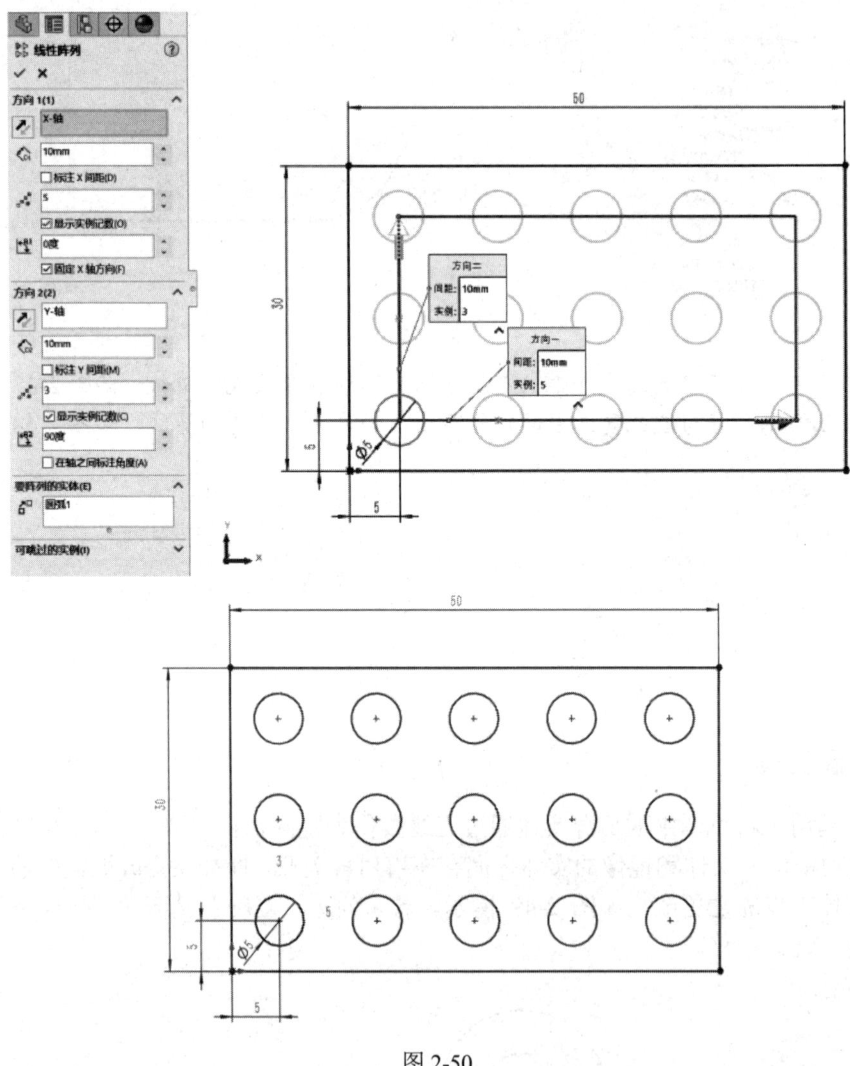

图 2-50

1.“方向 1”选项组

- (反向)：用于变换 X 轴的阵列方向。
- (间距)：表示 X 轴方向阵列的草图间距。
- (实例数)：表示 X 轴方向阵列的草图数量。
- (角度)：用于设置 X 轴方向阵列草图的旋转角度。

2.“方向 2”选项组

“方向 2”选项组与“方向 1”选项组的作用类似，主要区别是“方向 2”选项组为 Y 轴方向的阵列设置。

2.3.8　圆周阵列工具

单击“草图”选项卡中的“圆周阵列”按钮，弹出“圆周阵列”属性管理器，如图 2-51 所示。其中，（反向）用于选择圆周阵列的中心；（实例数）用于输入阵列个数。

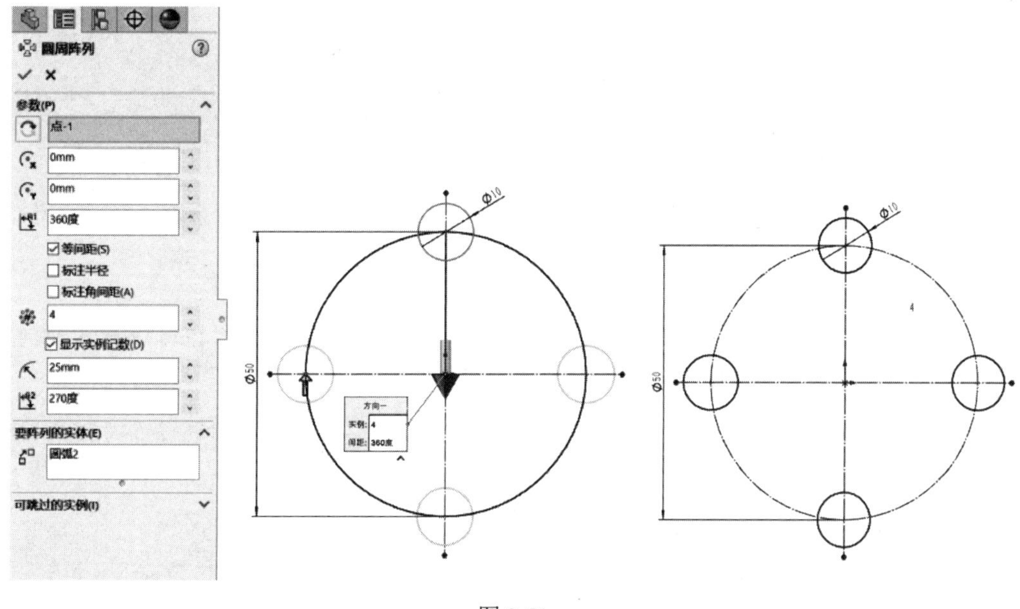

图 2-51

2.3.9　线段工具

选择菜单栏中的“工具”>“草图工具”>“线段”命令，如图 2-52 所示，弹出“线段”属性管理器。

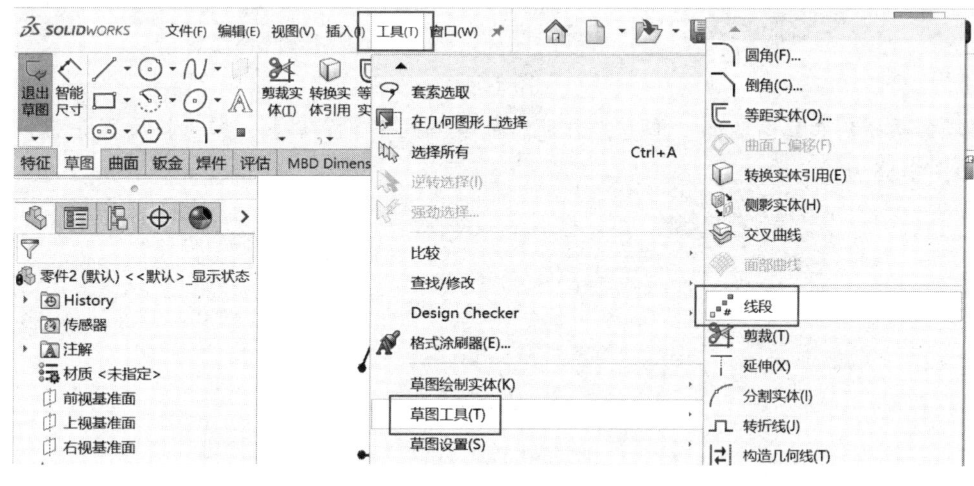

图 2-52

选择需要分段的直线或圆，设置分割数量，如图 2-53 所示：若勾选“草图绘制点”单选按钮，则可在草图上绘制分割点；若勾选“草图片段”单选按钮，则将对草图进行等分分割。

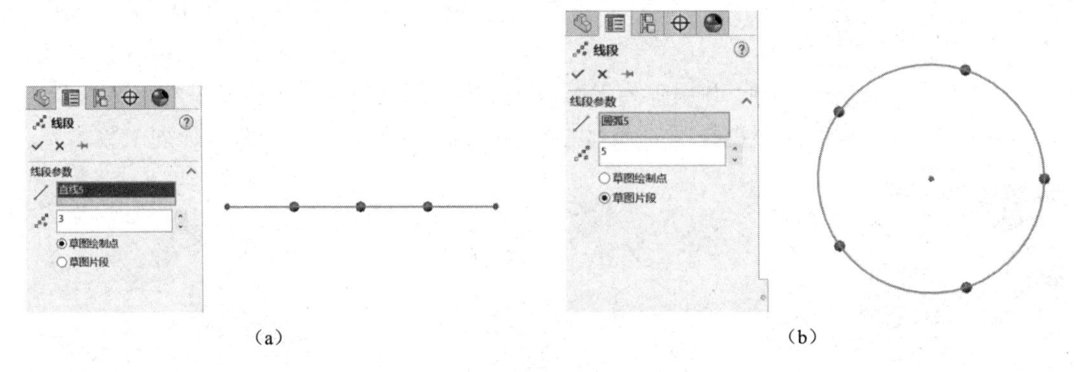

图 2-53

2.3.10 分割实体工具

分割实体工具是将一个连续的草图实体分割成多个草图实体，反之，也可以删除分割点，将分割后的多个草图实体合并成一个连续的草图实体。

❶ 选择菜单栏中的“工具”>“草图工具”>“分割实体”命令，如图 2-54 所示，弹出“分割实体”属性管理器。

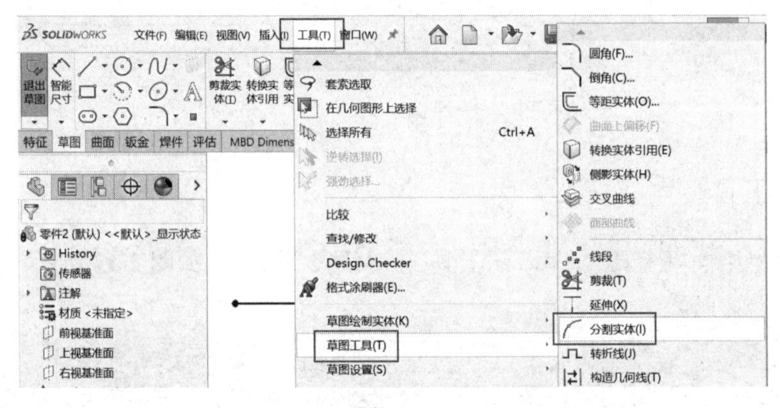

图 2-54

❷ 在要分割的草图实体上单击，通过添加一个或多个分割点，即可将圆弧分为多个部分，如图 2-55 所示。

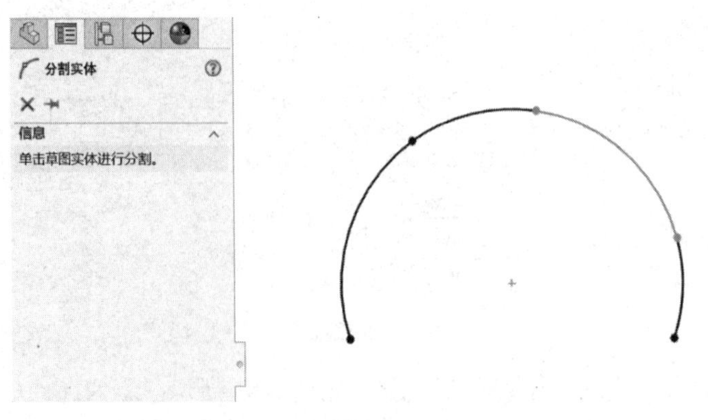

图 2-55

2.4 添加几何约束

几何约束是对草图实体添加的几何约束限制，从而捕捉设计意图。在绘图中，系统可自动添加几何约束，也可手动添加几何约束。几何约束包括如下几种。

- 欠定义状态：当草图线条处于欠定义状态时，拖动线条可以改变草图实体的位置或形状。若要使草图实体达到完全定义状态，则需要添加尺寸和几何关系等约束。在欠定义状态下，草图实体的颜色会显示为蓝色。
- 完全定义状态：一旦草图实体通过尺寸和几何关系被完全约束，草图实体的颜色就呈现为黑色，表示其位置、形状和大小都已明确无误地定义。
- 过定义与冲突状态：当草图实体尺寸和几何关系约束之间出现冲突时，草图实体、尺寸标注，以及几何关系图标可能会变为红色或黄色，以警告用户存在潜在的错误或不一致性。
- 悬空状态：如果草图实体与当前草图外的其他因素存在约束关联，但在某些情况下这些关联被断开，则草图实体的颜色会呈现为褐色。同样地，在工程图环境中，当尺寸标注识别到与实体的关联断开时，也会显示为褐色，以指示用户需要关注并解决这些悬空或断开的约束。

2.4.1 自动添加几何约束

❶ 选择菜单栏中的“工具”>“选项”命令，打开“系统选项”对话框。

❷ 先选中“系统选项”对话框中“草图”下的“几何关系/捕捉”选项，然后在右侧区域选中“自动几何关系”复选框，如图 2-56 所示。单击“确定”按钮，即可自动为草图实体添加几何关系。

图 2-56

2.4.2 手动添加几何约束

在绘制草图的过程中，对于系统无法自动识别的特定几何关系，用户可以通过以下步骤利用约束工具来手动添加几何约束：

❶ 单击工具栏中的"添加几何关系"按钮，并在草图中选中需要添加几何约束的实体。

❷ 选中的实体将自动显示在"属性"属性管理器的"所选实体"选项组中，如图 2-57 所示，状态栏将显示所选实体的当前状态，即它们是否为完全定义状态或欠定义状态。如果用户希望移除某个已选实体，只需在"所选实体"选项组中右键单击该实体，并在弹出的快捷菜单中选择"清除选择"或"删除"命令即可。

❸ 在"添加几何关系"选项组中，用户可以根据需要选择想要添加的几何关系类型，如"相切"。选定后，这种几何关系类型将被添加到"现有几何关系"选项组中。如果用户希望删除已添加的几何关系，只需在"现有几何关系"选项组中右键单击该关系，并在弹出的快捷菜单中选择"删除"命令即可。

❹ 单击"确定"按钮，系统将把所选的几何关系添加到草图中，效果如图 2-58 所示。

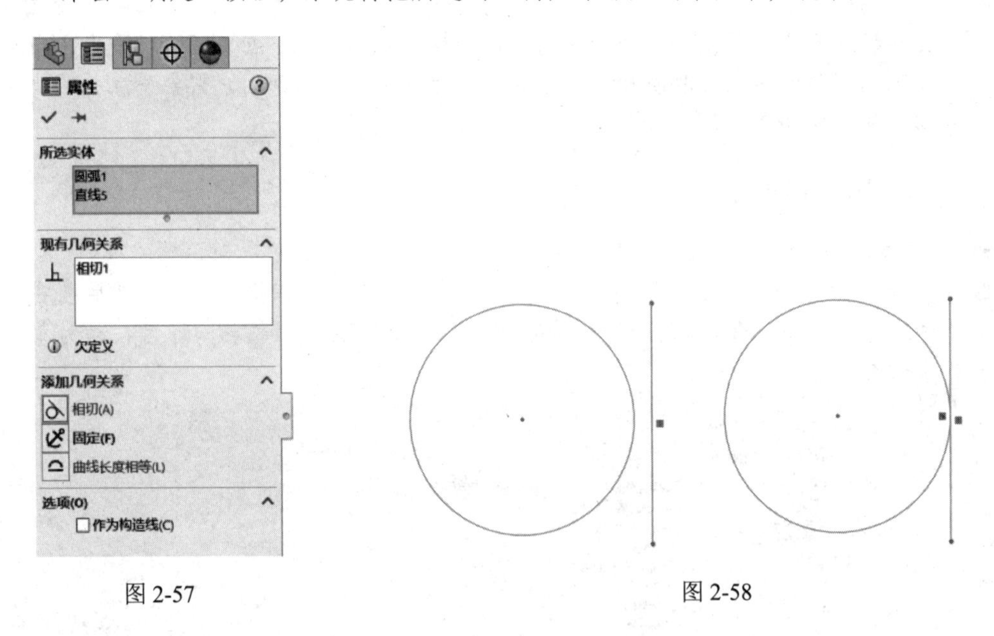

图 2-57　　图 2-58

2.5 添加尺寸标注

尺寸标注是确定草图实体大小、位置等关键参数的重要工具，分为驱动尺寸和从动尺寸。驱动尺寸作为主导，当修改其数值时，与之相关联的从动尺寸会相应地进行调整，以保持草图的一致性。而从动尺寸主要起到参考作用，它们在草图中为设计者提供辅助信息，但通常不允许直接进行编辑或修改。

2.5.1　线性尺寸标注

线性尺寸标注主要是指在草图中对点、线等元素的水平或竖直位置，以及它们之间的间距和线条长度等线性关系进行精确的尺寸标注，添加步骤如下。

❶ 单击“草图”选项卡中的“智能尺寸”按钮，以激活尺寸标注工具。选中需要进行尺寸标注的几何体，此时系统会自动在模型周围显示线性尺寸标注的预览（根据光标相对于附加点的位置，系统会自动判断并选择最适合的尺寸类型）。

❷ 当预览显示的尺寸类型符合需求时，单击鼠标左键以确定尺寸的放置位置。

❸ 选中已放置的尺寸，在出现的“修改”对话框中输入尺寸的精确数值，单击“确定”按钮应用该设置，如图 2-59 所示。

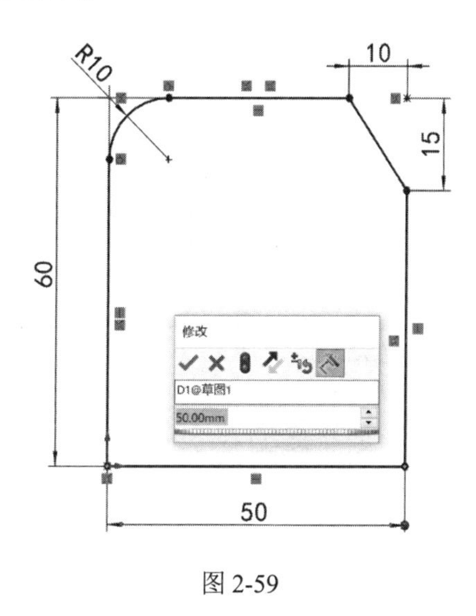

图 2-59

2.5.2　角度尺寸标注

添加角度尺寸标注的步骤如下。

❶ 单击“草图”选项卡中的“智能尺寸”按钮，以激活尺寸标注工具。选中需要标注夹角的两条直线。在此过程中，系统会自动识别这两条直线并准备进行角度标注。

❷ 拖动光标，以预览所需的角度尺寸类型。当预览显示的角度尺寸类型满足要求时，单击鼠标左键，以确定角度尺寸的放置位置。

❸ 选择已放置的角度尺寸，在出现的“修改”对话框中输入设定的具体数值。完成输入后，单击“确定”按钮应用该设置，如图 2-60 所示。

2.5.3　圆弧尺寸标注

圆弧尺寸标注包括对圆弧的半径、直径、弧长等进行标注，其操作步骤如下：

❶ 单击“草图”选项卡中的“智能尺寸”按钮，以激活尺寸标注工具。选中圆弧线段，并任选圆弧中的位置单击，系统将默认在该位置标注出圆弧的半径值。

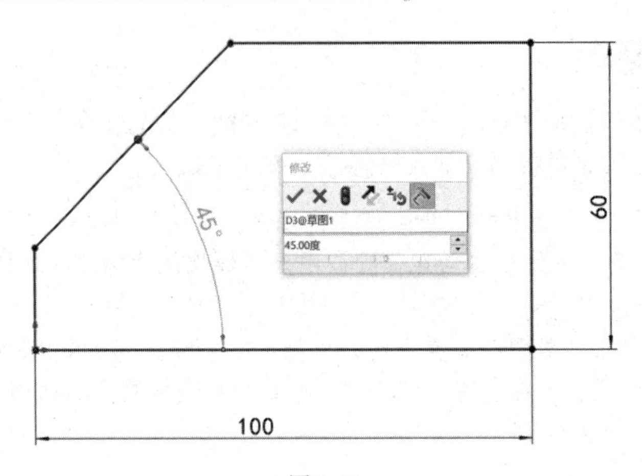

图 2-60

❷ 若需要切换标注类型（如从半径切换到直径或线性尺寸），则可右键单击已标注的圆弧尺寸，在弹出的快捷菜单中选择相应的尺寸类型。

❸ 若要标注圆弧的弧长，则可依次单击圆弧的两个端点，以及圆弧中的任意点，系统将根据这些信息标注圆弧的弧长尺寸，如图 2-61 所示。

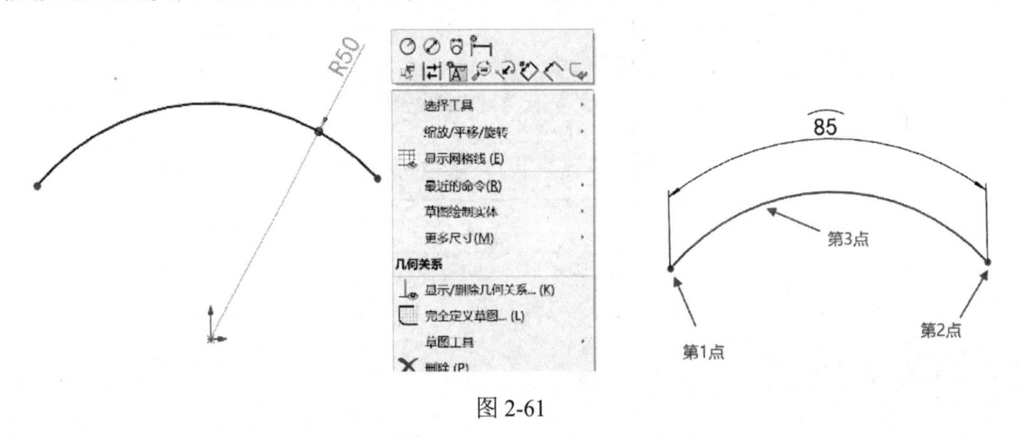

图 2-61

2.5.4 圆形尺寸标注

❶ 单击“草图”选项卡中的“智能尺寸”按钮，以激活尺寸标注工具。选中需要进行尺寸标注的圆形，此时系统将自动生成一个圆形尺寸标注的预览。

❷ 将光标移动到希望放置圆形尺寸标注的位置，并单击以最终确定其位置。圆形尺寸标注支持水平、竖直或倾斜放置。

❸ 选择已放置的圆形尺寸标注，在出现的“修改”对话框中输入设定的具体数值。完成输入后，单击“确定”按钮应用该设置，如图 2-62 所示。

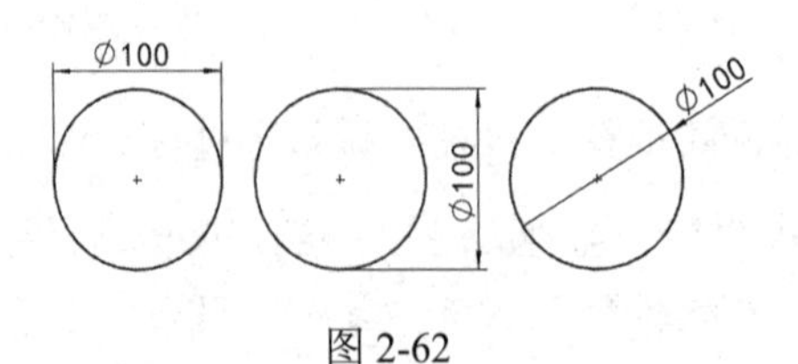

图 2-62

2.5.5　尺寸链标注

尺寸链分为水平尺寸链、竖直尺寸链。对尺寸链标注的操作步骤如下：

❶ 单击“草图”选项卡中的“智能尺寸”按钮，以激活尺寸标注工具，并在下拉列表中选择“水平尺寸链”或“竖直尺寸链”选项。

❷ 在图形区域选择需要标注尺寸链的图形，并将第一个标注的起点设置为 0。依次指定其他标注点，并放置尺寸链标注。

❸ 选择已放置的尺寸链标注，在出现的“修改”对话框中输入设定的具体数值。完成输入后，单击“确定”按钮应用该设置，如图 2-63 所示。

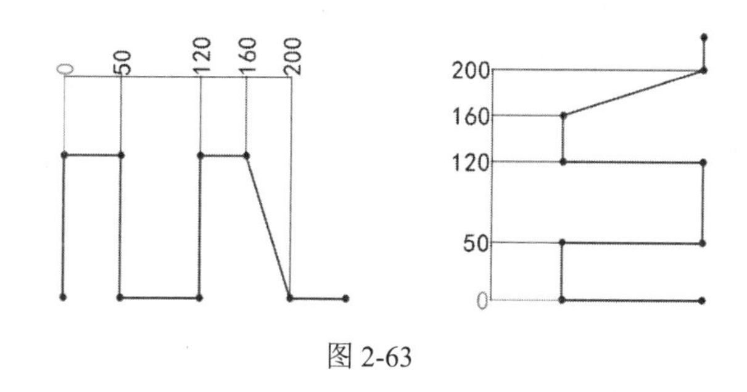

图 2-63

2.6　绘制 3D 草图

2.6.1　空间坐标

在 3D 草图的绘制过程中，空间坐标起到了关键作用，以确保在多个基准面上绘图时都能够维持准确的方位。当在所选基准面上定义草图实体的起始点时，空间坐标便会自动显示，以便提供直观的定位参考，如图 2-64 所示。借助这些空间坐标，用户可轻松选择轴线方向，进而沿着所选轴线进行精确绘图。

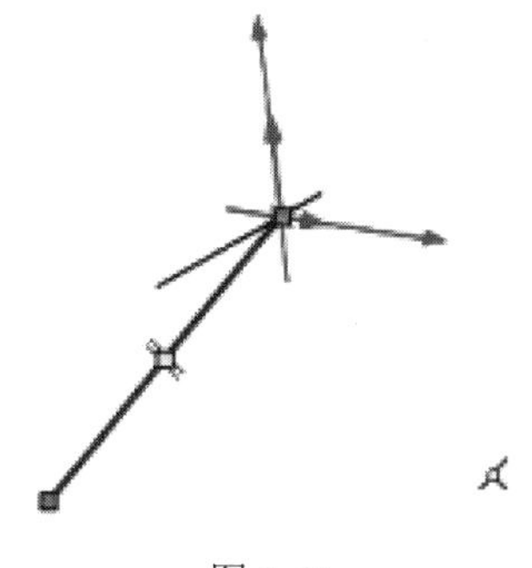

图 2-64

注意：在某一基准面上绘制草图时，由于是在 2D 空间内构建 3D 图形，因此可能不会直接显示图形化助手。

2.6.2 绘制直线

选择菜单栏中的“插入” > “3D 草图” > “直线” 命令，在图形区域单击原点，以开始绘制直线，按 Tab 键切换直线的绘制方向，直至生成 3D 直线草图，如图 2-65 所示。

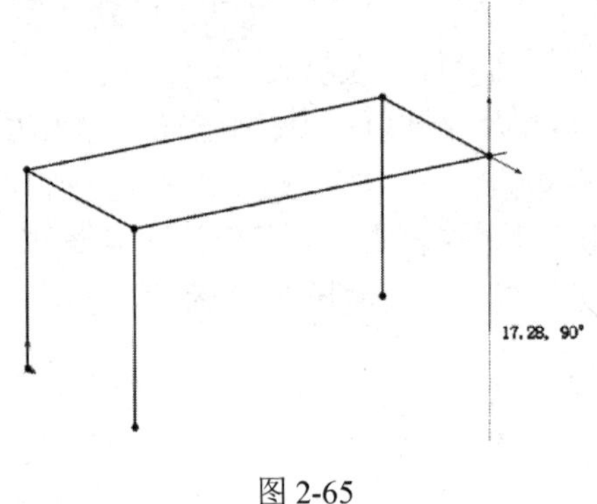

图 2-65

2.6.3 插入基准面

在 3D 草图中，基准面的引入为绘图过程带来了极大便利：双击选定的基准面，即可将草图绘制在该基准面上；一旦绘制完成，只需在绘图区的空白处双击，就可退出当前的基准面，回到 3D 草图的全局视图，如图 2-66 所示。

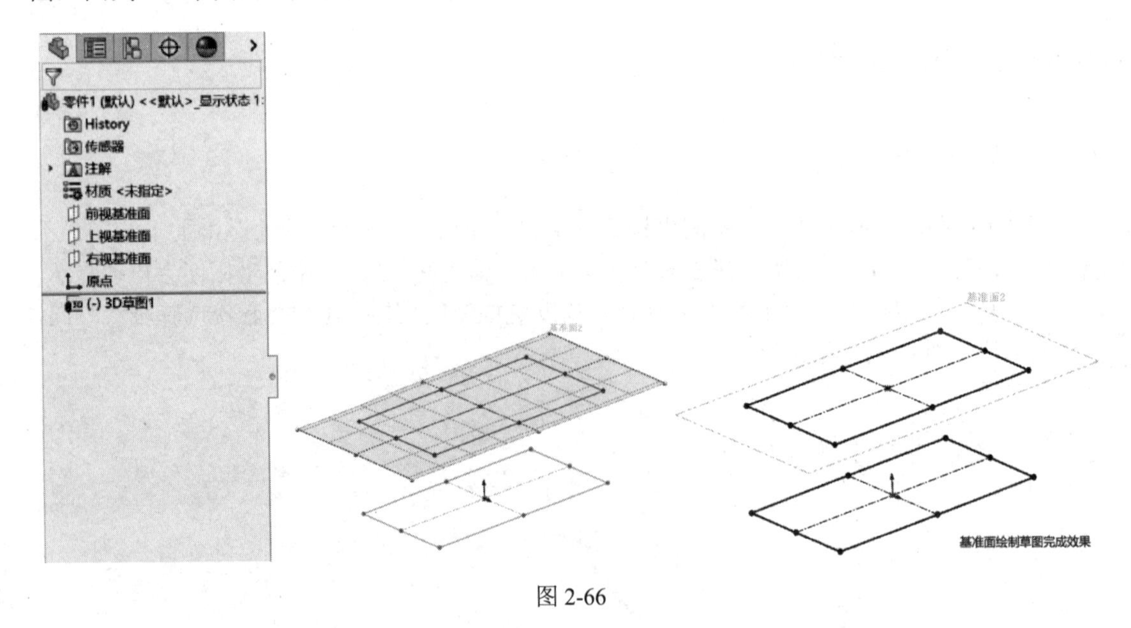

图 2-66

2.6.4 插入样条曲线

选择菜单栏中的“插入” > “3D 草图” > “样条曲线” > “曲面上的样条曲线” 命令，在曲面上单击，以放置第一个样条曲线点，之后绘制样条曲线的其他点，直至将样条曲线绘制在曲面上，如图 2-67 所示。

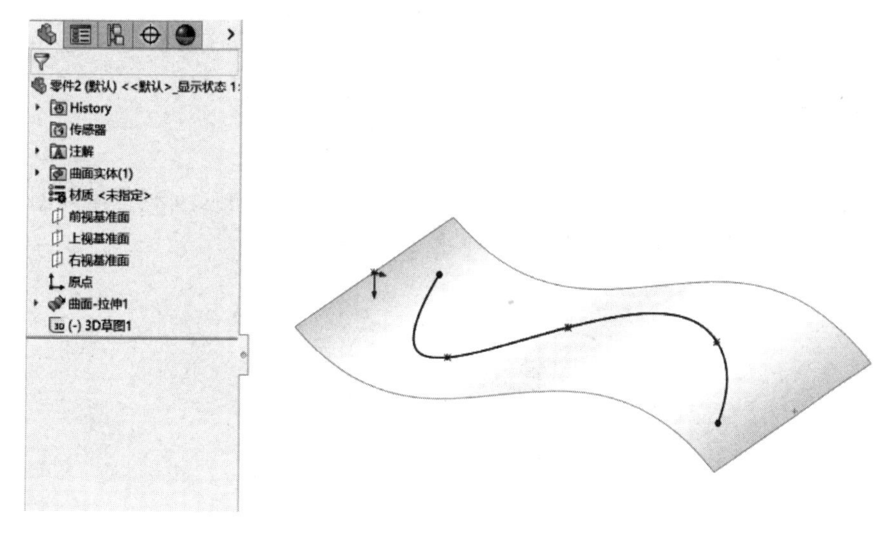

图 2-67

2.6.5　尺寸类型

在 3D 草图中有多种尺寸类型，包括“绝对”“沿 X”“沿 Y”“沿 Z”，如图 2-68 所示。

- 绝对：测量两条线或两个点之间的绝对长度。
- 沿 X：沿 X 轴测量两条线或两个点之间的距离。
- 沿 Y：沿 Y 轴测量两条线或两个点之间的距离。
- 沿 Z：沿 Z 轴测量两条线或两个点之间的距离。

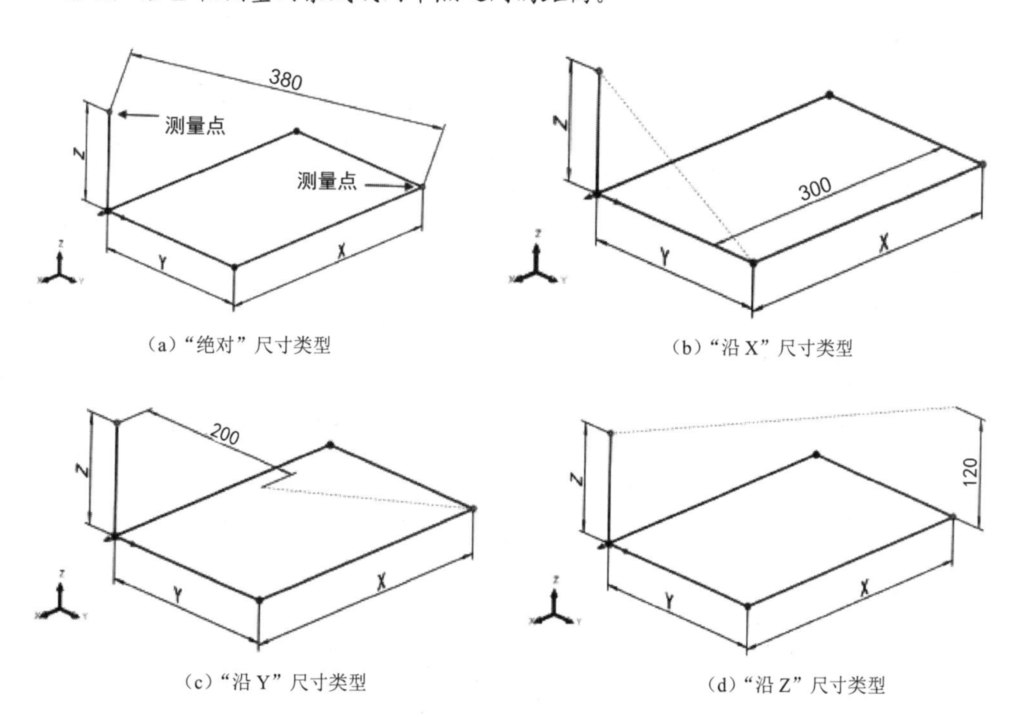

（a）“绝对”尺寸类型　（b）“沿 X”尺寸类型

（c）“沿 Y”尺寸类型　（d）“沿 Z”尺寸类型

图 2-68

2.7 案例实战

通过对前面内容的学习，下面将通过案例实战的方式来详细展示如何绘制如图 2-69 所示的图形。该图形由正方形、矩形和圆组成，以下是详细的绘制步骤。

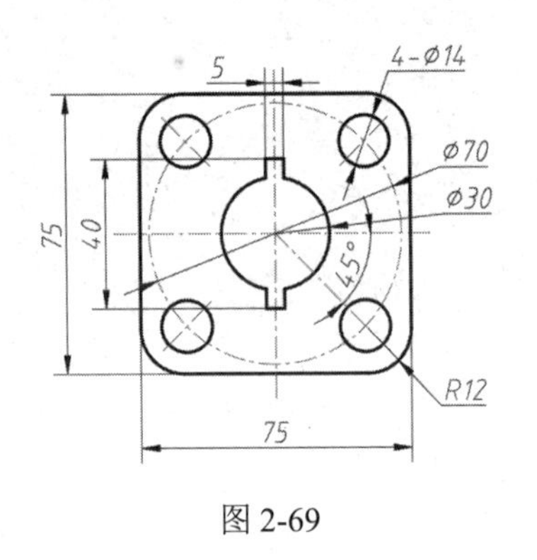

图 2-69

❶ 单击工具栏中的按钮，创建一个新的零件文件。选择前视基准面，单击按钮进入草图编辑界面。

❷ 在草图编辑界面中，使用矩形工具以坐标原点为中心绘制一个矩形，并通过添加水平线和竖直线相等的几何关系约束，确保其为正方形。之后，标注该正方形的边长为 75mm。

❸ 设置圆角尺寸为 R12，并勾选“保持拐角处约束条件”复选框，对正方形进行圆角处理。

❹ 使用圆工具以坐标点为中心绘制一个中心圆（标注为 ø70），并将其转为构造线，以便后续参考。

❺ 在圆的构造线与正方形对角线的交叉点处会出现图标，利用该交叉点绘制一个 ø14 的圆。使用圆周阵列工具，以该圆为中心，阵列出 4 个相同大小的圆。

❻ 再次使用圆工具，以坐标点为中心绘制一个 ø30 的中心圆。之后，利用矩形工具，以坐标点为中心绘制一个矩形，并标注其尺寸为 40×5。通过剪裁工具去除多余的线段，完成整个图形的绘制，如图 2-70 所示。

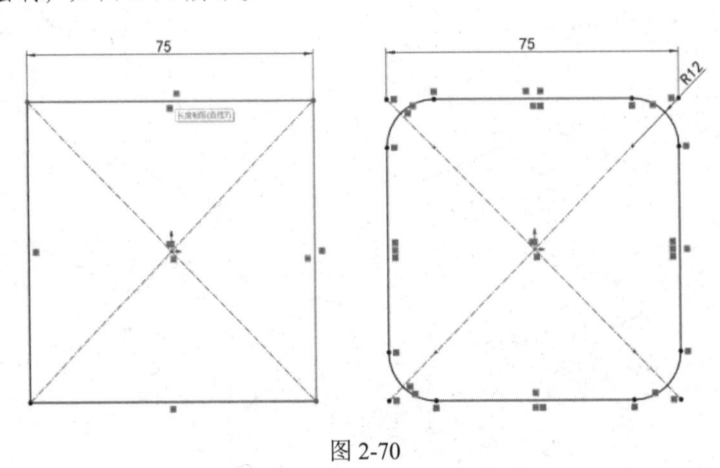

图 2-70

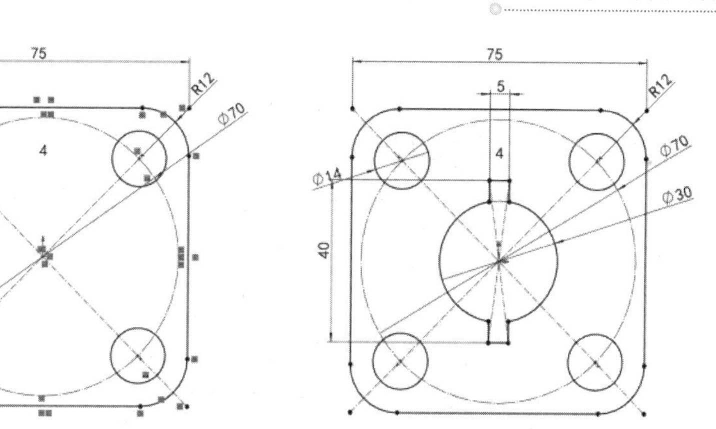

图 2-70（续）

2.8　知识点练习

❶ 利用圆周阵列工具绘制如图 2-71 所示的图形。

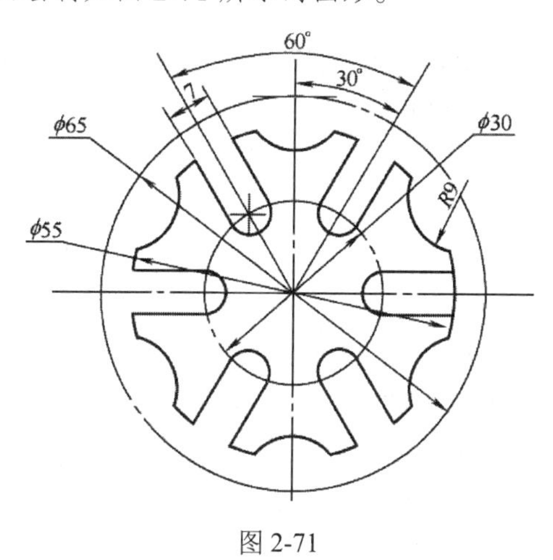

图 2-71

❷ 利用槽口工具绘制如图 2-72 所示的图形。

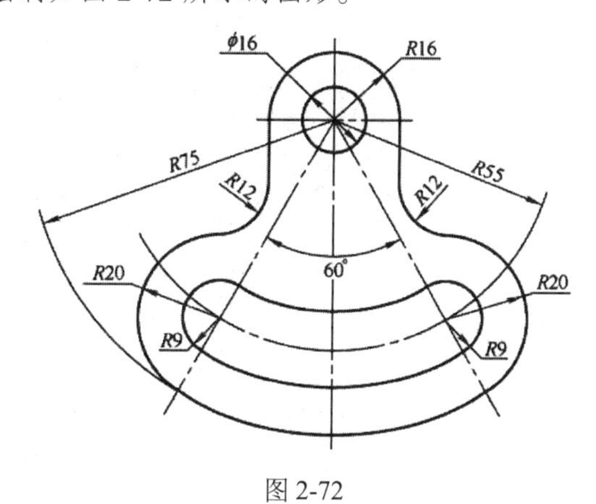

图 2-72

第 3 章

特征使用与编辑

【学习目标】

- 基础特征使用
- 高级特征编辑

3.1 基础特征使用

在构建零件模型时，确立零件的基础特征是首要步骤。基础特征作为零件的核心结构要素，其选择通常依赖于设计者的设计理念和对零件特性的深入理解。

3.1.1 拉伸特征

拉伸特征是一种通过沿指定方向（通常垂直于截面）延伸截面草图的操作。它涵盖了凸台-拉伸特征、切除-拉伸特征、薄壁特征等多种形式。

在 SolidWorks 中，无论是开环草图还是闭环草图，都可以进行拉伸操作。对于开环草图，拉伸凸台/基体特征通常只会生成薄壁结构，如图 3-1（a）所示。而对于闭环草图，则能灵活地创建实体特征或薄壁特征，如图 3-1（b）所示。

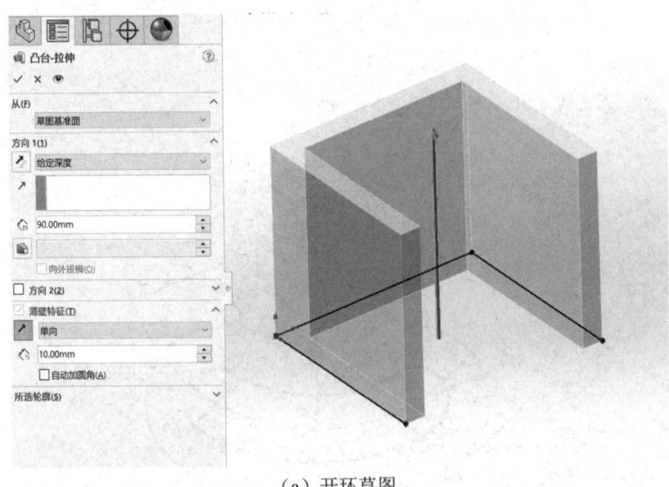

（a）开环草图

图 3-1

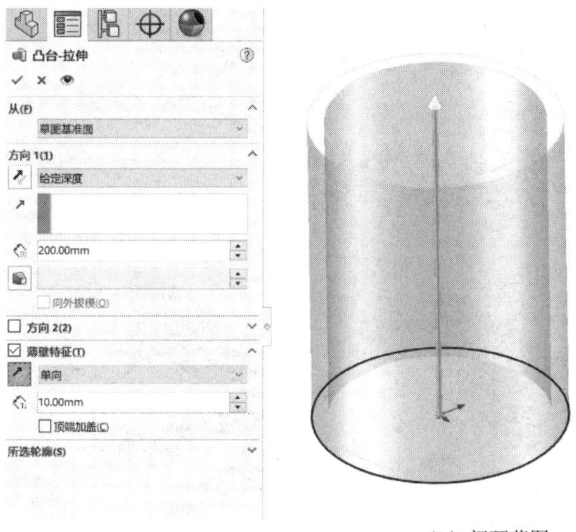

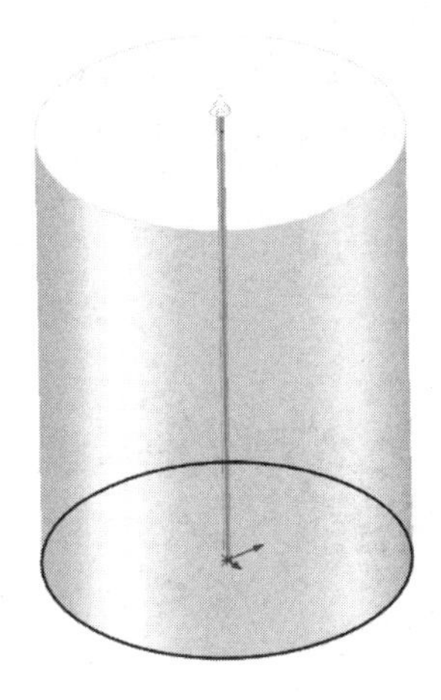

（b）闭环草图

图 3-1（续）

例如，在草图绘制完成后，单击工具栏的“特征”选项卡中的“凸台-拉伸”工具，系统将弹出“凸台-拉伸”属性管理器，如图 3-2 所示。

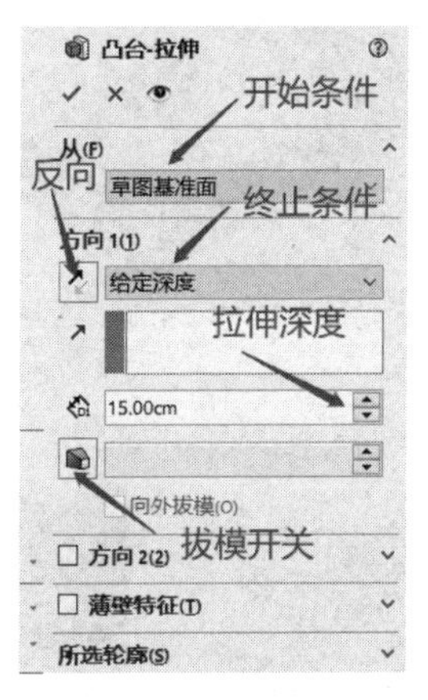

图 3-2

1. 开始条件

- 草图基准面：从草图所在的基准面开始拉伸。
- 曲面/面/基准面：从曲面、面、基准面开始拉伸。
- 顶点：从选择的顶点位置开始拉伸。
- 等距：从与当前草图基准面等距的位置开始拉伸。

2. 终止条件

单击“反向”按钮，可调换拉伸方向。不同的终止条件对应的不同效果如图 3-3 所示。

- 给定深度：从草图的基准面开始拉伸到给定深度。
- 完全贯穿切除：从草图的基准面开始拉伸，直到贯穿所有几何体。
- 成型到下一面：从草图的基准面开始拉伸，直到草图轮廓范围的下一面位置。

- 成型到一个顶点：从草图的基准面开始拉伸，直到一个顶点。
- 成型到一面：从草图的基准面开始拉伸，直到一个参考面。
- 到离指定面指定距离：从草图的基准面开始拉伸，直到距离某一指定面指定的距离。
- 成型到实体：从草图的基准面开始拉伸，直到指定的实体。
- 两侧对称：从草图的基准面向两个方向进行对称拉伸。

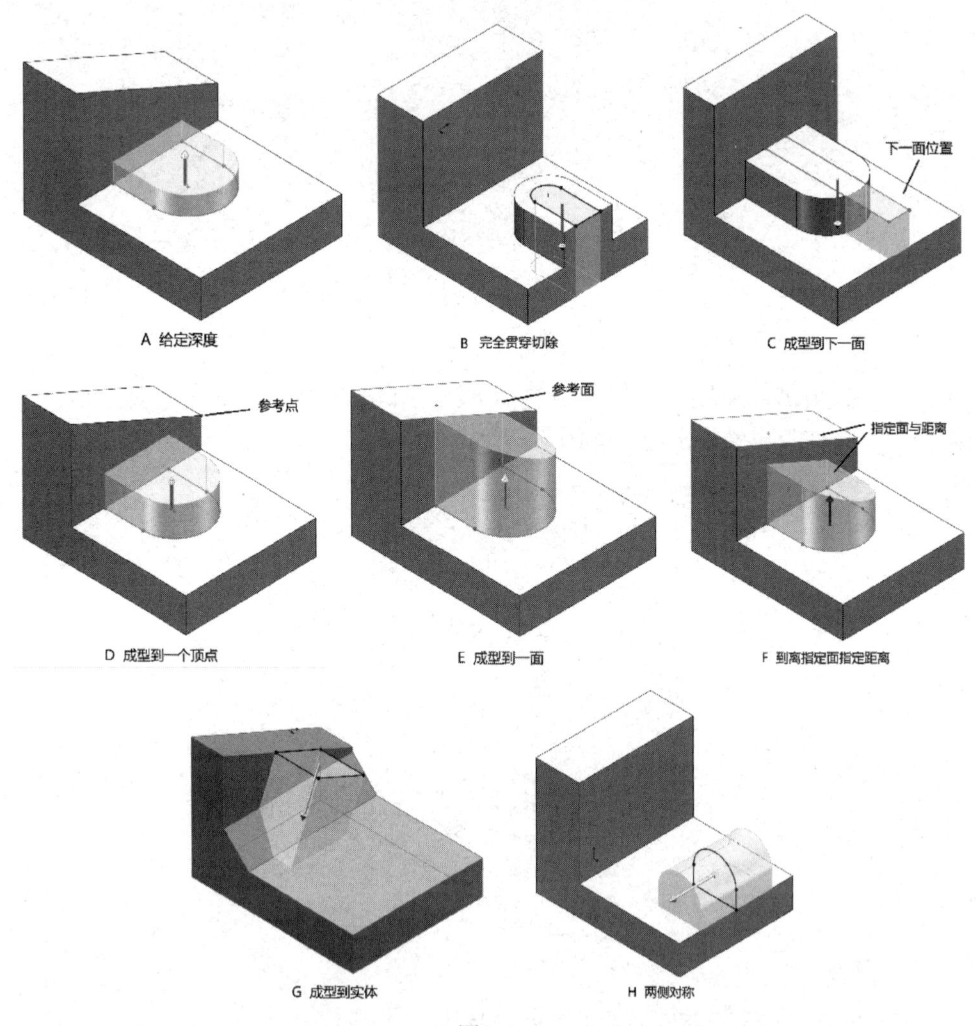

图 3-3

3．拉伸深度

在拉伸特征中，用户可以根据设计需要设定拉伸的深度尺寸，以确保模型在拉伸后具有准确的体积和形状。

4．拔模开关

为了满足不同加工和脱模的需求，SolidWorks 提供了拔模开关功能。用户可以根据需要选择向内或向外拔模，如图 3-4 所示，以确保模型在制造过程中能够顺利脱模，提高生产效率和产品质量。

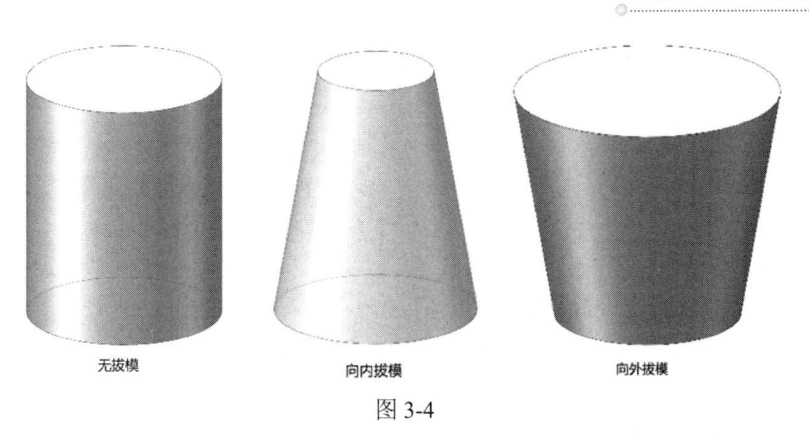

图 3-4

5. “方向 2”选项组

拉伸特征的默认方向通常为草图轮廓的垂直方向，但用户可以根据实际需求，通过指定直线或面作为参考来灵活改变方向，以满足不同的设计需求。

6. “薄壁特征”选项组

“薄壁特征”选项组用于设定薄壁特征的拉伸类型，如图 3-5 所示。

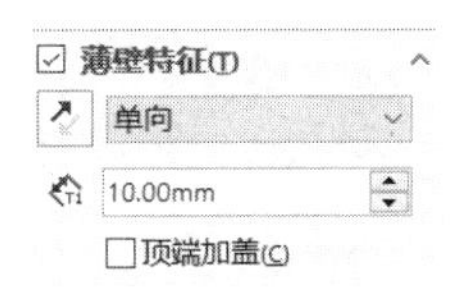

图 3-5

- 单向：明确指定草图的一个方向，并指定拉伸的厚度。
- 两侧对称：从草图出发，沿两个相反方向同时拉伸至指定厚度。
- 双向：针对两个不同方向，分别设置不同的拉伸厚度。

对“薄壁特征”选项组中的其他选项说明如下：

- 壁厚设置：精确调整薄壁的厚度，以适应不同的需求。
- “顶端加盖”复选框：针对闭环轮廓的薄壁模型，可勾选该复选框，勾选后可为拉伸的顶端添加一个指定厚度的封闭面，以便生成一个中空的零件，如图 3-6 所示。

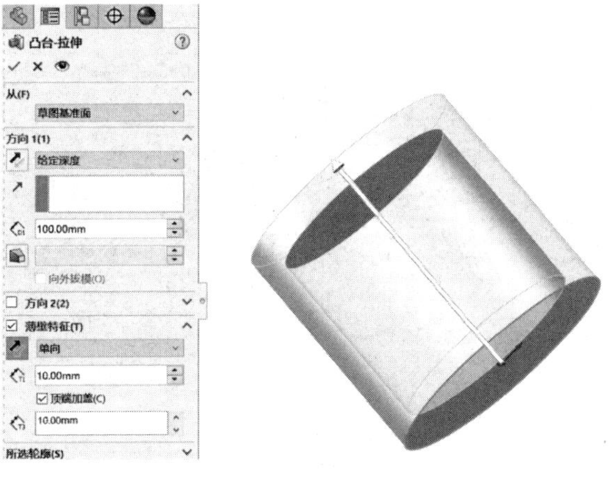

图 3-6

3.1.2 旋转特征

旋转特征是通过将截面草图围绕一条轴线旋转来构建实体的操作，适用于回转体零件的建模。旋转特征包括旋转凸台/基体特征、旋转切除特征和旋转薄壁特征等。

旋转特征的草图可以基于一个或多个闭环轮廓，开环或闭环轮廓均可用于生成旋转薄壁特征。重要的是，这些轮廓不能与旋转轴线相交。在执行旋转命令时，系统通常能自动识别当前草图内的一根构造线作为旋转轴线。若草图内存在多条构造线，则需要手动选择旋转轴线。旋转轴线的选择范围广泛，包括草图中心线、草图边线、基准轴线，以及与当前草图共平面的模型边线等。旋转特征在多个领域都有广泛应用，如对环形零件、球形零件和轴类零件的建模等，如图 3-7 所示。

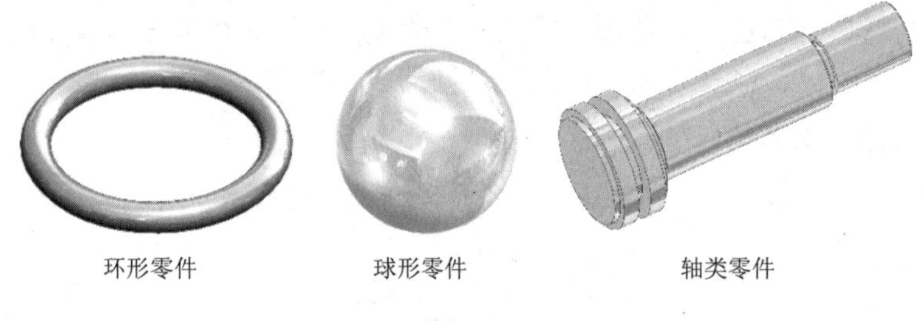

图 3-7

旋转特征的创建步骤如下。

❶ 单击工具栏中的按钮，新建一个零件文件。选择一个基准面，并单击按钮进入草图编辑界面。

❷ 完成草图的绘制后，在“特征”选项卡中单击旋转凸台/基体工具。此时，系统将弹出“旋转”属性管理器。

❸ 在设置好属性管理器中的相关参数后，选择草图的中心线作为旋转轴线。单击“确定”按钮完成特征创建，具体效果如图 3-8 所示。

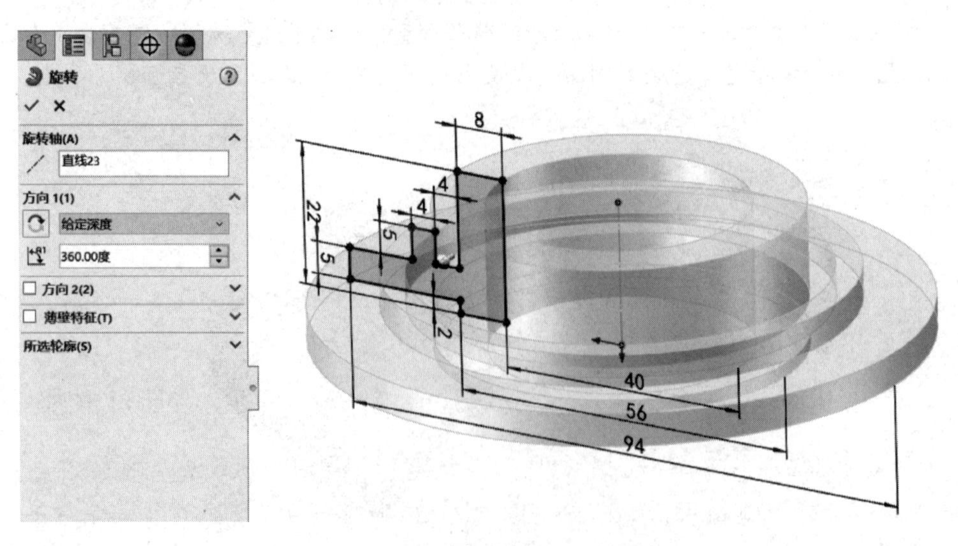

图 3-8

3.1.3　扫描特征

扫描特征是指闭环轮廓沿着一个开环或闭环路径移动来生成凸台/基体，以及进行切除的一种操作。

注意：① 扫描路径具有灵活性，既可以是开环的，也可以是闭环的；② 路径的选择多样，可以是草图内的一条线、一组线或一条模型边线；③ 当草图轮廓位于路径线的一端时，轮廓会沿着整个路径线进行扫描，而当轮廓位于路径线的中间位置时，系统会激活三个扫描方向，以供用户选择；④ 为了确保扫描的准确性和模型的完整性，无论是路径、轮廓还是它们形成的实体，都必须避免出现交叉情况。

扫描特征的创建步骤如下。

❶ 单击工具栏中的按钮，新建一个零件文件。选择一个基准面，并单击按钮进入草图编辑界面。

❷ 在草图绘制完后，单击“特征”选项卡中的“扫描”按钮，系统将弹出“扫描”属性管理器：先选中草图 2 作为轮廓，再选择草图 1 作为路径，具体效果如图 3-9 所示。

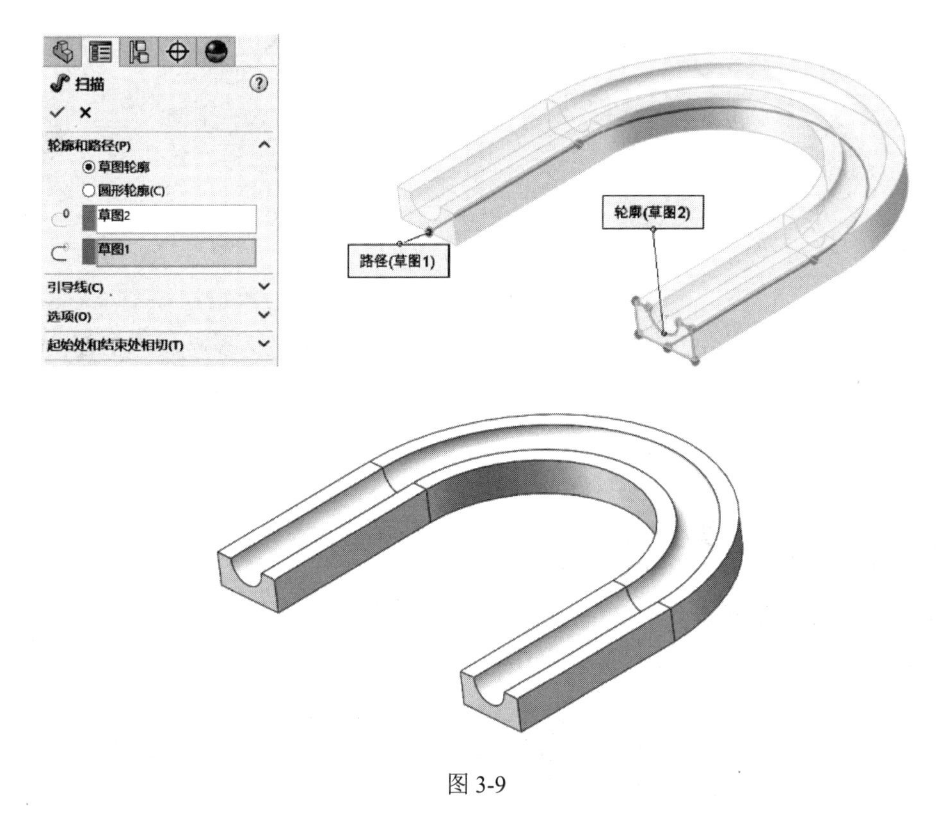

图 3-9

❸ SolidWorks 可以通过引导线对截面进行扫描。在设置好属性管理器中的相关参数后，单击“确定”按钮完成特征创建，效果如图 3-10 所示。

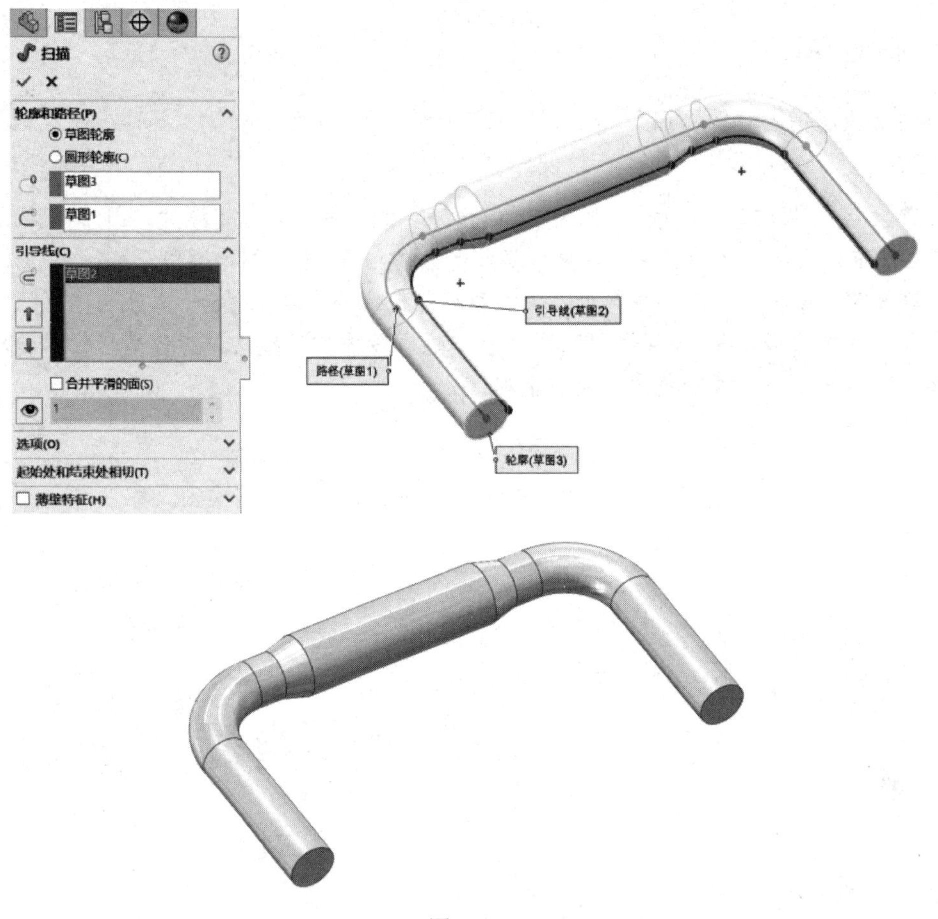

图 3-10

注意：① 路径与引导线可绘制在同一张草图内；② 引导线必须与轮廓重合，以作为扫描起点；③ 在扫描时，扫描路径与引导线遵循最短原则。

3.1.4 放样特征

放样特征是一种通过连接多个剖面、轮廓来形成基体、凸台、曲面或进行切除的操作。它通过在轮廓之间进行平滑过渡来生成所需特征。

放样特征的创建步骤如下。

❶ 单击工具栏中的按钮，新建一个零件文件。选择一个基准面，并单击按钮进入草图编辑界面。

❷ 草图绘制完后，单击“特征”选项卡中的“放样凸台/基体”按钮，系统将弹出“放样”属性管理器。在“轮廓”选项组中依次选择“草图 1”“草图 2”“草图 3”，单击“确定”按钮完成放样特征创建，如图 3-11 所示。

注意：在运用放样特征时，同样可以利用引导线来精细调整草图的外形变化。这些引导线可以设置多条，每条都能塑造出独特的形状，其应用效果如图 3-12 所示。

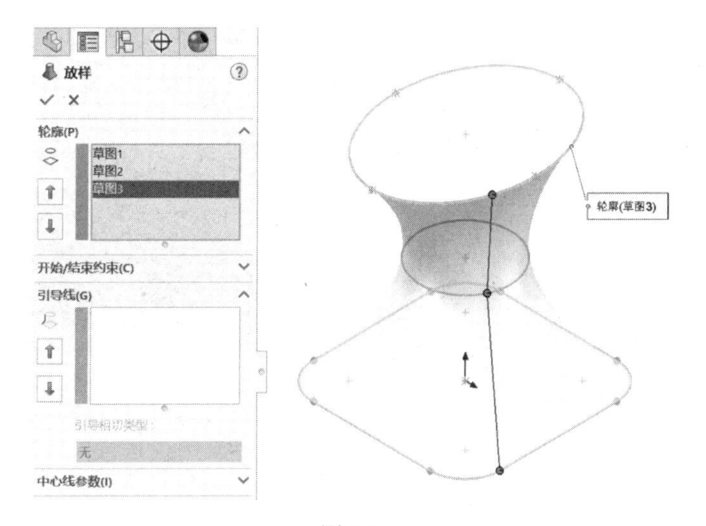

图 3-11

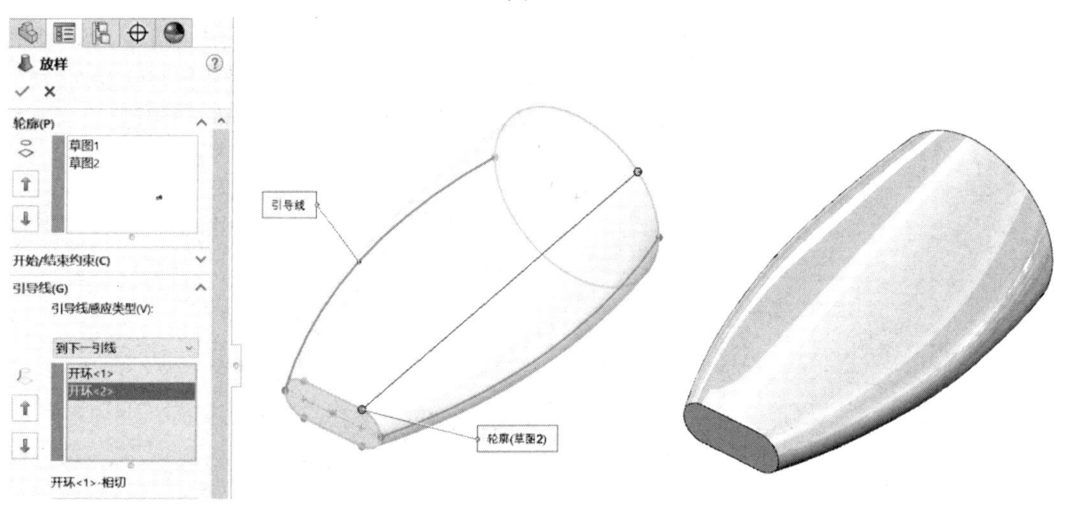

图 3-12

3.1.5　边界特征

边界特征是一种在两个实体之间通过其轮廓来增强实体的操作。尽管边界特征与放样特征的功能相似，但它们在生成模型时会呈现出不同的形态特点。具体而言，边界特征以平滑的曲率形式展现，而放样特征更倾向于以抛物线形式展现。由于边界特征主要依赖于曲率形式展现，具有一定的复杂性，因此其使用率相对较低。

边界特征的创建步骤如下。

❶ 单击工具栏中的按钮，新建一个零件文件。选择一个基准面，并单击按钮，进入草图编辑界面。

❷ 绘制两个不规则的实体，单击“特征”选项卡中的“边界凸台/基体”按钮，系统将弹出“边界”属性管理器。选择两个轮廓边界面或闭环草图，即可在两个不规则的实体之间增加另一个实体，如图 3-13 所示。

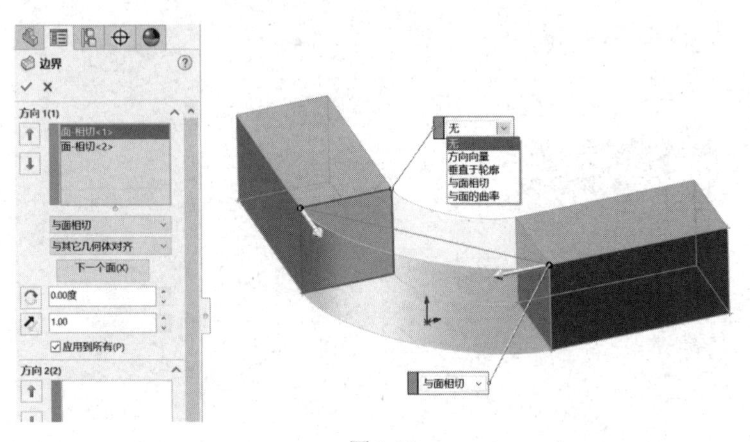

图 3-13

3.1.6 切除-拉伸特征

切除-拉伸特征是根据预先绘制的草图轮廓来进行实体切除的一个操作。切除-拉伸特征的创建步骤：在模型平面或基准面上勾勒出所需的轮廓；在“特征”选项卡中单击“切除-拉伸”按钮，系统将弹出“切除-拉伸”属性管理器；根据实际需求设置相关参数，单击“确定”按钮，即可完成切除-拉伸特征的创建，如图 3-14 所示。

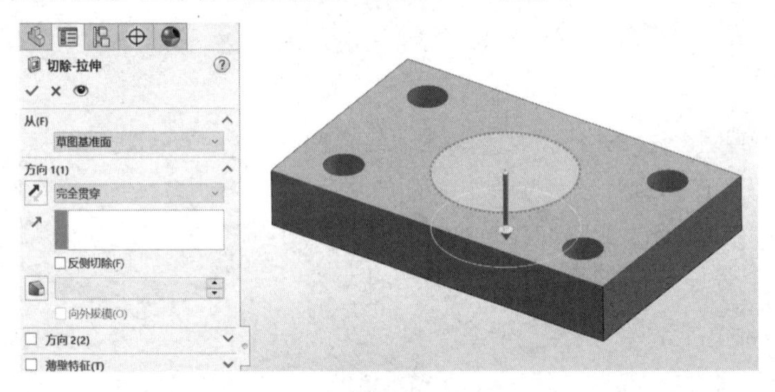

图 3-14

3.1.7 孔规格特征

孔类型包含柱形沉头孔、锥形沉头孔、孔、直螺纹孔、锥形螺纹孔、旧制孔、柱孔槽口、锥孔槽口、槽口，其中：

- 柱形沉头孔与锥形沉头孔的效果对比如图 3-15 所示。

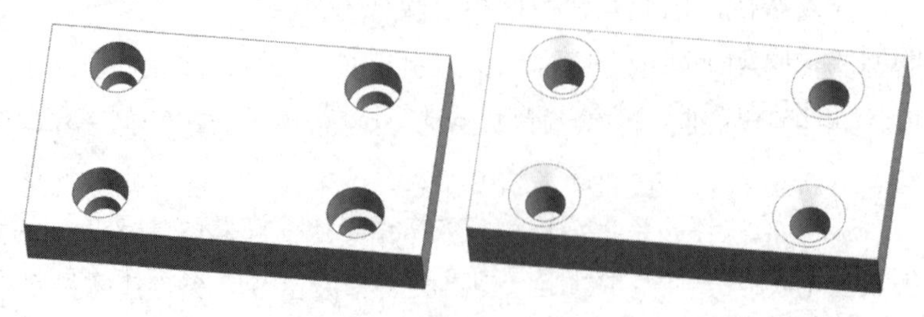

图 3-15

- 直螺纹孔与锥形螺纹孔的效果对比如图 3-16 所示。

图 3-16

- 孔与槽口的效果对比如图 3-17 所示。

图 3-17

- 柱孔槽口与锥孔槽口的效果对比如图 3-18 所示。

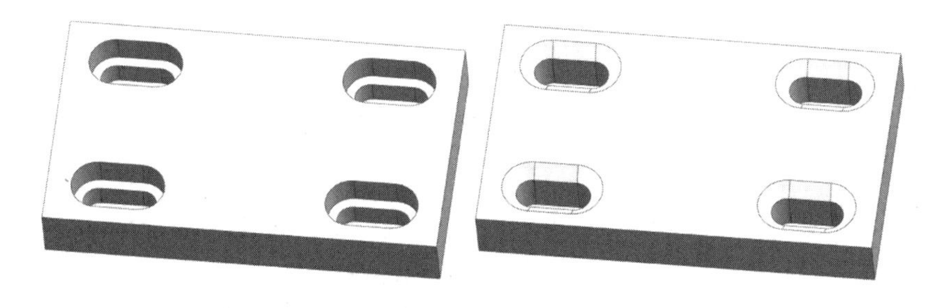

图 3-18

以类型为柱形沉头孔的孔规格特征为例，其创建步骤如下。

❶ 打开一个零件文件，在零件上选择一个面，用于生成柱形沉头孔。单击“特征”选项卡中的“孔规格”按钮，即可打开如图 3-19 所示的“孔规格”属性管理器。选择“孔类型”选项组中的柱形沉头孔，并进行参数设置。

- “标准”下拉列表：选择与柱形沉头孔连接的紧固件的标准，如 ISO、GB 等。
- “类型”下拉列表：选择与柱形沉头孔连接的紧固件的螺栓类型，如六角凹头、六角螺栓、凹肩螺钉、六角螺钉、十字切槽等。
- “大小”下拉列表：用于选择与柱形沉头孔对应的紧固件的尺寸，如 M5-M64 等。
- “配合”下拉列表：用于为扣件提供状态选择，包括“紧密”“正常”“松弛”三种状态。

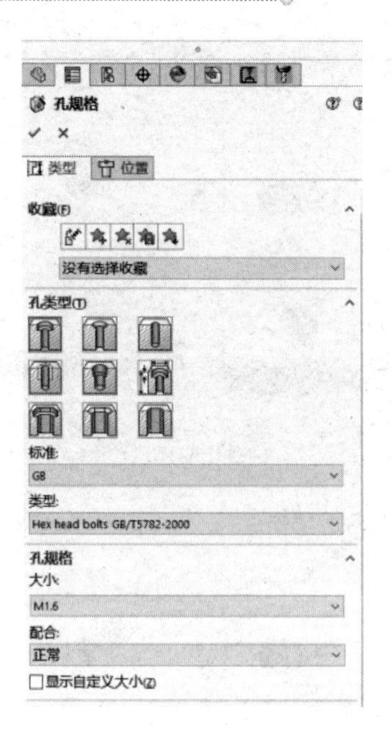

图 3-19

❷ 根据需要和孔类型设置孔的终止条件，并设置“选项”选项组中的参数，如图 3-20 所示。

❸ 若要自定义孔的尺寸，则可勾选“显示自定义大小”复选框并进行设定，如图 3-21 所示。

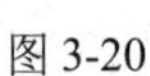

图 3-20

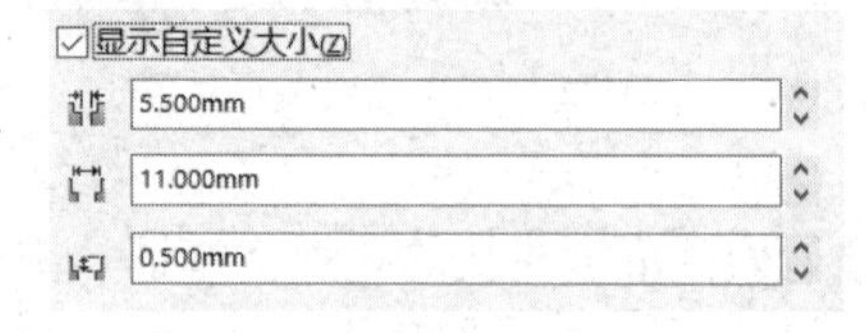

图 3-21

❹ 在“特征范围”选项组中可设置所有实体和所选实体，此功能可在装配体中应用。

❺ 在“公差/精度”选项组中可设置孔的精度，以便导出工程图。

❻ 设置好所需参数后，切换到“位置”选项卡。若要在单个平面上生成孔，则可单击该平面，一旦光标变为笔状，就可在平面上添加草图点，以作为孔的位置点。之后，还可对草图点进行尺寸标注或设置几何关系，以精确定位孔的位置，如图 3-22 所示。

❼ 若要在多个平面或曲面打孔，则可在“位置”选项卡中单击“3D 草图”按钮，即可在多个平面或曲面上打孔并标注孔的位置，如图 3-23 所示。

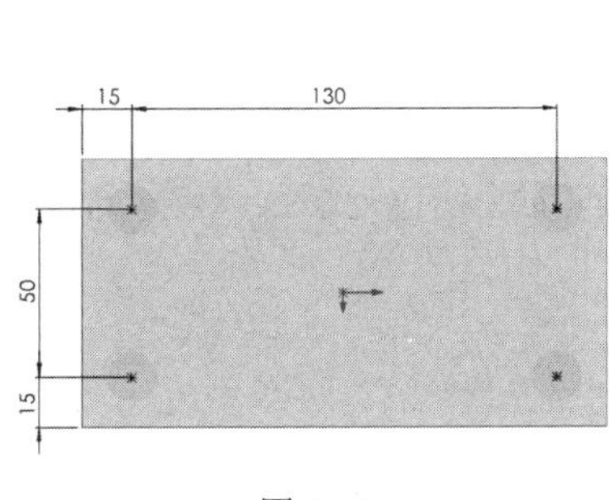

图 3-22

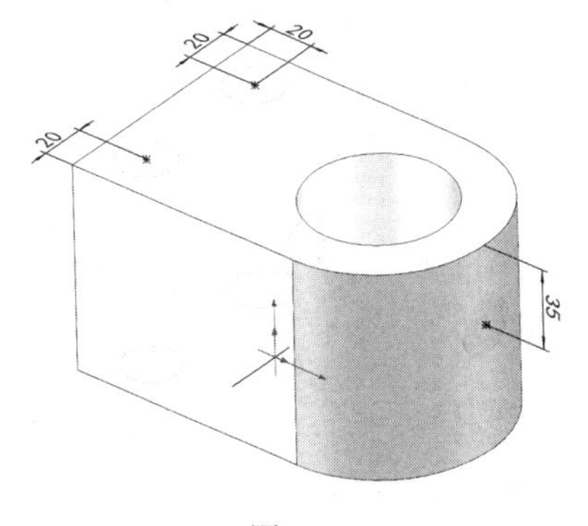

图 3-23

3.1.8　高级孔特征

高级孔特征是用于创建和编辑复杂阶梯孔设计的操作，允许用户指定阶梯孔的近端面和远端面，并设置多个段落的孔特征，包括标准、类型、大小等属性。通过执行高级孔特征，不仅提高了设计效率，还确保了设计的准确性和可重用性。“高级孔”属性管理器如图 3-24 所示。

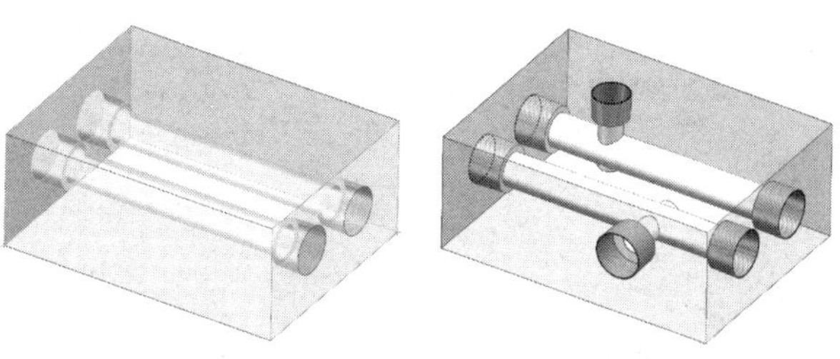

图 3-24

3.1.9 螺纹线特征

螺纹线特征是在圆柱和圆孔实体上通过剪切或拉伸的方式生成外螺纹与内螺纹特征的操作。

打开“螺纹线”属性管理器，指定圆孔或圆柱端面的边线作为螺纹起点，并进行相应的设置，效果如图 3-25 所示。

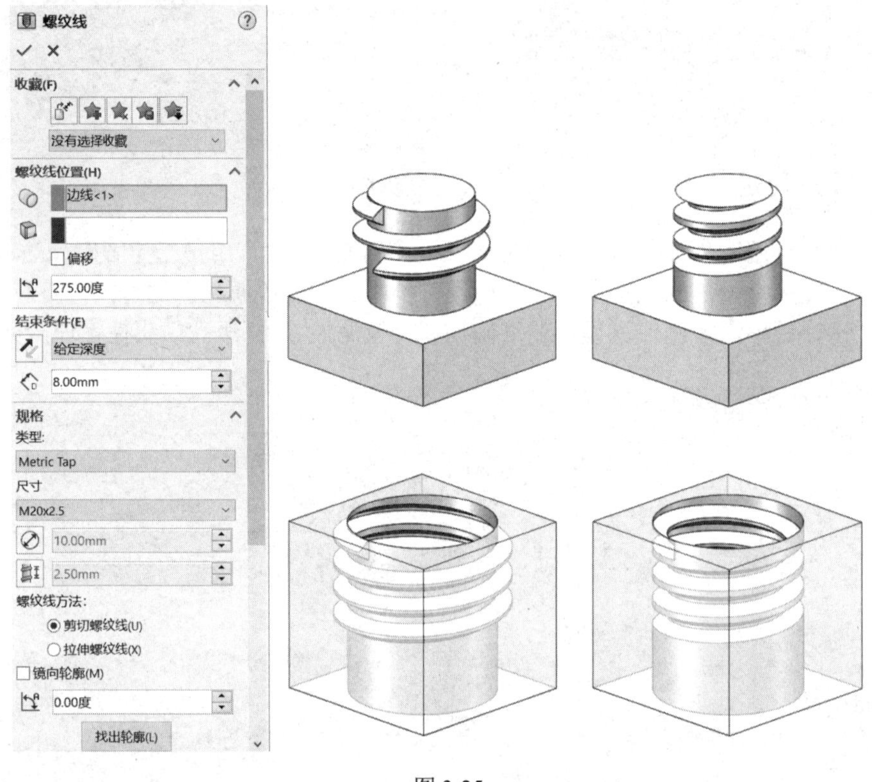

图 3-25

在 SolidWorks 中，螺纹线的偏移与修剪十分便捷。通过执行螺纹线特征，用户能够轻松地将螺纹线从端面的起点位置向上、向下偏移，以适应不同的设计要求，如图 3-26 所示。

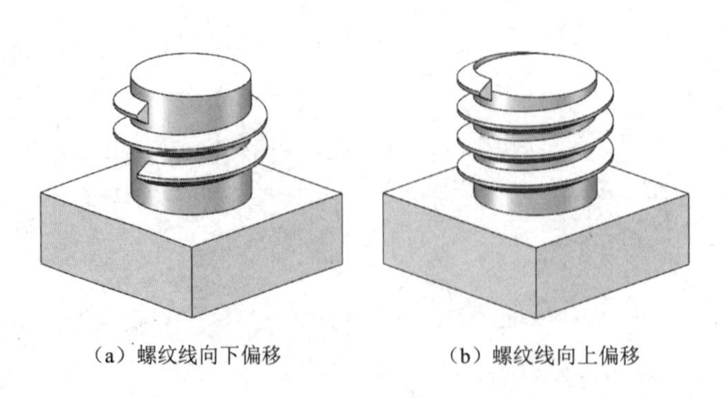

（a）螺纹线向下偏移　　（b）螺纹线向上偏移

图 3-26

3.1.10　螺柱向导特征

利用螺柱向导特征可在圆柱实体或曲面上创建螺柱。

- 在圆柱实体上创建螺柱：选择圆柱面的边线以创建螺柱，效果如图 3-27 所示。

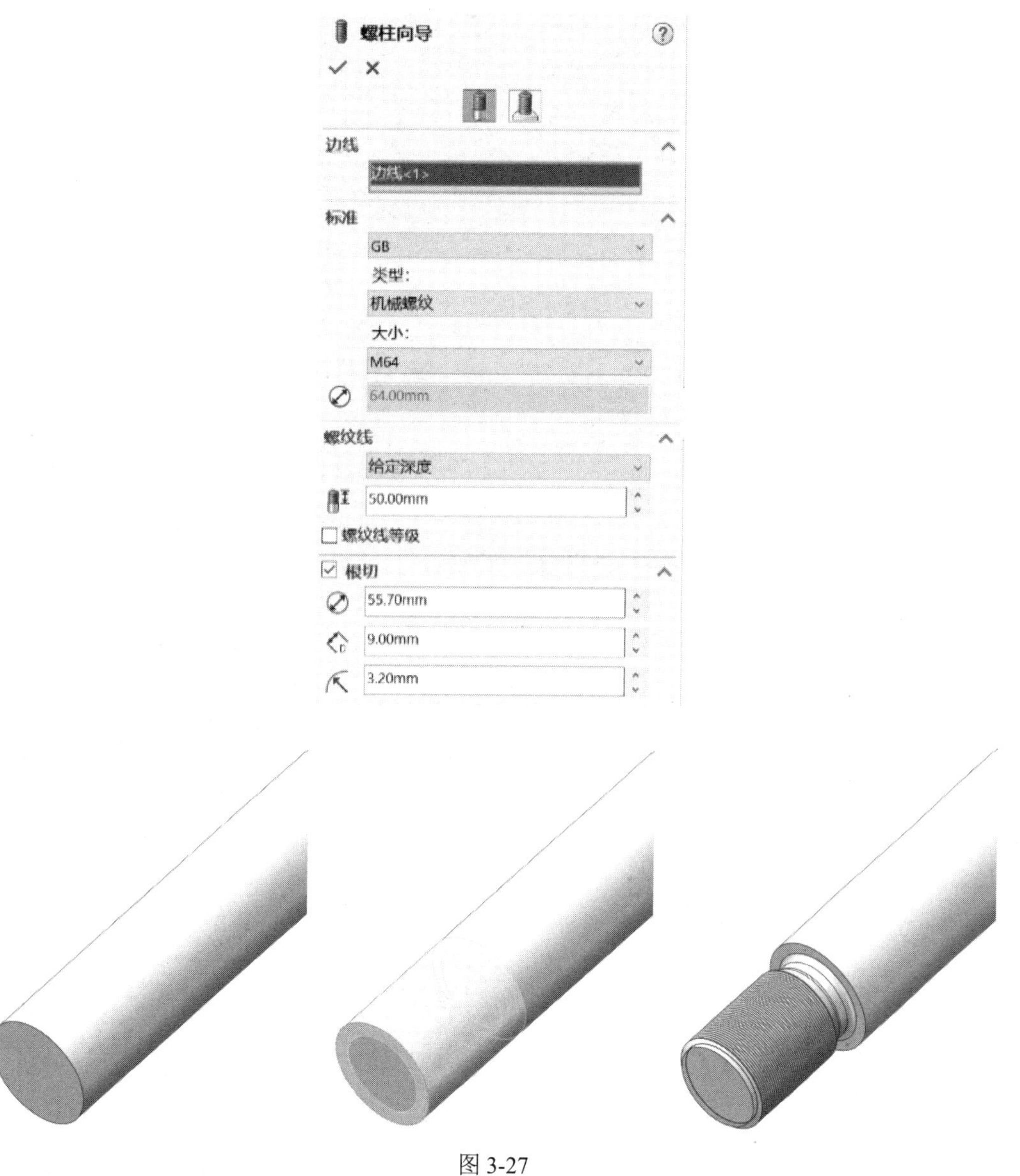

图 3-27

- 在曲面上创建螺柱：在“螺柱”选项卡上设置螺柱参数，在“位置”选项卡上选择要定位螺柱的面，效果如图 3-28 所示。

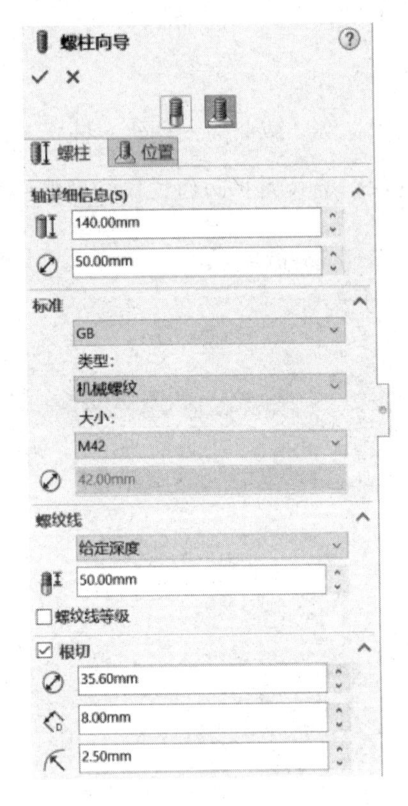

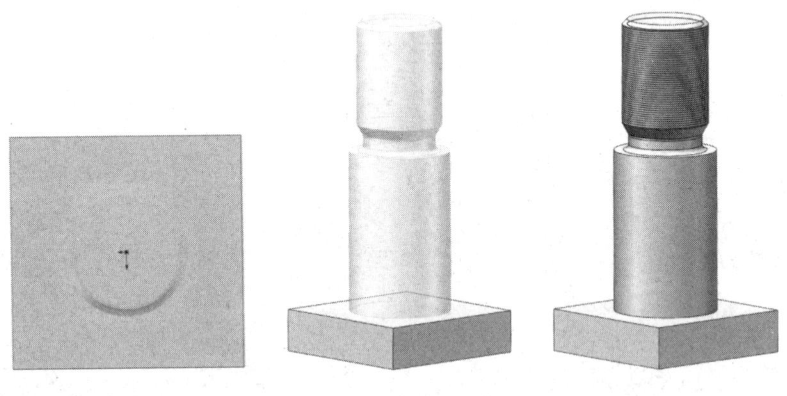

图 3-28

3.1.11 切除-旋转特征

切除-旋转特征的创建方法与旋转特征基本一致，只不过旋转特征的作用是增加实体，而切除-旋转特征的作用是切除实体。

切除-旋转特征的创建步骤如下：

❶ 在选择的基准面上绘制草图轮廓。在草图激活的状态下，单击“特征”选项卡中的“切除-旋转”按钮，弹出“切除-旋转”属性管理器。

❷ 设置旋转参数，设置方法与“旋转”属性管理器中的参数设置方法类似。设置完成后，单击“确定”按钮完成切除-旋转特征的创建，如图 3-29 所示。

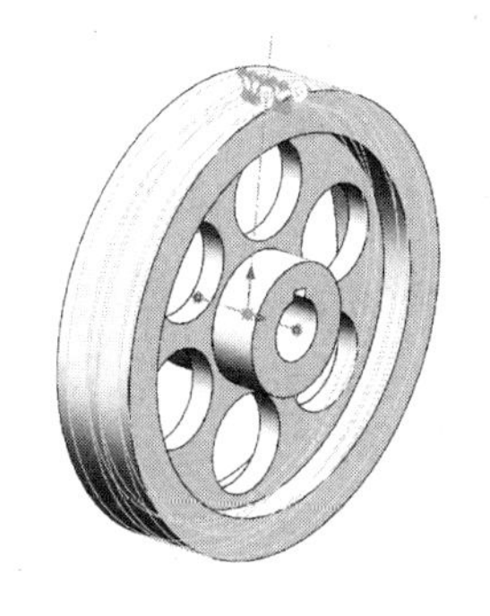

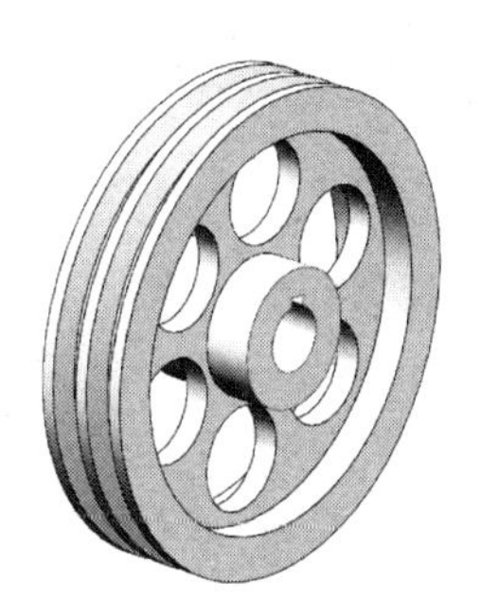

图 3-29

3.1.12　切除-扫描特征

切除-扫描特征是通过一个轮廓和一条引导线生成切除特征的操作。切除-扫描特征的创建步骤如下：

❶ 绘制一个实体，并以其侧面作为基准面，绘制草图作为所需的轮廓。

❷ 在实体的上表面绘制草图，作为扫描路径（请注意，样条线段的起点必须精确地与先前绘制的轮廓相交）。

❸ 打开“切除-扫描”属性管理器，分别选定“轮廓”和“路径”，生成切除-扫描特征，效果如图 3-30 所示。

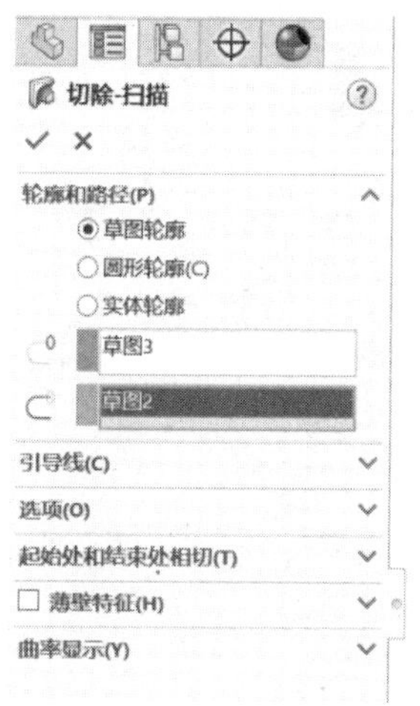

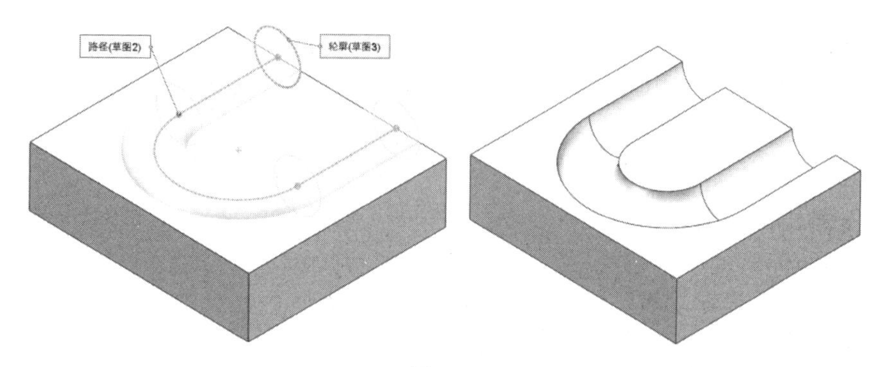

图 3-30

3.1.13　切除-放样特征

切除-放样特征是通过两个或两个以上的轮廓和引导线来生成切除特征的操作。

❶ 绘制齿轮的基本实体，并新建一个草图。在此草图上，精确绘制出齿轮槽的截面轮廓。再次新建一个草图，并在该草图上标记出齿轮的相交点，这些点将作为切除-放样的引导线。

❷ 打开“切除-放样”属性管理器，依次选择之前绘制的“草图 1”作为切除-放样的轮廓，“点 1”作为切除-放样的路径，以生成精确的切除-放样特征。

❸ 对生成的切除-放样齿轮槽进行旋转阵列操作，以确保整个齿轮模型的完整性和精确性，从而完成整个模型的创建，如图 3-31 所示。

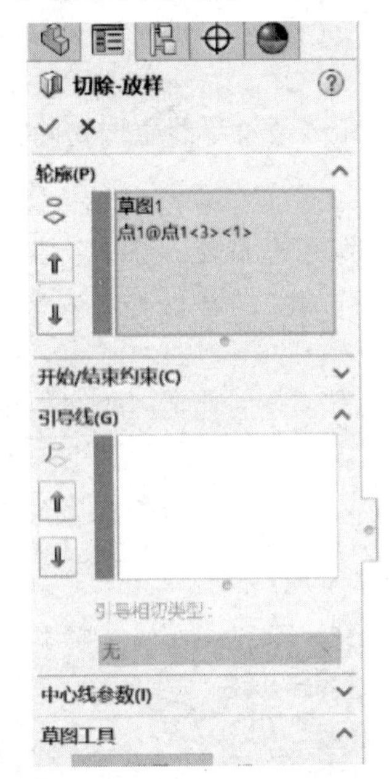

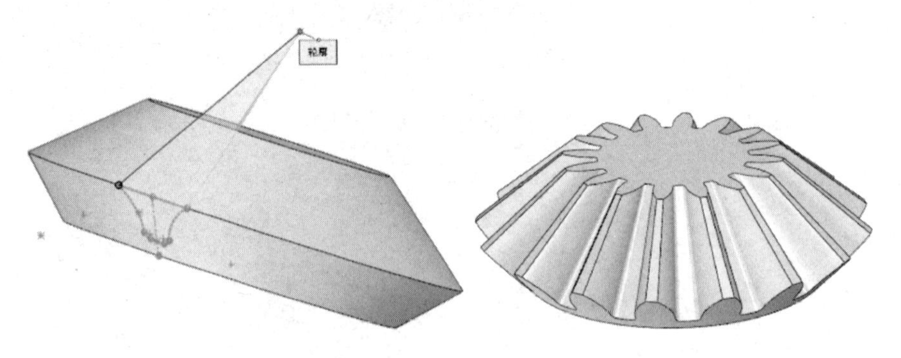

图 3-31

3.1.14　边界-切除特征

边界-切除特征是通过两个或两个以上的轮廓来生成切除特征的操作，示例效果如图 3-32 所示。

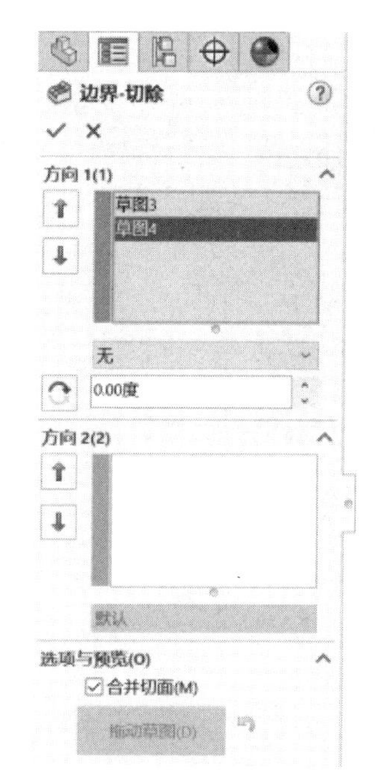

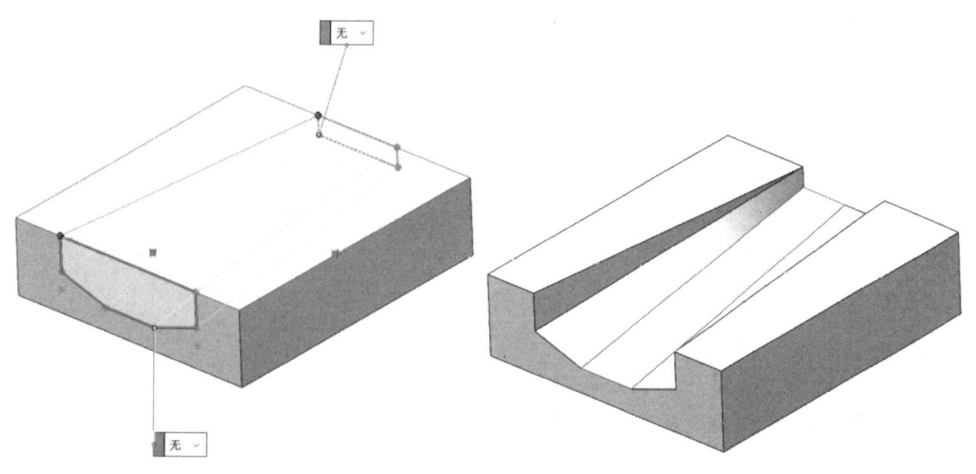

图 3-32

3.1.15　螺旋线/涡状线特征和扫描特征

下面通过应用螺旋线/涡状线特征和扫描特征来生成弹簧实体，如图 3-33 所示。

❶ 新建一个草图，并在其中绘制一个圆，该圆将作为螺旋线的横断面。

❷ 在“特征”选项卡中单击“螺旋线/涡状线”按钮，弹出“螺旋线/涡状线 1”属性管理器，选中之前绘制的圆，并设置螺距、圈数、起始角度等关键参数，以生成精确的螺旋线。

❸ 在“特征”选项卡中单击“扫描”按钮，弹出“扫描”属性管理器，选中“圆形轮廓”单选按钮，设置弹簧的直径，以及将“螺旋线/涡状线 1”设置为扫描路径，从而生成完整的弹簧实体。

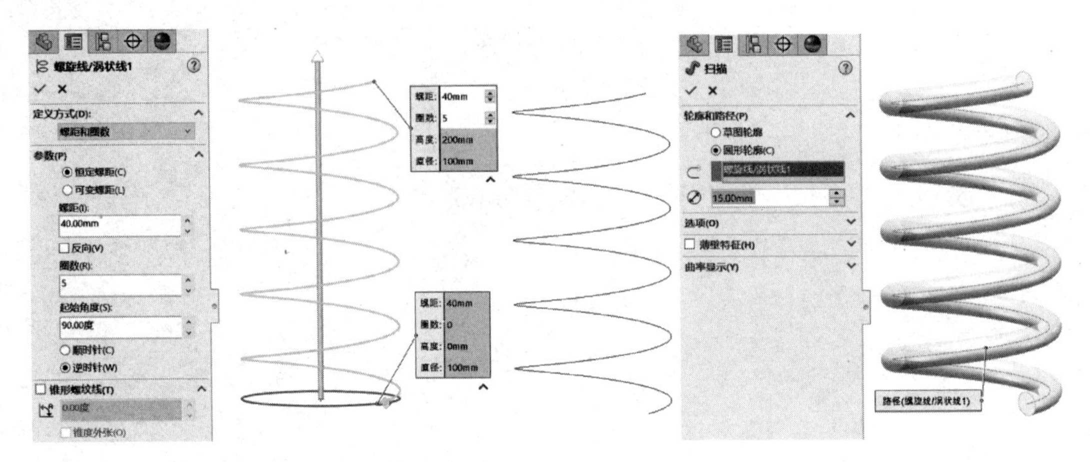

图 3-33

3.2 高级特征编辑

3.2.1 圆角特征

圆角特征是在零件设计中用于形成内圆角或外圆角的一种操作，旨在通过平滑边角来满足工艺和外观需求。

在创建圆角特征的过程中，有如下注意事项：

- 可通过单击边线、面或区域框来实现对目标边线的圆角处理，同时也可在工具栏中选择特定的圆角范围。
- 当设计包含多个圆角边线和拔模面的模具零件时，通常建议在添加圆角之前先设定拔模特征。
- 装饰圆角应作为最后一步添加，以确保在大部分其他几何体定位后再进行操作。过早添加装饰圆角可能会导致系统重建零件的时间显著增加。
- 对于需要相同半径的多条连线，建议使用单一圆角命令进行处理，以提高零件的重建速度。但需要注意，在更改圆角半径时，该操作中所涉及的所有圆角都会发生变化。

一般情况下，圆角类型有 4 种：恒定大小圆角（）、变量大小圆角（）、面圆角（）、完整圆角（）。

1．恒定大小圆角

单击“特征”选项卡中的“圆角”按钮，弹出“圆角”属性管理器：在“圆角类型”选项组中选中恒定大小圆角；在“要圆角化的项目”选项组中选择需要进行圆角处理的模型、边线或范围，如“边线<2>”；在“圆角参数”选项组中设置圆角半径；单击“确定”按钮生成圆角特征，如图 3-34 所示。

2．变量大小圆角

单击“特征”选项卡中的“圆角”按钮，弹出“圆角”属性管理器：在“圆角类型”选项组中选中变量大小圆角；在“变半径参数”选项组中选择不同的变半径，以进行圆角操作；单击“确定”按钮生成圆角特征，如图 3-35 所示。

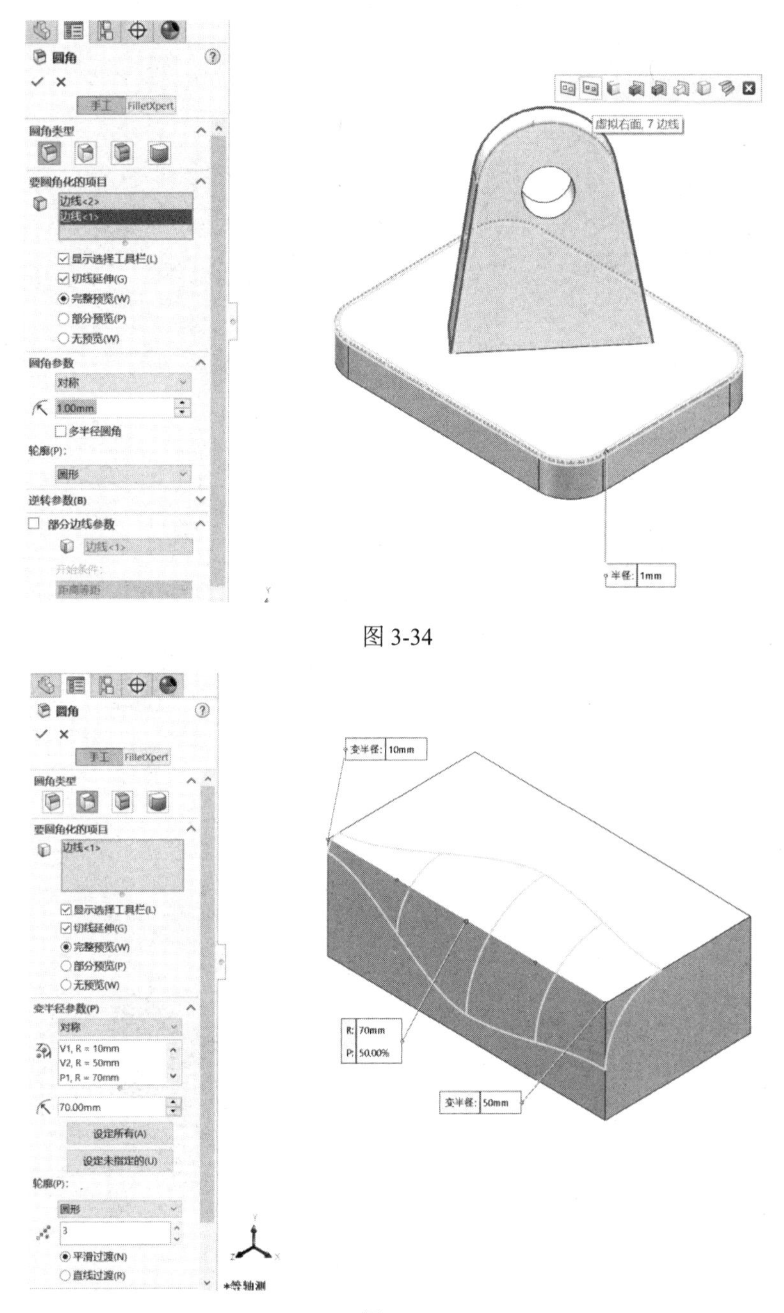

图 3-34

图 3-35

3. 面圆角

面圆角特征是以相邻面作为两个面组，对边角进行的圆角处理。单击“特征”选项卡中的“圆角”按钮，弹出“圆角”属性管理器：在“圆角类型”选项组中选中面圆角；在“要圆角化的项目”选项组中选择需要进行圆角处理的面，如“面<1>”；在“圆角参数”选项组中设置圆角半径；单击“确定”按钮生成圆角特征，如图 3-36 所示。

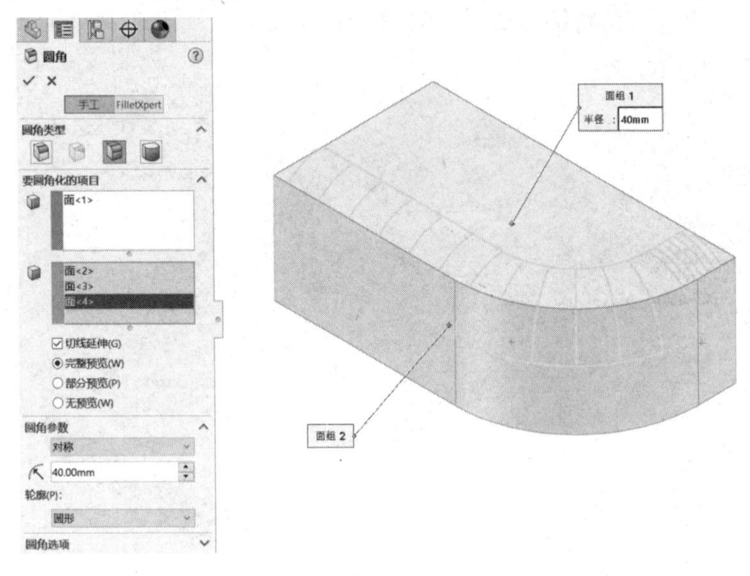

图 3-36

4．完整圆角

完整圆角特征是以三个相邻面为三个面组（一个或多个面相切）进行的圆角处理。在“要圆角化的项目”选项组中的第一个和第三个列表框内选择两个侧边面组，在第二个列表框内选择中央面组（中央面组的平面会在圆角过程中消除），如图 3-37 所示。

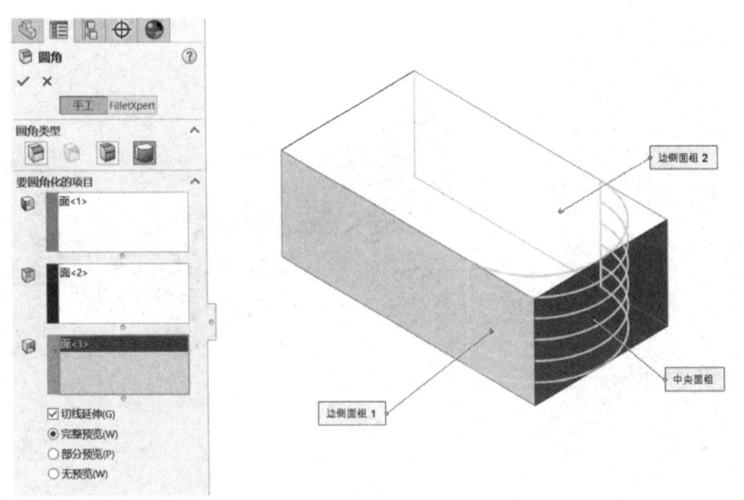

图 3-37

3.2.2 倒角特征

在追求设计工艺与外观和谐统一的过程中，特别要注意对零件的边或角的倒角处理。这一步骤旨在通过运用倒角特征，巧妙地消除模型的锐边，不仅提升了整体的美感，同时也增强了零件的实用性和耐用性。一般情况下，倒角类型有多种，如角度距离（）、距离-距离（）、顶点（ ）、面-面（ ）等。

1. 角度距离

单击“特征”选项卡中的“倒角”按钮，弹出“倒角”属性管理器：在“倒角类型”选项组中选中角度距离；在“倒角参数”选项组中设置距离与角度，生成的倒角特征如图 3-38 所示。

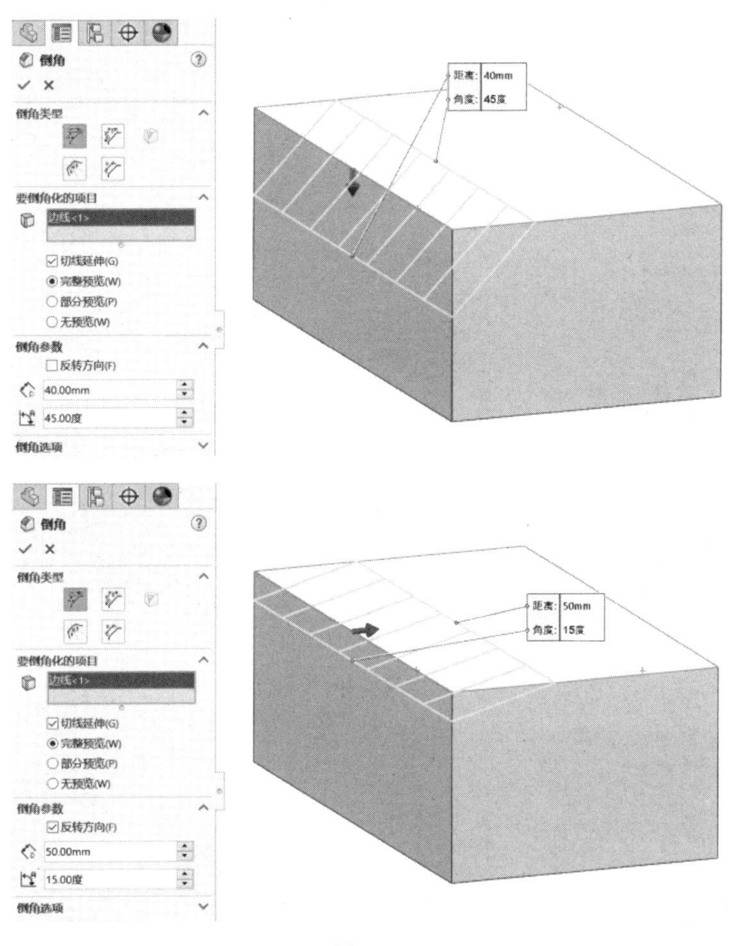

图 3-38

2. 距离-距离

单击“特征”选项卡中的“倒角”按钮，弹出“倒角”属性管理器：在“倒角类型”选项组中选中距离-距离；在“倒角参数”选项组中选择“对称”或“非对称”，生成的倒角特征如图 3-39 所示。

3. 顶点

单击“特征”选项卡中的“倒角”按钮，弹出“倒角”属性管理器：在“倒角类型”选项组中选中顶点；在“要倒角化的项目”选项组中选择生成倒角的点；在“倒角参数”选项组中设置三条边的倒角参数，生成的倒角特征如图 3-40 所示。

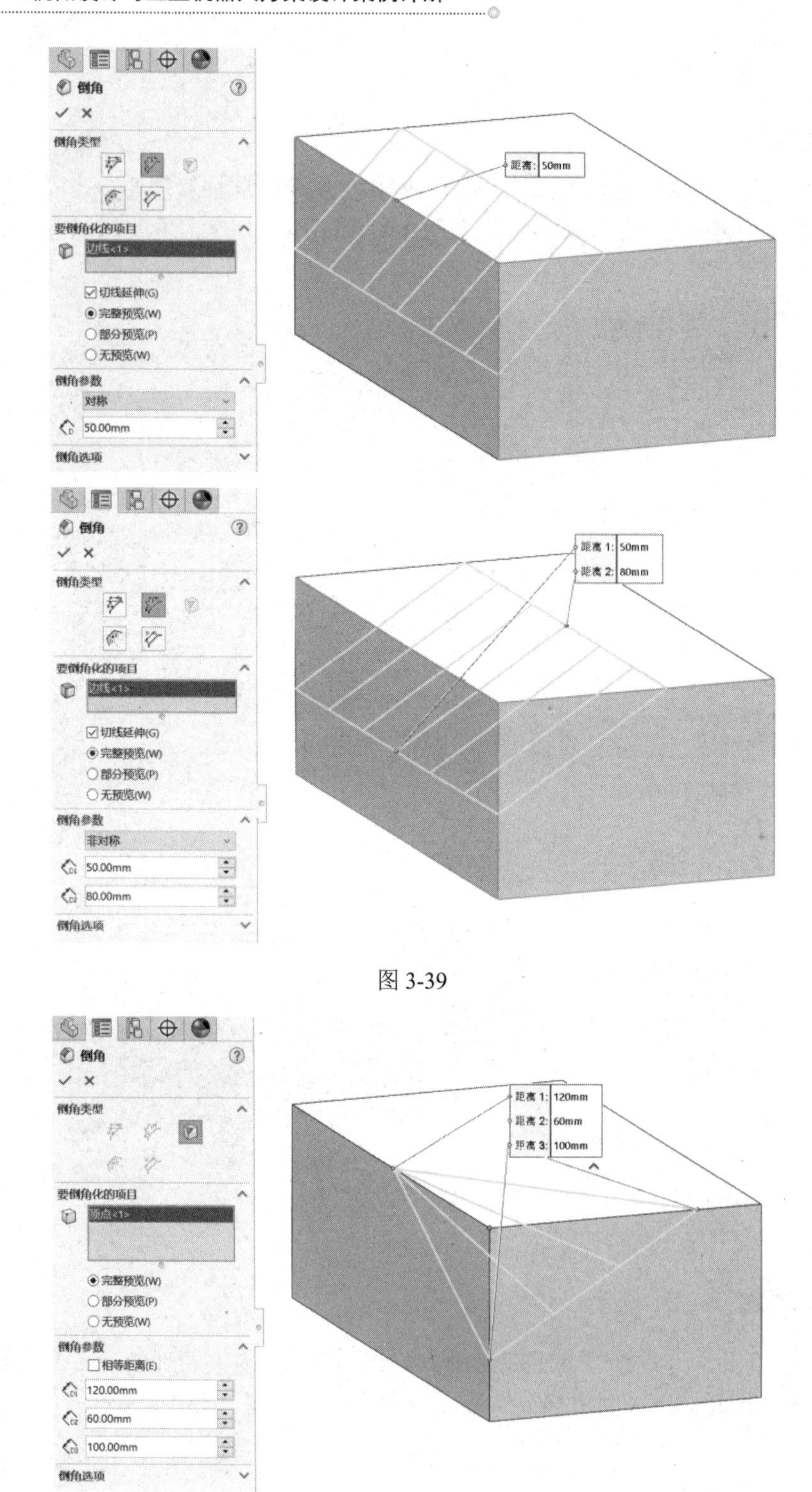

图 3-39

图 3-40

4. 面-面

单击“特征”选项卡中的“倒角”按钮，弹出“倒角”属性管理器：在“倒角类型”选项组中选中面-面；在“要倒角化的项目”选项组中选择生成倒角的两个面；在“倒角参数”选项组中选中“弦宽度”，并设置其数值，生成的倒角特征如图 3-41 所示。

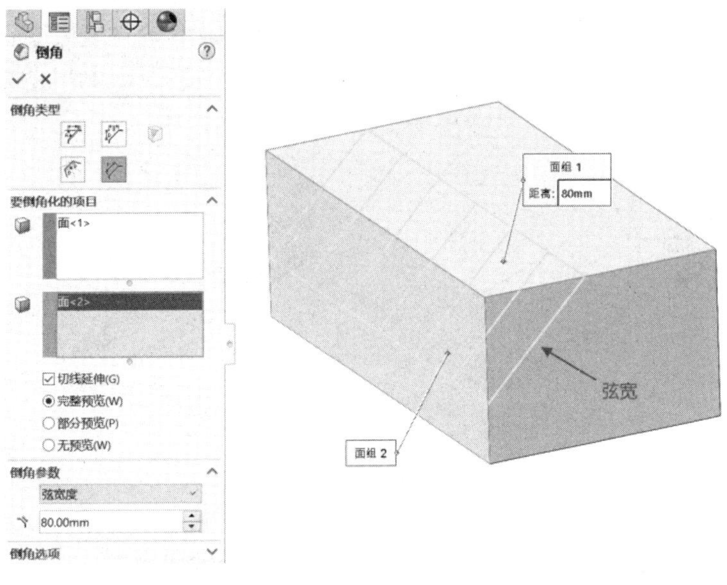

图 3-41

3.2.3　抽壳特征

在零件建模的过程中，抽壳特征极大地简化了复杂工序。通过在零件的一个或多个面应用抽壳特征，可将零件内部巧妙地中空化，即所选面开放，并为其余面生成薄壁特征。此外，SolidWorks 软件支持在单次生成抽壳特征时设置两种不同的厚度，进一步提升了建模的便捷性。若要生成一个等厚度的抽壳特征，则操作步骤如下。

❶ 单击“特征”选项卡中的“抽壳”按钮，弹出“抽壳”属性管理器。在“参数”选项组中指定抽壳的厚度。

❷ 在（移除面的）列表框中选择需要移除的面，如“面<1>”。单击“确定”按钮，生成等厚度抽壳特征，如图 3-42 所示。

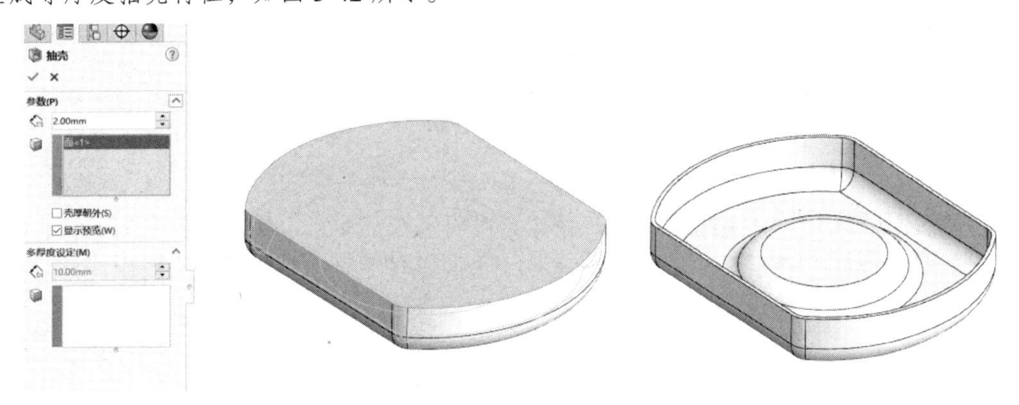

图 3-42

3.2.4 镜像特征

镜像特征是以某一平面或基准面为参考，将视图中的一个或多个特征乃至整个模型进行对称复制。若零件结构对称，则用户可先创建模型的一半，然后通过镜像特征生成完整的零件。在修改原始特征时，镜像特征会同步更新。请参照图 3-43（a），利用“镜像”按钮实现如图 3-43（b）所示的转换。

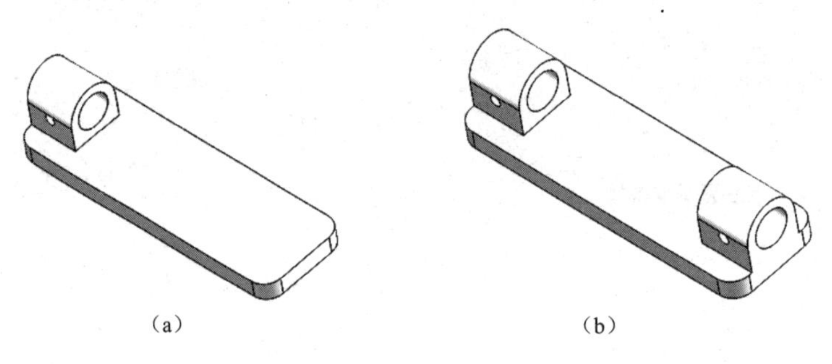

（a）　（b）

图 3-43

单击“特征”选项卡中的“镜像”按钮，系统将弹出“镜像”属性管理器。设置好参数后，选择需要镜像的特征和基本面进行凸台对称复制，从而完成镜像特征的创建，如图 3-44 所示。

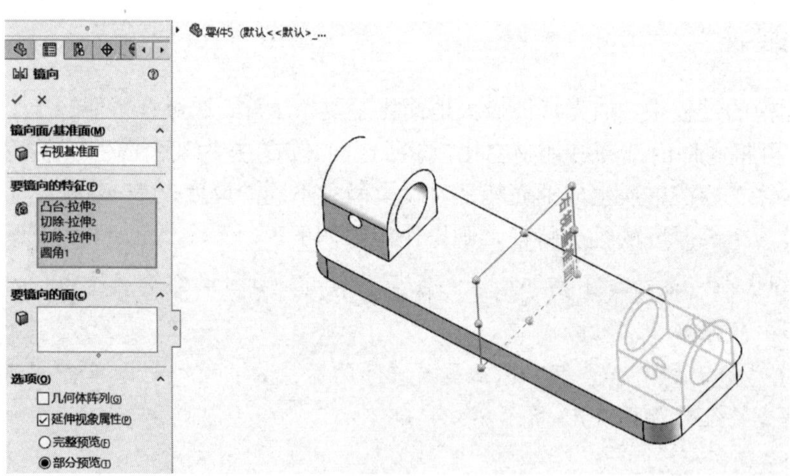

图 3-44

3.2.5 拔模特征

拔模特征是零件的常见特征，通过以特定角度斜削选定面来实现。在需要模具制造的零件中，拔模特征被广泛应用，其角度设计有助于型腔零件更轻松地从模型中脱出。

- 设置“拔模类型”为“中性面”：既可以指定中性面为基准面，也可以通过单击↗按钮，选择相应的方向进行倾斜拔模，如图 3-45 所示。
- 设置“拔模类型”为“分型线”：在对模型面进行分割后，以分割线为分型线在一个或两个方向上创建拔模特征，如图 3-46 所示。

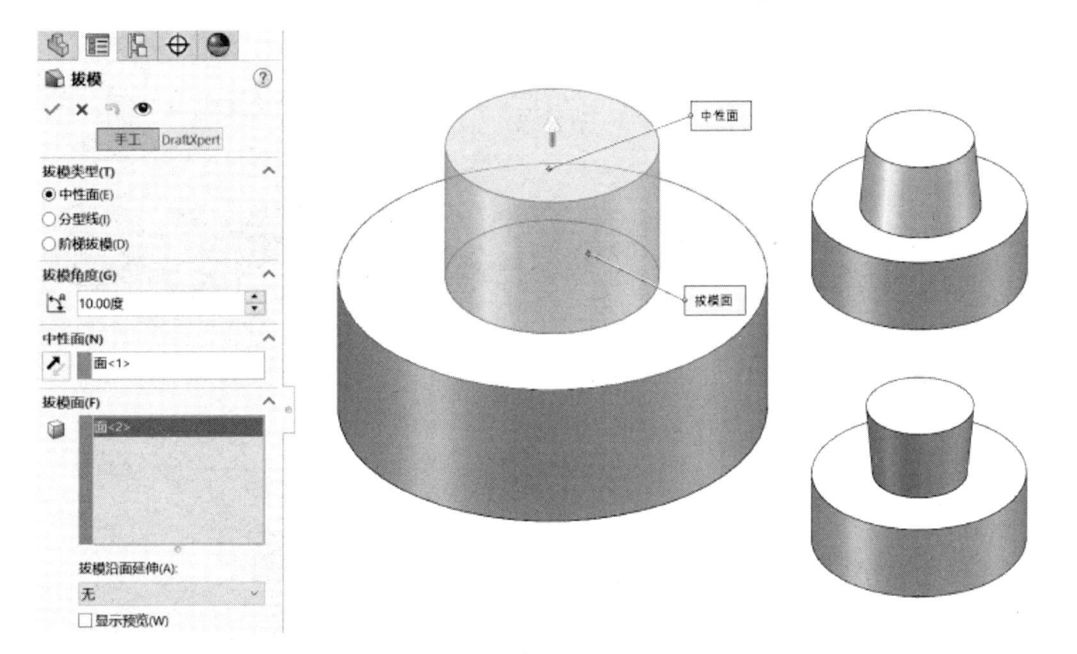

图 3-45

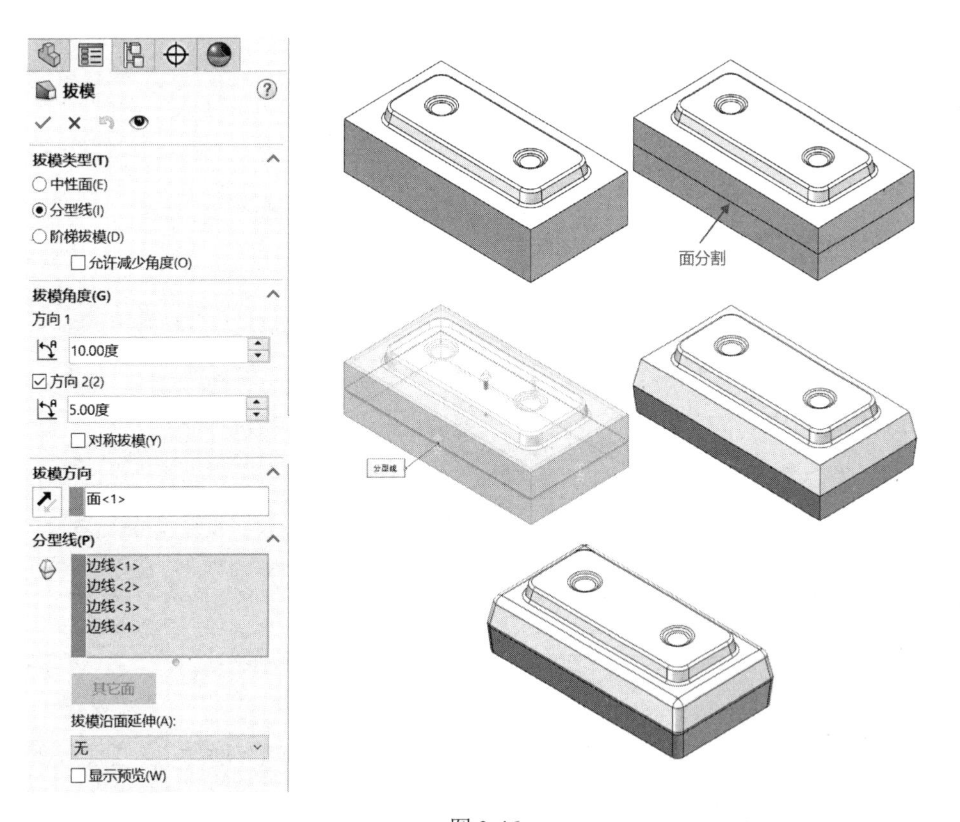

图 3-46

- 设置"拔摸类型"为"阶梯拔模"：阶梯拔模是分型线拔模的变体，通过作用到基准面而生成一个阶梯面，如图 3-47 所示。

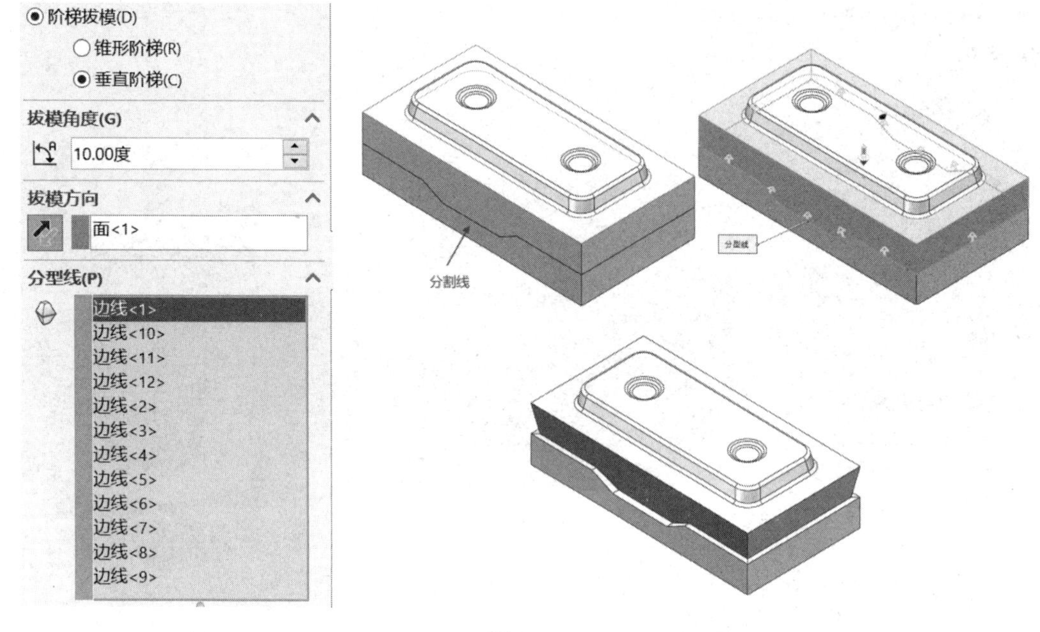

图 3-47

3.3 知识点练习

1. 工件

绘制如图 3-48 所示的工件，操作步骤如下。

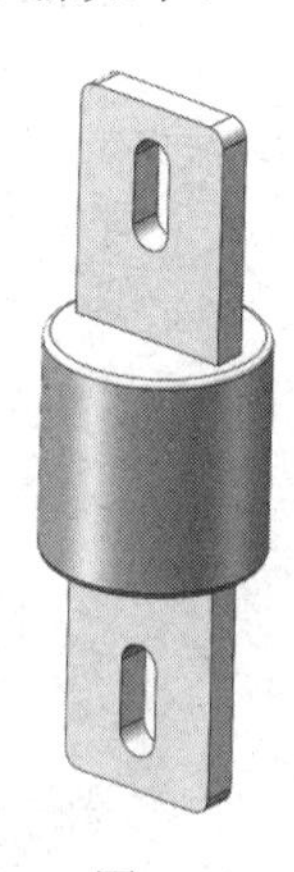

图 3-48

❶ 绘制直径为 63mm 的圆形草图，打开“凸台-拉伸”属性管理器，在“方向 1”选项组中的下拉列表中选择“两侧对称”选项，高度设置为 63mm，如图 3-49 所示。

❷ 在对应的草图基准面上绘制一个尺寸为 50mm×10mm 的矩形，打开“凸台-拉伸”属性管理器，在“方向 1”选项组中的下拉列表中选择“两侧对称”选项，高度设置为 198mm，如图 3-50 所示。

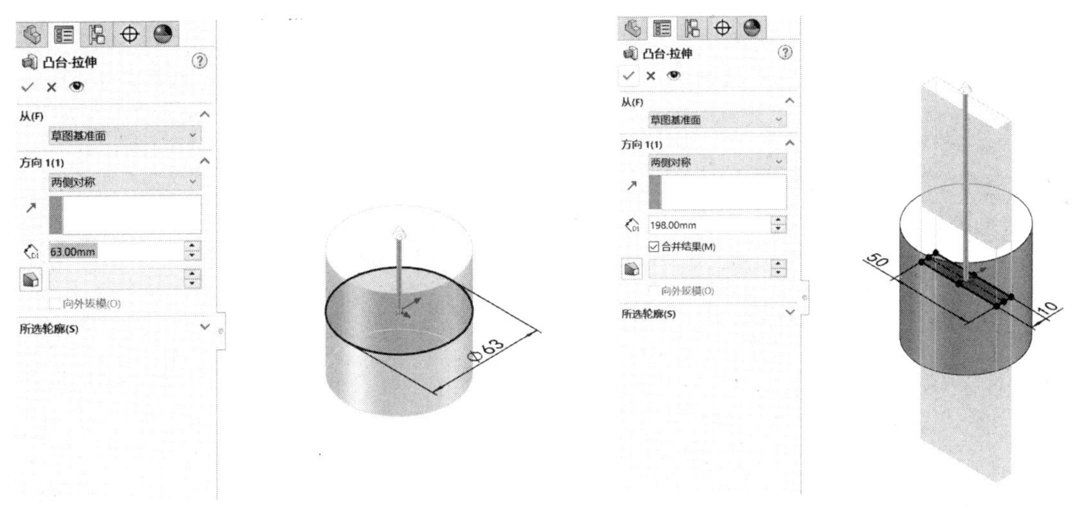

图 3-49　　　　图 3-50

❸ 在对应的草图基准面上绘制槽口草图，打开“切除-拉伸”属性管理器，在“方向 1”选项组中的下拉列表中选择“完全贯穿”选项，切出对应的孔，槽口尺寸如图 3-51 所示。

❹ 利用圆角特征生成两个圆角，半径分别为 2mm 与 5mm，位置如图 3-52 所示。

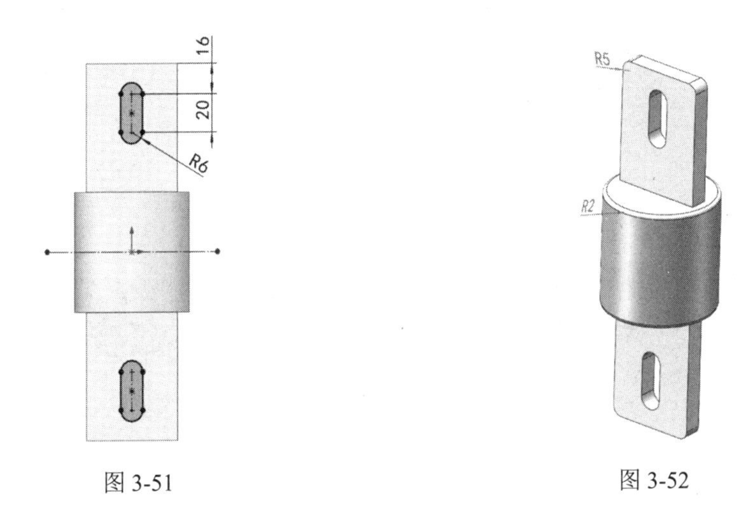

图 3-51　　　　图 3-52

2．抓手尼龙块

绘制如图 3-53 所示的抓手尼龙块，操作步骤如下。

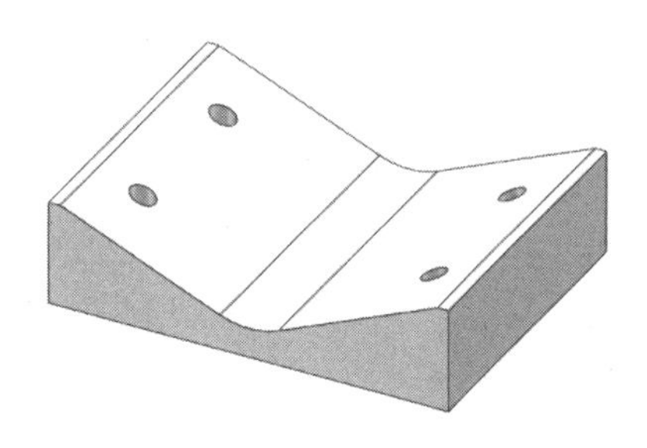

图 3-53

❶ 在对应的草图基准面绘制一个尺寸为 53mm×13.5mm 的矩形，打开“凸台-拉伸”属性管理器，在“方向 1”选项组中的下拉列表中选择“两侧对称”选项，高度设置为 40mm，如图 3-54 所示。

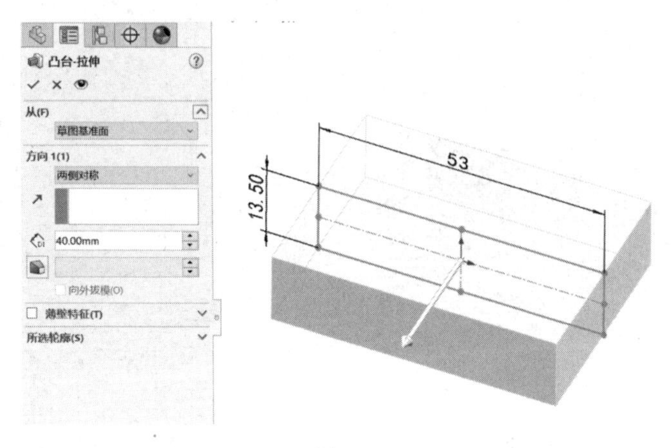

图 3-54

❷ 在对应的模型平面绘制草图，打开“切除-拉伸”属性管理器，在“方向 1”选项组中的下拉列表中选择“完全贯穿”选项，切出对应的槽，形状及尺寸如图 3-55 所示。

❸ 利用圆角特征编辑实体，其中半径为 10mm，如图 3-56 所示。

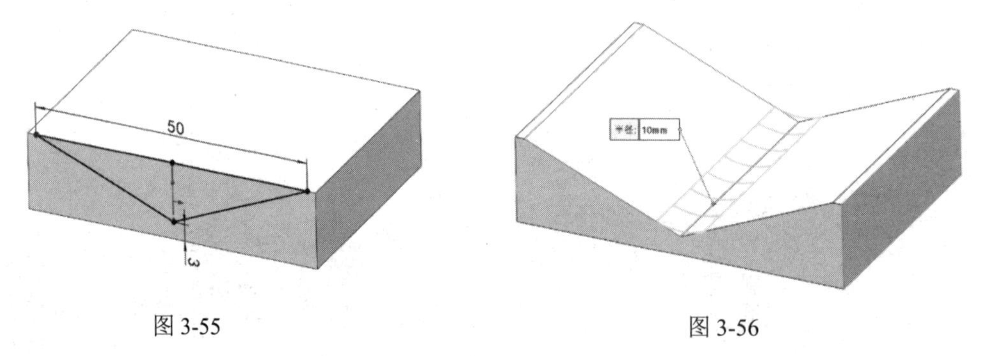

图 3-55　　图 3-56

❹ 利用异型孔向导特征，在对应的模型平面生成 4 个贯穿螺纹孔（在“大小”下拉列表中选择“M4”选项），位置如图 3-57 所示。

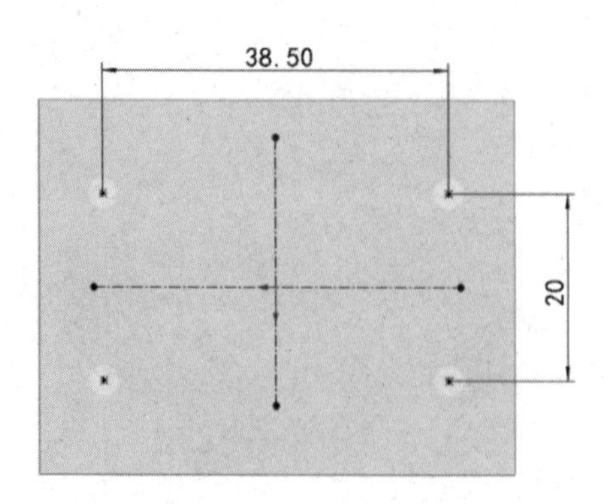

图 3-57

❺ 完成操作，效果如图 3-53 所示。

3. 手指安装板

绘制如图 3-58 所示的手指安装板，操作步骤如下。

❶ 在对应的草图基准面绘制草图，并利用凸台-拉伸特征（在“方向 1”选项组中的下拉列表中选择“两侧对称”选项）进行拉伸，宽度为 35mm，其他尺寸如图 3-59 所示。

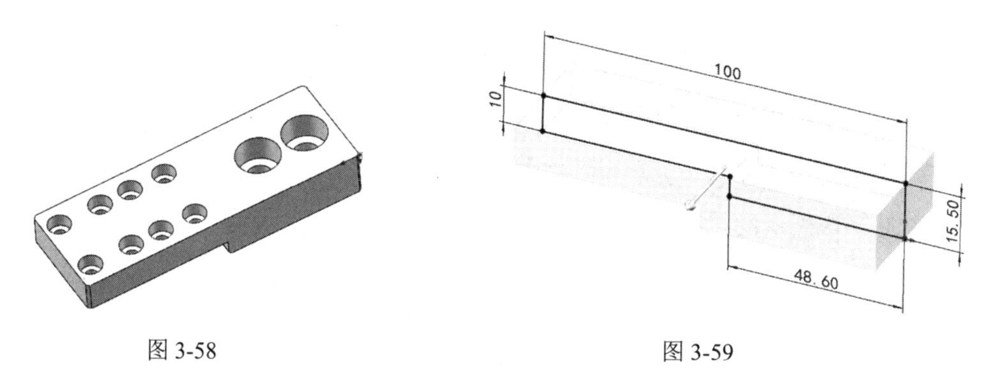

图 3-58　　　　图 3-59

❷ 利用异型孔向导特征，在对应的模型平面生成 8 个内六角柱形沉头孔（在“大小”下拉列表中选择“M4”选项），位置如图 3-60 所示。

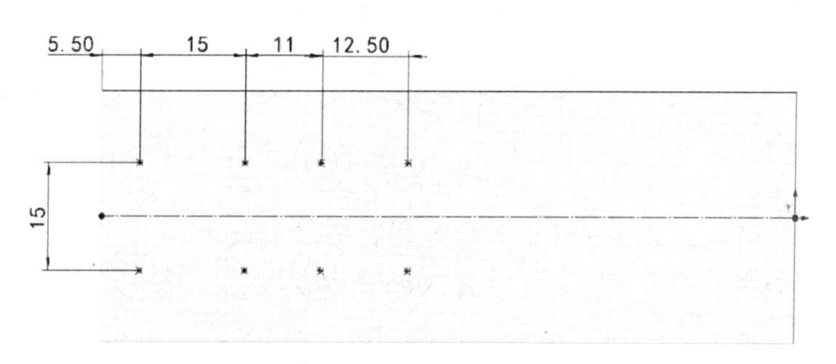

图 3-60

❸ 利用异型孔向导特征，在对应的模型平面生成 2 个内六角柱形沉头孔（在“大小”下拉列表中选择“M8”选项），位置如图 3-61 所示。

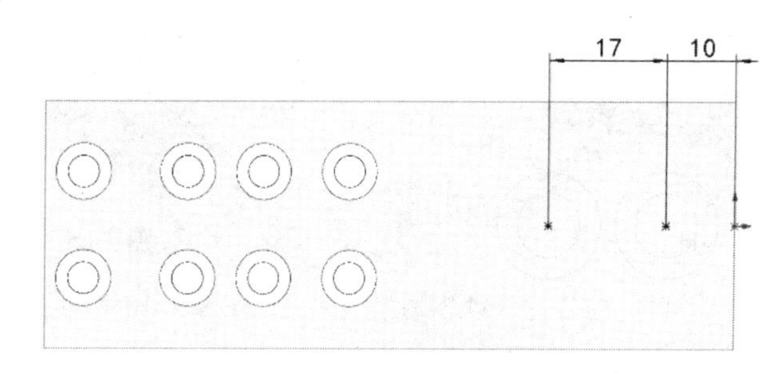

图 3-61

❹ 利用倒角特征编辑实体：在“倒角类型”选项组中选中角度距离；在“倒角参数”选项组中设置距离为 1mm，角度为 45°，如图 3-62 所示。

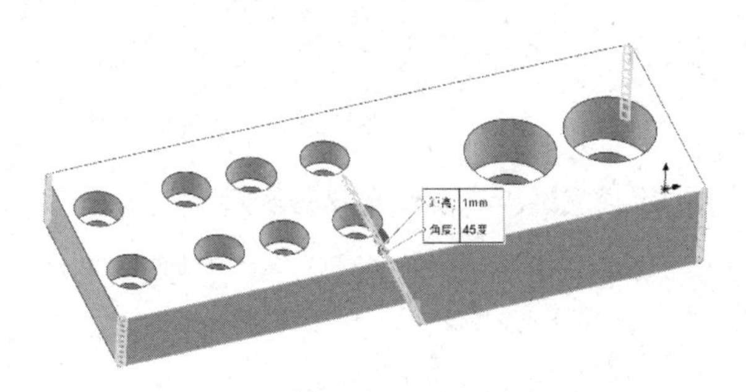

图 3-62

❺ 完成操作，效果如图 3-58 所示。

4．气缸本体

绘制如图 3-63 所示的气缸本体，操作步骤如下。

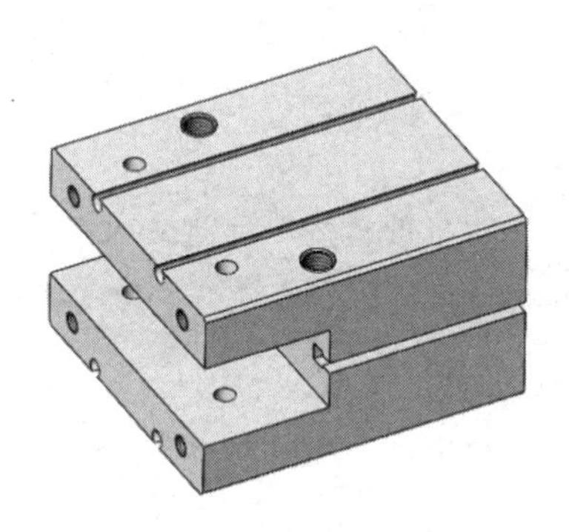

图 3-63

❶ 绘制如图 3-64 所示的实体（对称拉伸，宽度为 48mm）。

❷ 利用切除-拉伸特征编辑实体，如图 3-65 所示。

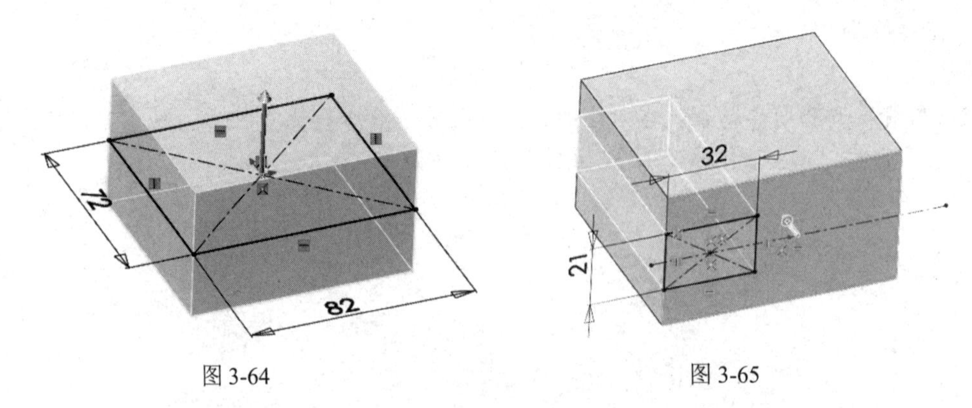

图 3-64　　图 3-65

❸ 利用异型孔向导特征生成 4 个 Ø4.2 的孔，位置如图 3-66 所示。

❹ 利用切除-拉伸特征，将生成的孔完全贯穿，如图 3-67 所示。

❺ 利用切除-拉伸特征生成深度为 4.3mm 的凹槽，如图 3-68 所示。

❻ 利用异型孔向导特征编辑 2 个 Ø5 的孔，并且将其完全贯穿，位置如图 3-69 所示。

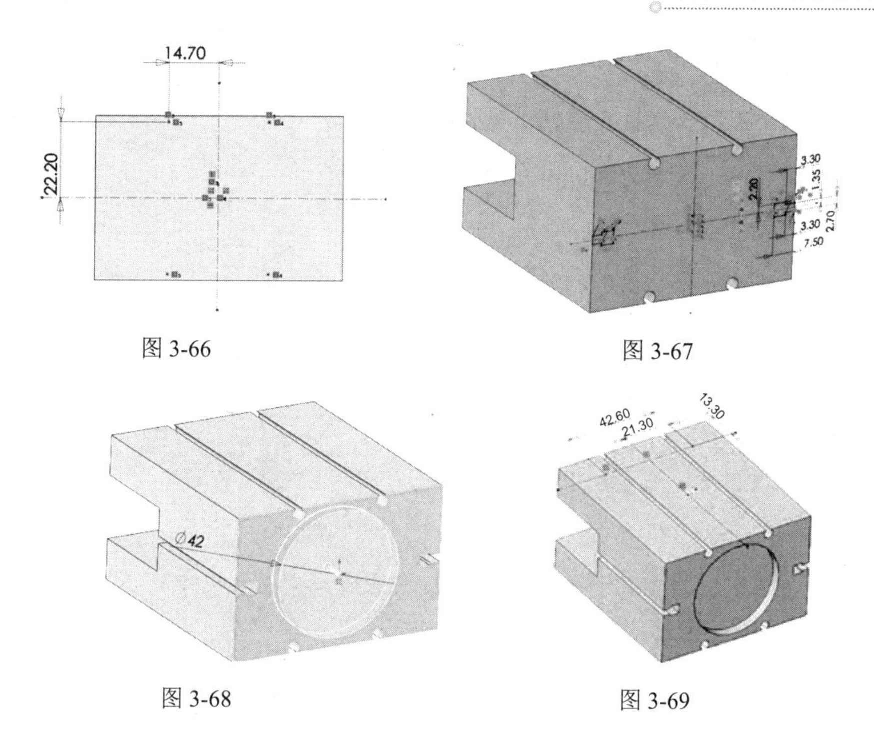

图 3-66　　图 3-67

图 3-68　　图 3-69

❼ 利用倒角特征进行编辑：在“倒角类型”选项组中选中角度距离；在“倒角参数”选项组中设置距离为 1mm，角度为 45°，位置如图 3-70 所示。

❽ 利用异型孔向导特征生成 2 个 M5 的孔，深度为 14mm，位置如图 3-71 所示。

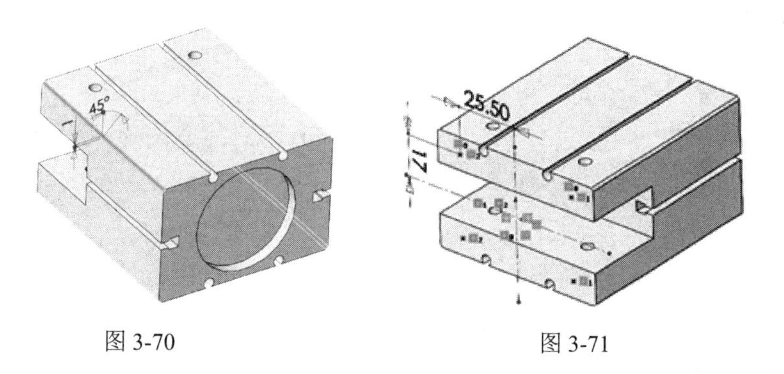

图 3-70　　图 3-71

❾ 利用异型孔向导特征编辑 2 个 M8 的孔，深度为 12mm，位置如图 3-72 所示。

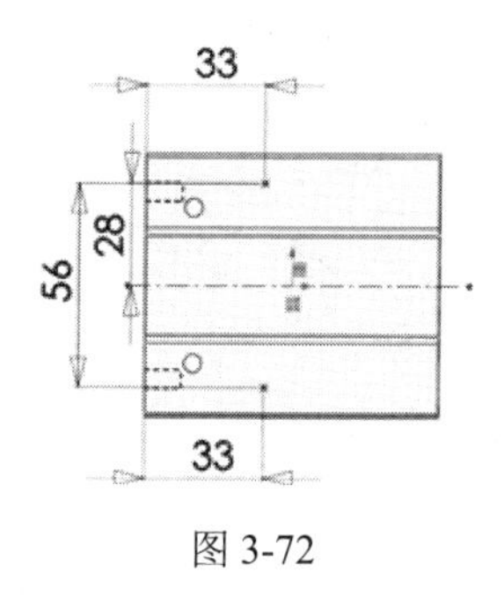

图 3-72

❿ 完成操作，效果如图 3-63 所示。

5．气缸支撑销

绘制如图 3-73 所示的气缸支撑销，操作步骤如下。

❶ 绘制圆柱实体（高度为 48mm），如图 3-74 所示。

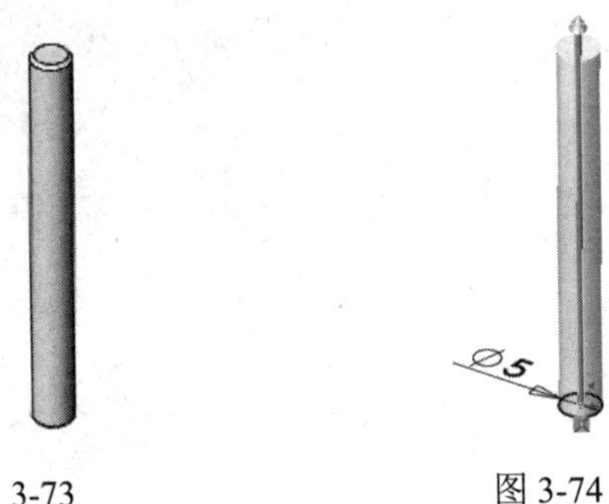

图 3-73　　图 3-74

❷ 利用倒角特征编辑实体：在“倒角类型”选项组中选中角度距离；在“倒角参数”选项组中设置距离为 0.5mm，角度为 45°。

❸ 完成操作，效果如图 3-73 所示。

6．手指轨道

绘制如图 3-75 所示的手指轨道，操作步骤如下。

❶ 绘制实体（厚度为 16mm），如图 3-76 所示。

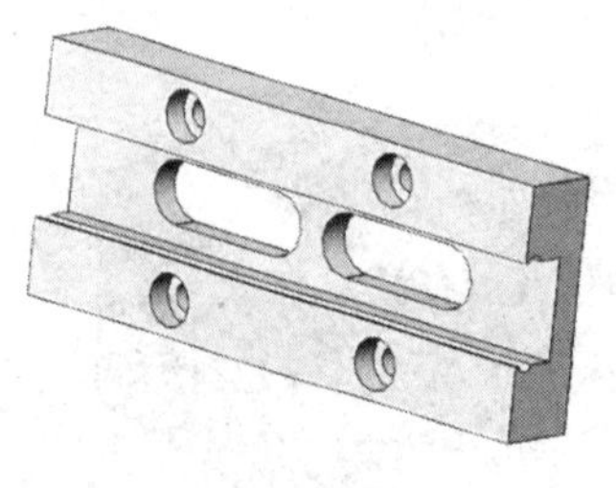

图 3-75

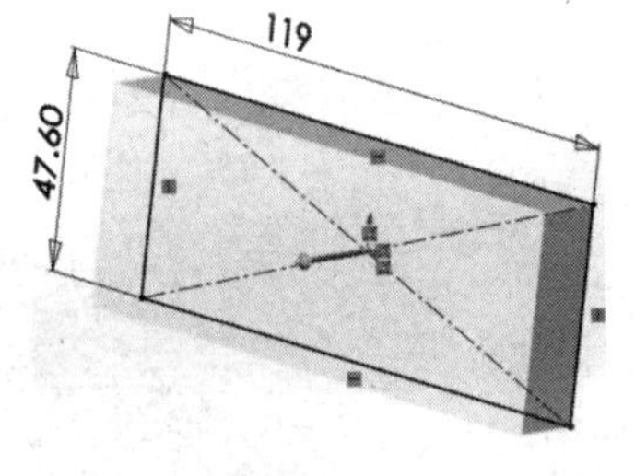

图 3-76

❷ 利用切除-拉伸特征完全贯穿实体，如图 3-77 所示。

❸ 再次利用切除-拉伸特征完全贯穿实体，如图 3-78 所示。

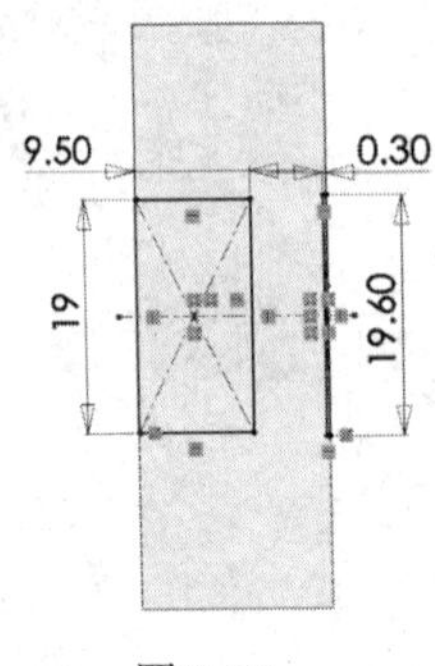

图 3-77

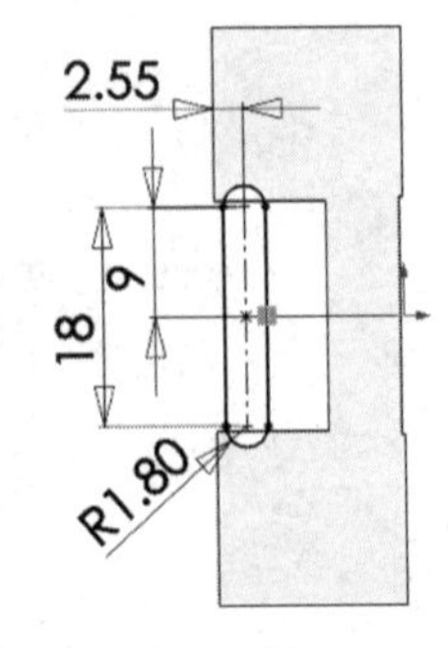

图 3-78

❹ 利用异型孔向导特征生成 4 个 M5 内六角沉头孔，位置如图 3-79 所示。

❺ 利用切除-拉伸特征进行编辑，并完全贯穿实体，如图 3-80 所示。

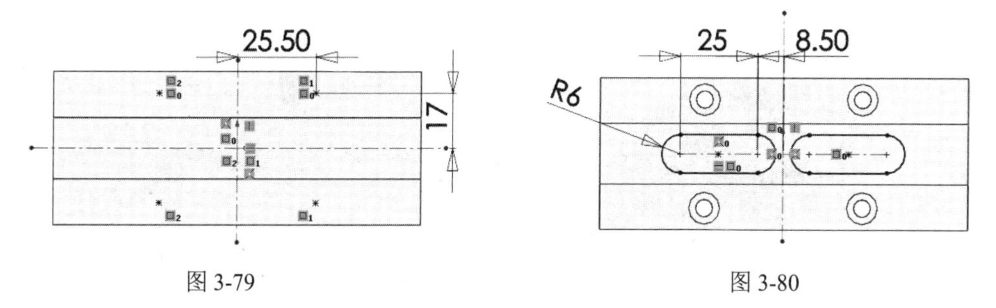

图 3-79　　　　图 3-80

❻ 完成操作，效果如图 3-75 所示。

7. 气动手指

绘制如图 3-81 所示的气动手指，操作步骤如下。

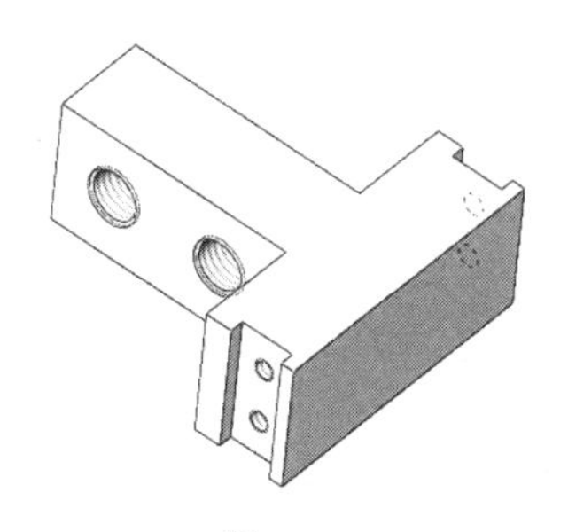

图 3-81

❶ 绘制实体（厚度为 18mm），如图 3-82 所示。

❷ 利用异型孔向导特征编辑 2 个 M8 螺纹孔，并将螺纹孔贯穿，位置如图 3-83 所示。

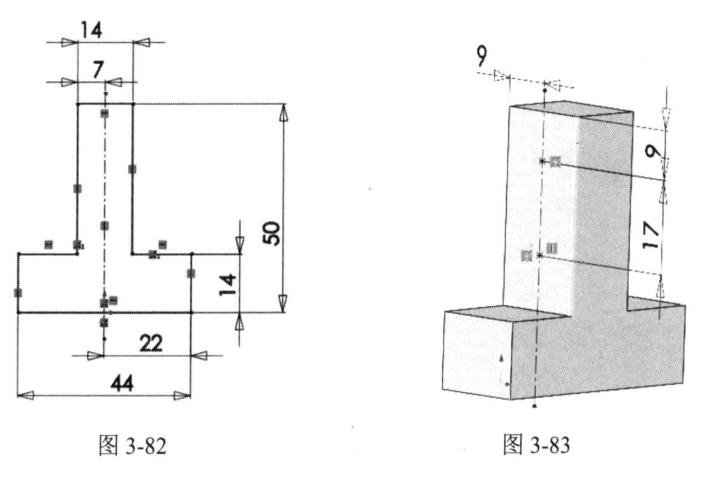

图 3-82　　　　图 3-83

❸ 利用倒角特征编辑实体：在“倒角类型”选项组中选中角度距离；在“倒角参数”选项组中设置距离为 0.5mm，角度为 45°，如图 3-84 所示。

❹ 利用切除-拉伸特征编辑实体，尺寸如图 3-85 所示。

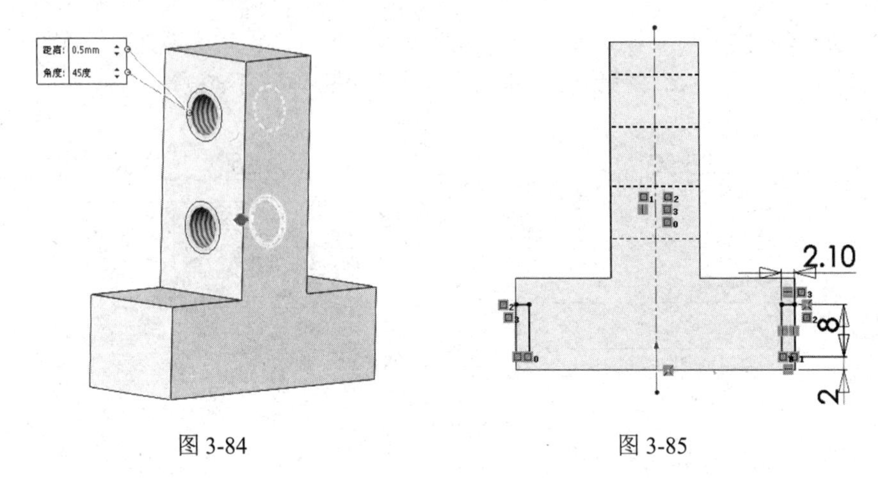

图 3-84　　　　图 3-85

❺ 利用异型孔向导特征生成 2 个 M3 螺纹孔（深度为 12mm），位置如图 3-86 所示。

❻ 利用镜像特征生成 2 个以右视基准面为镜像面的 M3 螺纹孔，如图 3-87 所示。

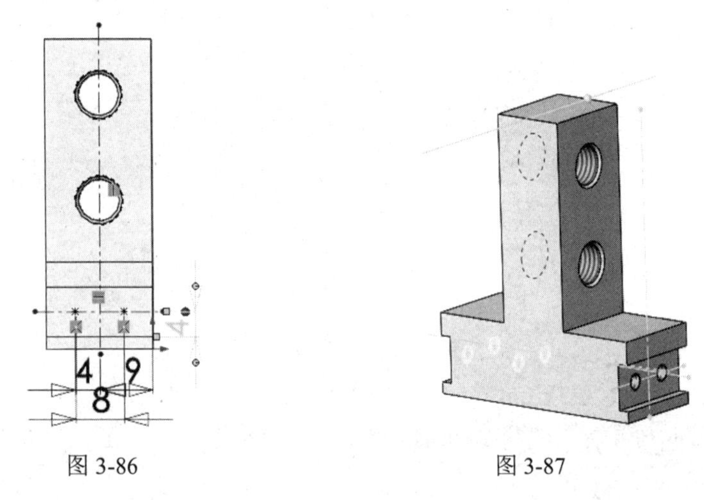

图 3-86　　　　图 3-87

❼ 完成操作，效果如图 3-81 所示。

8．轨道滑块

绘制如图 3-88 所示的轨道滑块，操作步骤如下。

图 3-88

❶ 绘制实体（厚度为 2mm），如图 3-89 所示。

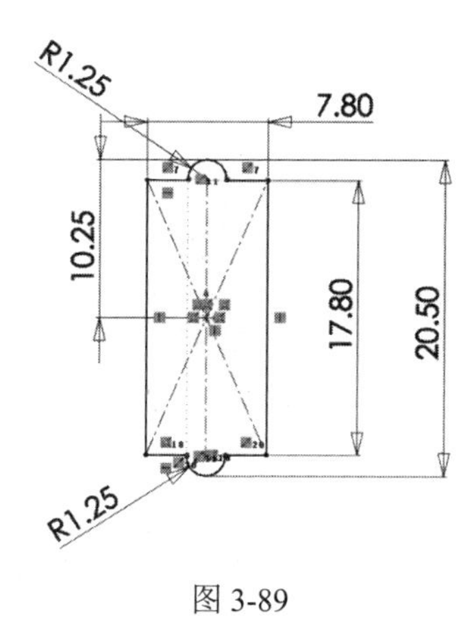

图 3-89

❷ 利用异型孔向导特征生成 2 个 M3 六角凹锥孔，并将其完全贯穿，位置如图 3-90 所示。
❸ 利用圆角特征编辑实体，生成一个半径为 0.5mm 的圆角，位置如图 3-91 所示。

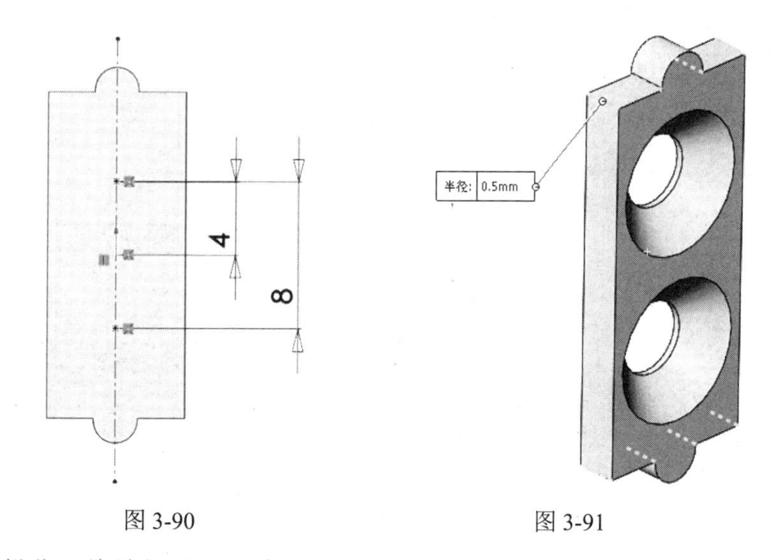

图 3-90　　图 3-91

❹ 完成操作，效果如图 3-88 所示。

9．气缸安装板

绘制如图 3-92 所示的气缸安装板，操作步骤如下。

❶ 绘制如图 3-93 所示的实体（厚度为 15.8mm）。
❷ 利用切除-拉伸特征进行编辑，深度为 4.5mm，位置如图 3-94 所示。
❸ 利用异型孔向导特征生成一个直径为 6.5mm 的通孔，位置如图 3-95 所示。
❹ 利用圆周阵列特征生成 6 个均匀分布的通孔（直径为 6.5mm），如图 3-96 所示。
❺ 利用异型孔向导特征生成 4 个 M8 内六角沉头孔，位置如图 3-97 所示。
❻ 利用圆角特征编辑实体，生成一个半径为 5mm 的圆角，位置如图 3-98 所示。

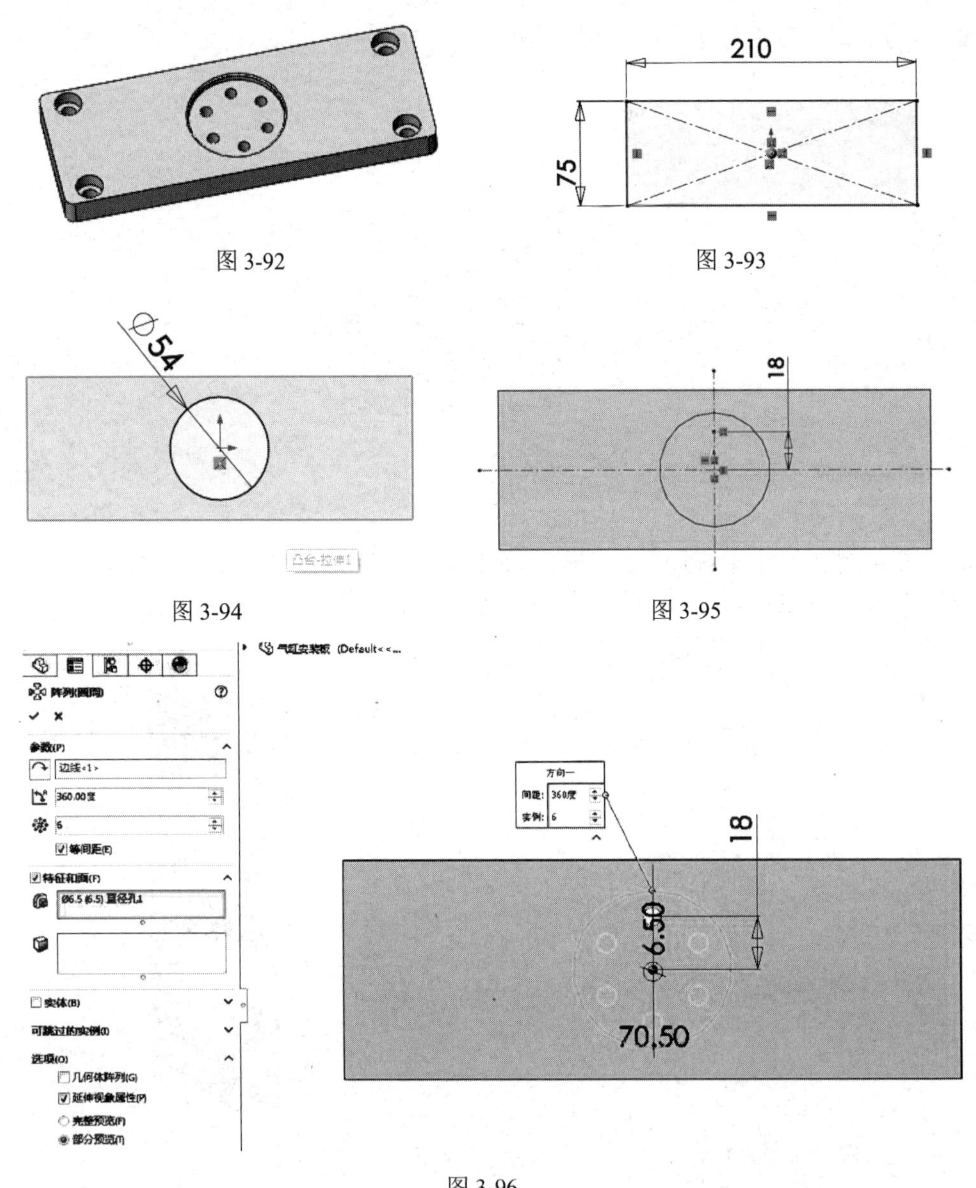

图 3-92

图 3-93

图 3-94

图 3-95

图 3-96

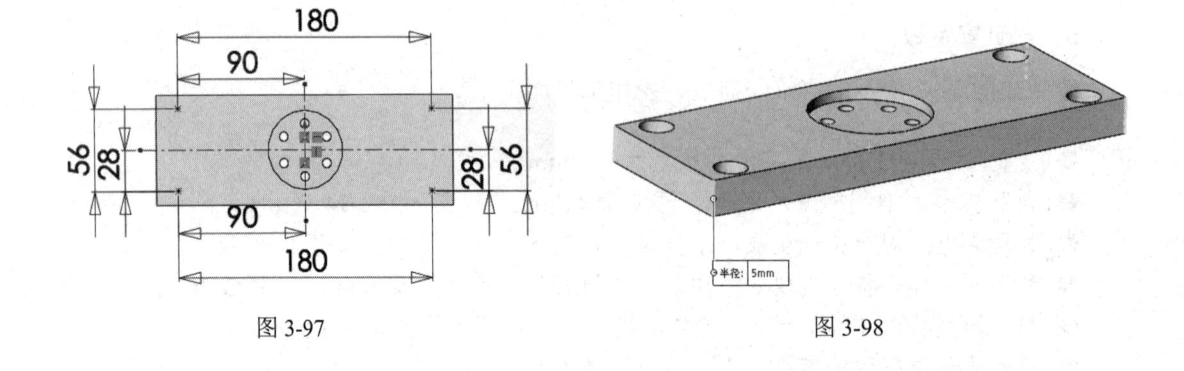

图 3-97

图 3-98

❼ 利用倒角特征进行编辑：在“倒角类型”选项组中选中角度距离；在“倒角参数”选项组中设置距离为 1mm，角度为 45°，位置如图 3-99 所示。

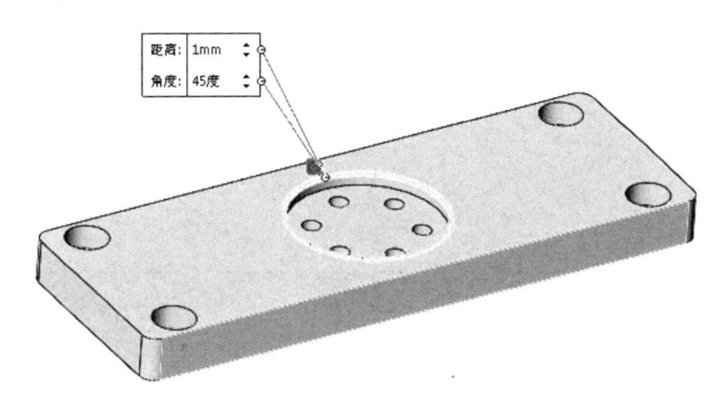

图 3-99

❽ 完成操作，效果如图 3-92 所示。

第 4 章

结构构件设计

【学习目标】

- 结构构件概述
- 编辑结构构件

4.1 结构构件概述

焊件，即型材，是由铁、钢或具有强度和韧性的材料（如塑料、铝、玻璃纤维等）经过轧制、挤出或铸造而成的几何形状物体。

在 SolidWorks 中，焊件功能为工程师提供了一个高效、便捷的工具，用于设计和优化复杂的焊接结构。通过丰富的轮廓库和灵活的命令集，用户可以快速创建和修改焊件模型，同时详细的切割清单功能也为项目管理和材料采购提供了极大的便利。

在“焊件”对话框中包含一个“结构构件”按钮，如图 4-1 所示。通过单击“结构构件”按钮可打开一个可扩展的标准型材库，能通过绘制好的 3D 草图生成结构构件。

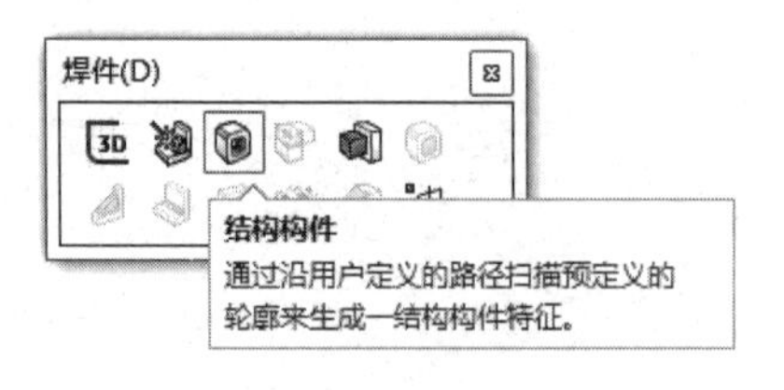

图 4-1

4.1.1 扩充型材库

❶ 选择菜单栏中的“工具”>“选项”命令，或者单击工具栏中的“选项”按钮，如图 4-2 所示，打开“系统选项”对话框。

图 4-2

❷ 在“显示下项的文件夹”下拉列表中选择“焊件轮廓”，即可显示软件默认的型材库保存位置，如图 4-3 所示。

图 4-3

❸ 软件默认的型材库内容较少，可通过单击“添加”按钮来扩充型材库。

4.1.2　生成结构构件

生成结构构件的步骤如下：

❶ 打开绘制好的草图，在工具栏中打开“焊件”选项卡，单击“焊件”选项卡中的“结构构件”按钮（或者选择菜单栏中的“插入”>“焊件”>“结构构件”命令），弹出“结构构件”属性管理器，如图 4-4 所示。

图 4-4

❷ 设置“标准”“Type”“大小”“组”选项，如图 4-5 所示。

- 标准：设置绘制标准，如可选择“iso”“ansi inch”“自定义”等选项。
- Type：设置轮廓类型，如可选择“方形管”等选项。
- 大小：设置轮廓大小，如可选择“40 × 40 × 4”等选项。

- 组：在图形区域中选择一组草图实体，以作为路径线段，并组成构件。例如，在这里选择顶层的四根线段组成“组 1”构件。

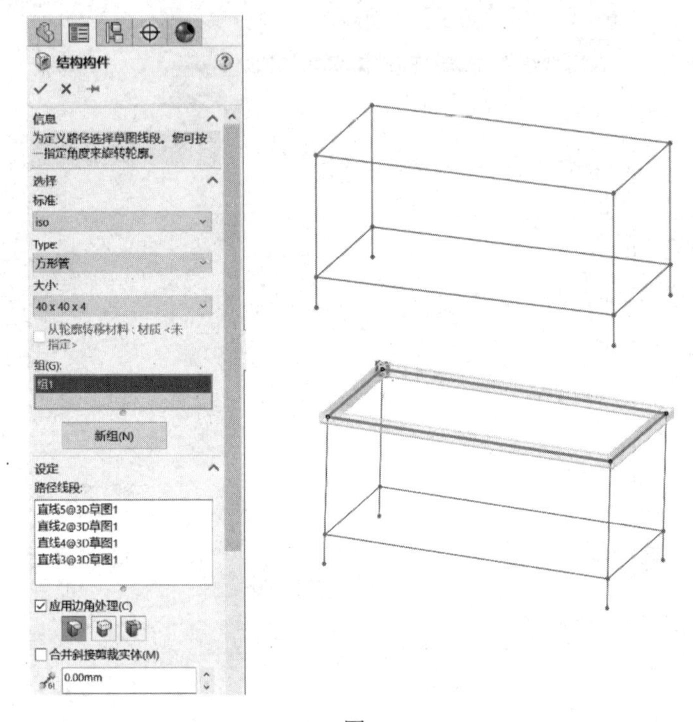

图 4-5

❸ 单击“新组”按钮生成“组 2”“组 3”，即分别在“路径线段”列表框中选择下层线段与立柱线段，如图 4-6 所示。

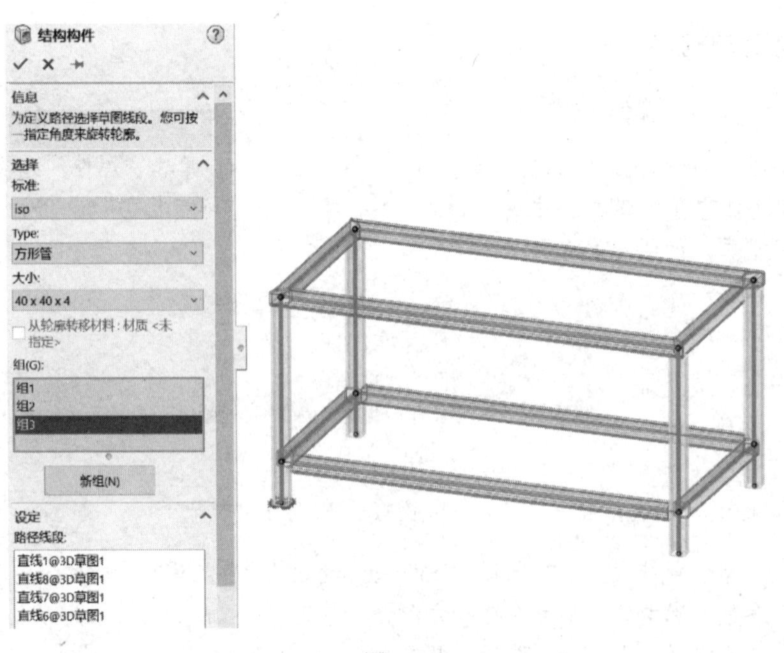

图 4-6

❹ 利用同规格的型材生成焊件支架，效果如图 4-7 所示。

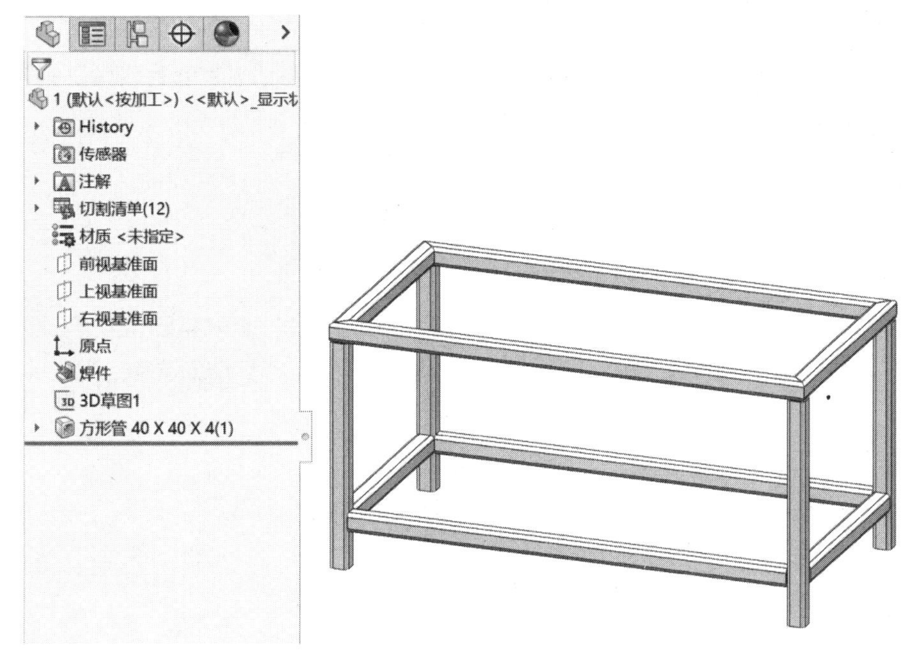

图 4-7

4.2 编辑结构构件

4.2.1 剪裁/延伸

在使用结构构件时，通常会存在连接处的搭接方式不合理的情况。为了使结构构件可以正确对接，可使用“剪裁/延伸”命令剪裁或者延伸两个汇合处的结构构件，如图 4-8 所示（此时，方管连接处的搭接方式不合理）。下面通过使用“剪裁/延伸”命令对其进行编辑。

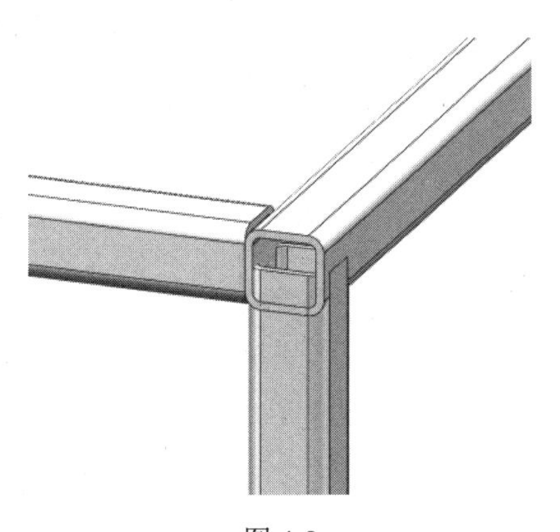

图 4-8

❶ 打开绘制好的草图，在工具栏中打开“焊件”选项卡，单击“焊件”选项卡中的“剪裁/延伸”按钮（或者选择菜单栏中的“插入”>“焊件”>“剪裁/延伸”命令），弹出“剪裁/延伸”属性管理器。

❷ 单击“边角类型”选项组中的按钮（终端对接），在“要剪裁的实体”列表框中选择需要进行剪裁的结构构件，效果如图 4-9 所示。

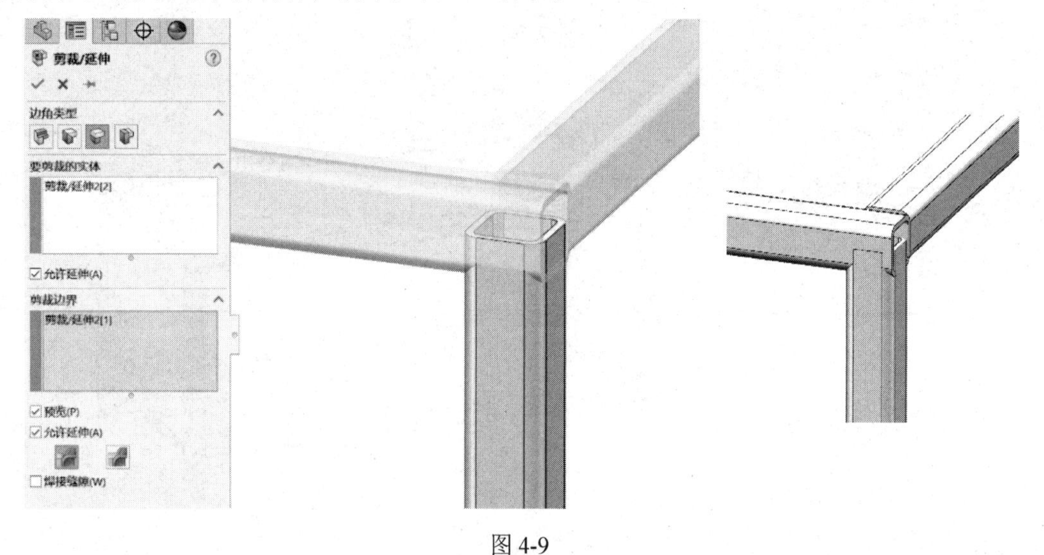

图 4-9

❸ 单击“边角类型”选项组中的按钮（终端斜接），在“要剪裁的实体”列表框中选择需要进行剪裁的结构构件，效果如图 4-10 所示。

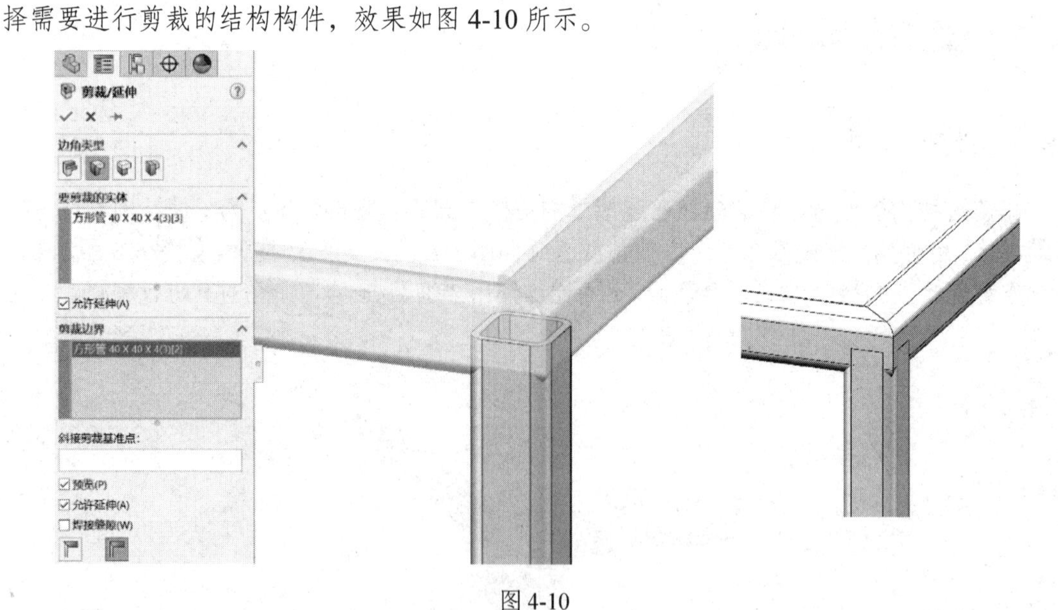

图 4-10

❹ 单击“边角类型”选项组中的按钮（终端剪裁），在“要剪裁的实体”列表框中选择上端的两根方管作为边界，对立柱进行剪裁，效果如图 4-11 所示。

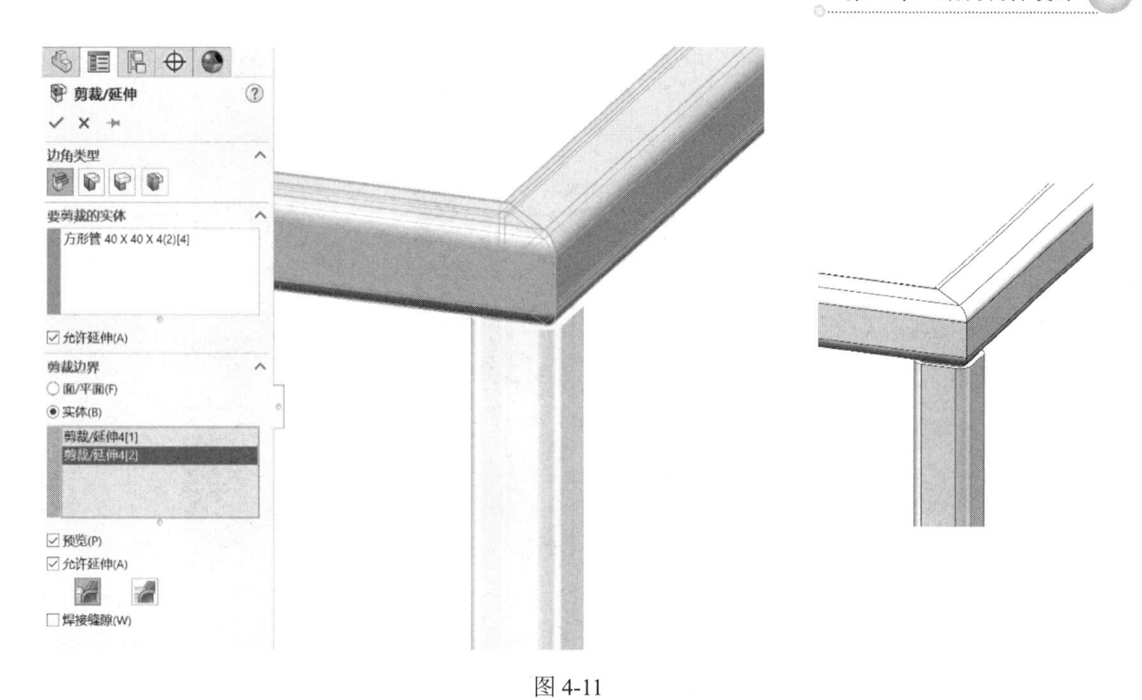

图 4-11

❺ 单击“边角类型”选项组中的按钮（终端剪裁），在“剪裁边界”选项组中选择“实体”单选按钮，并将立柱作为边界对横梁连接处进行剪裁，效果如图 4-12 所示。

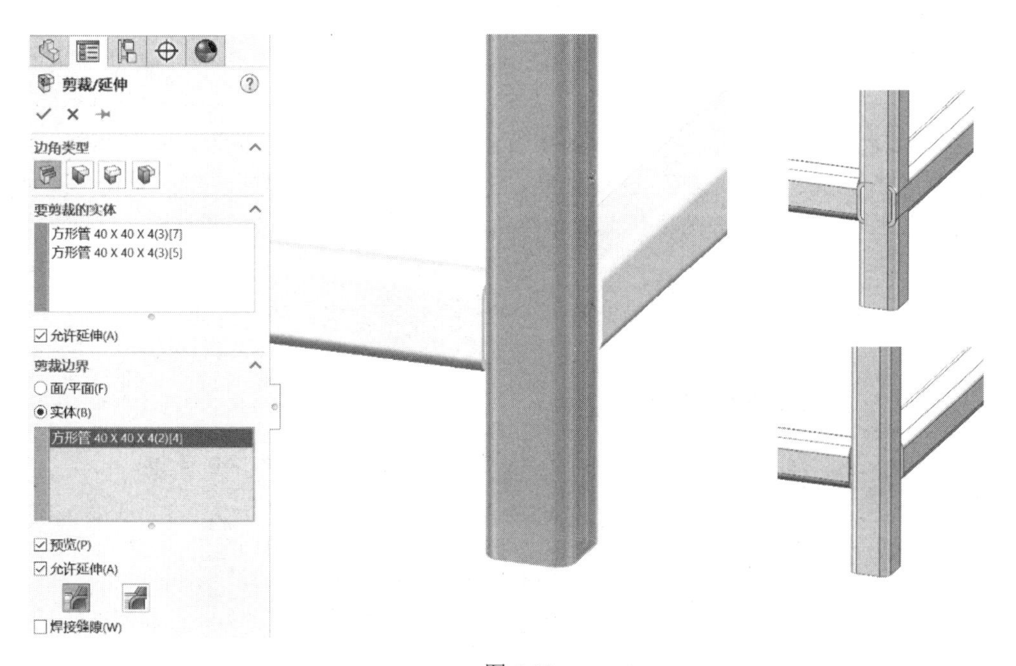

图 4-12

❻ 单击“边角类型”选项组中的按钮（终端剪裁），在“剪裁边界”选项组中选择“面/平面”单选按钮，并将立柱作为边界对焊件连接处进行剪裁，效果如图 4-13 所示。

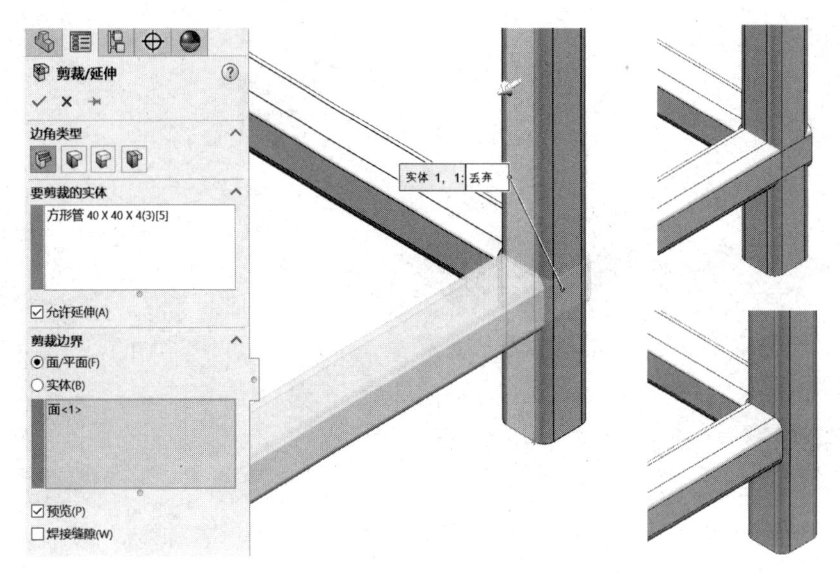

图 4-13

4.2.2 顶端盖

顶端盖是对结构构件的开放面进行编辑的工具，即对焊件的端面进行封闭处理，使用步骤如下。

❶ 打开绘制好的草图，在工具栏中打开“焊件”选项卡，单击“焊件”选项卡中的“顶端盖”按钮（或者选择菜单栏中的“插入”>“焊件”>“顶端盖”命令），弹出“顶端盖”属性管理器。

❷ 在“参数”选项组中，选择方管的端面作为参考面，设置“厚度方向”为向外，设置端盖厚度为 3mm；在“等距”选项组中，选中“厚度比率”单选按钮；勾选“边角处理”复选框，选中“圆角”单选按钮，边角距离为 8mm，效果如图 4-14 所示。

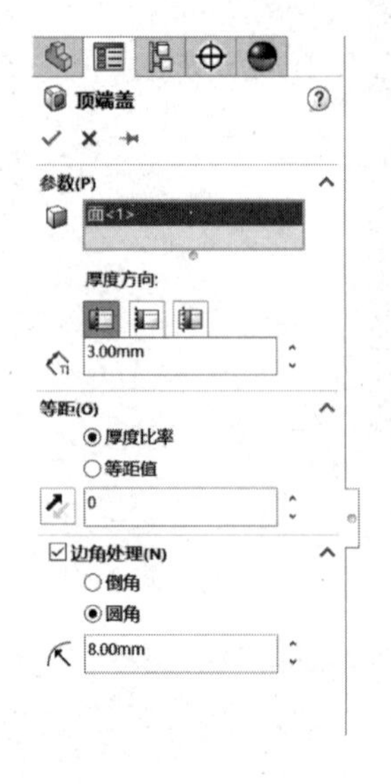

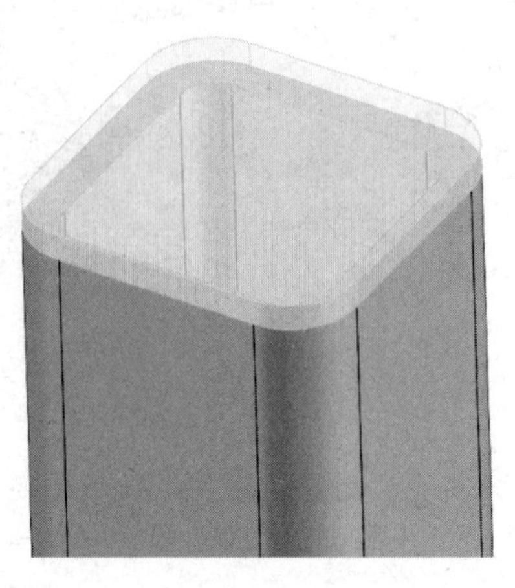

图 4-14

❸ 在“参数”选项组中，设置“厚度方向”为向内，设置端盖厚度为 3mm；在“等距”选项组中，选中“厚度比率”单选按钮；勾选“边角处理”复选框，选中“倒角”单选按钮，边角距离为 5mm，效果如图 4-15 所示。

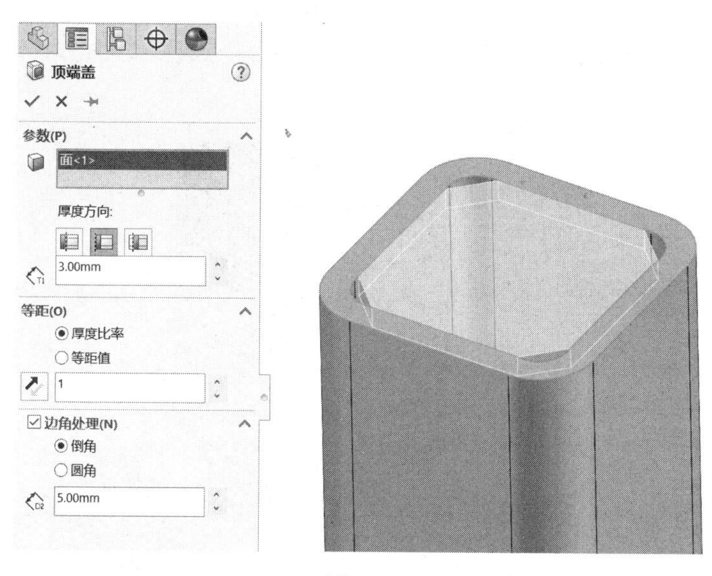

图 4-15

❹ 在“参数”选项组中，设置“厚度方向”为内部，设置端盖厚度为 3mm，等距距离为 2mm；在“等距”选项组中，选中“厚度比率”单选按钮；勾选“边角处理”复选框，选中“倒角”单选按钮，边角距离为 5mm，效果如图 4-16 所示。

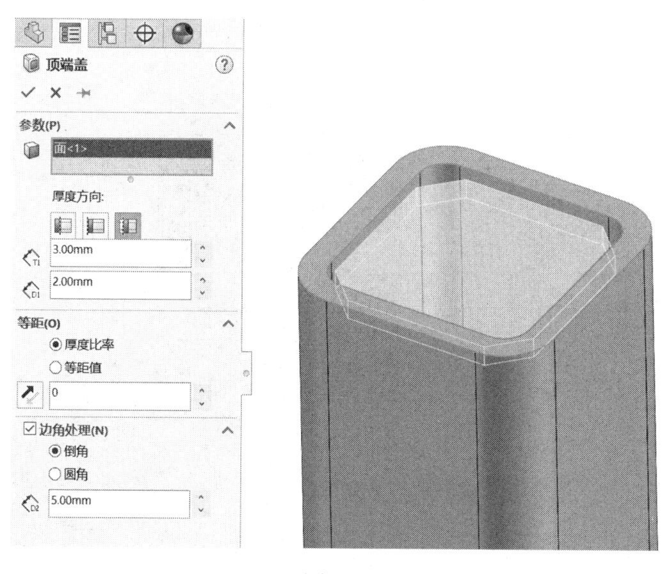

图 4-16

4.2.3　角撑板

角撑板是一种生成加强筋板的工具。下面以方管为例进行角撑板的使用步骤说明。

❶ 打开绘制好的草图，在工具栏中打开“焊件”选项卡，单击“焊件”选项卡中的“角撑板”按钮（或者选择菜单栏中的“插入”>“焊件”>“角撑板”命令），弹出“角撑板”属性管理器。

❷ 在“参数”选项组中，选择方管的两个相邻的面作为支撑面，设置“轮廓”为三角形轮廓，边长均为35mm；在“厚度”选项组中选中选项，在“位置”选项组中选中选项，效果如图4-17所示。

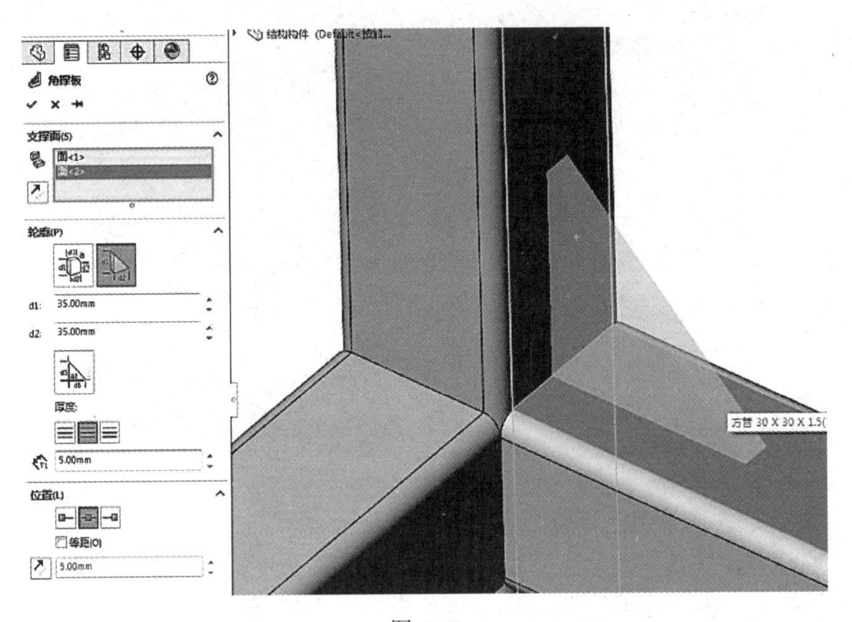

图 4-17

❸ 若设置“轮廓”为多边形轮廓，则效果如图4-18所示。

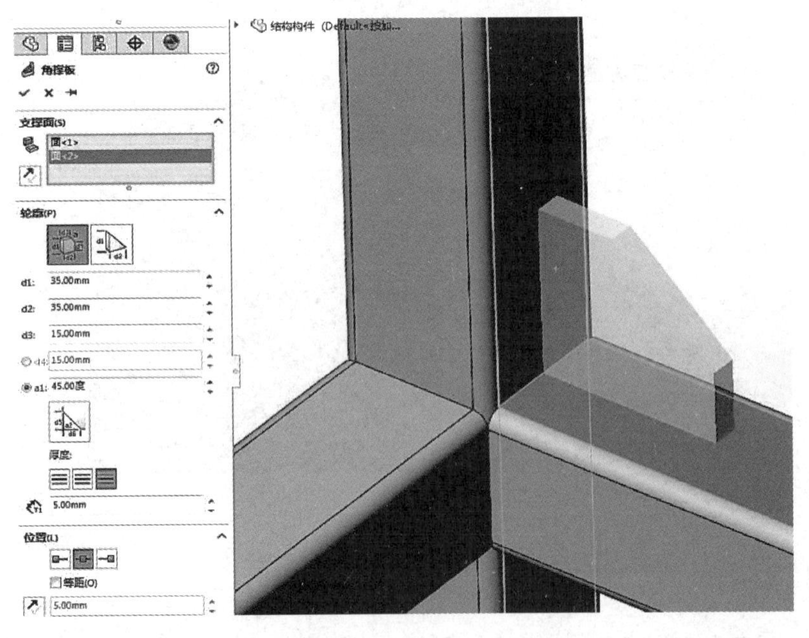

图 4-18

4.3 知识点练习

1．工装底架

生成如图 4-19 所示的工装底架，操作步骤如下。

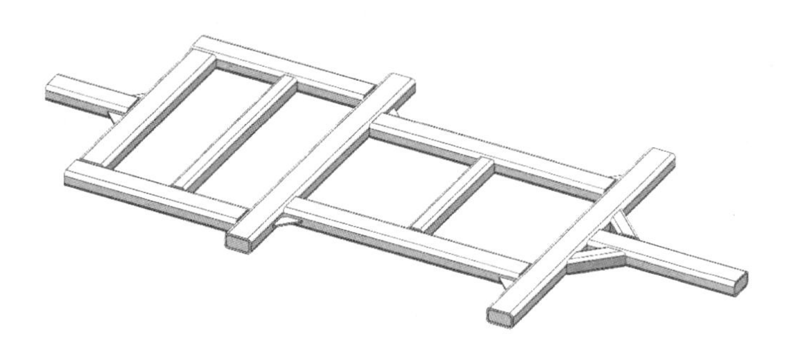

图 4-19

❶ 按照如图 4-20 所示的尺寸参数绘制草图。

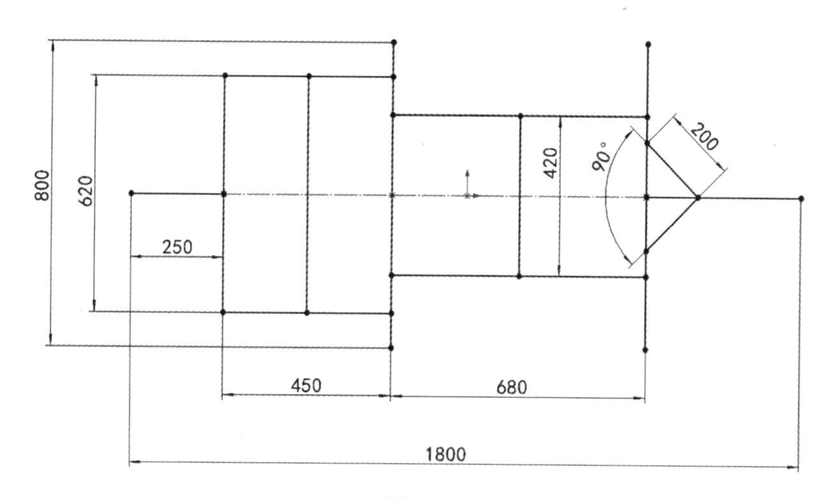

图 4-20

❷ 在工具栏中打开“焊件”选项卡，单击“焊件”选项卡中的“结构构件”按钮（或者选择菜单栏中的“插入”>“焊件”>“结构构件”命令），弹出“结构构件”属性管理器。在“标准”下拉列表中选择“iso”，在“Type”下拉列表中选择“矩形管”，在“大小”列表框中选择“70×40×5”，选择需要加载的路径线段，设置焊件轮廓旋转 90°，如图 4-21 所示。

❸ 单击“新组”按钮添加新组，选择需要加载的路径线段，设置焊件轮廓旋转 90°，如图 4-22 所示。

❹ 在“标准”下拉列表中选择“iso”，在“Type”下拉列表中选择“方形管”，在“大小”列表框中选择“40×40×4”，选择需要加载的路径线段，如图 4-23 所示。

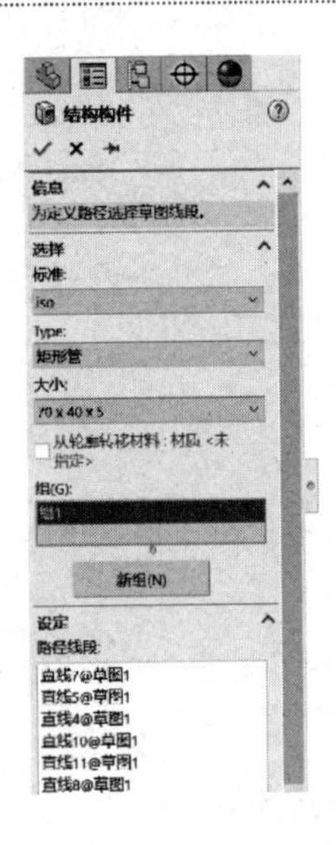

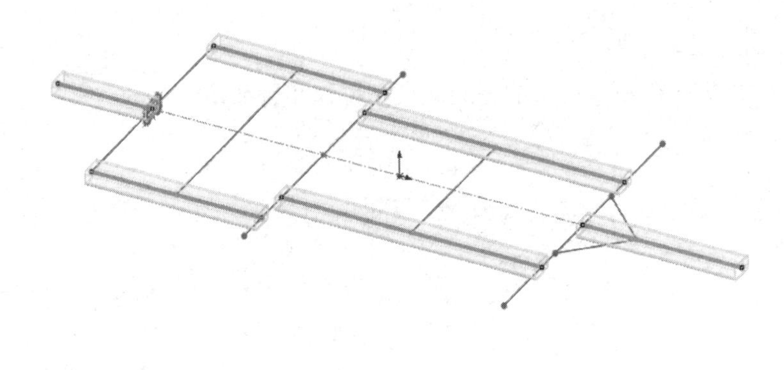

图 4-21

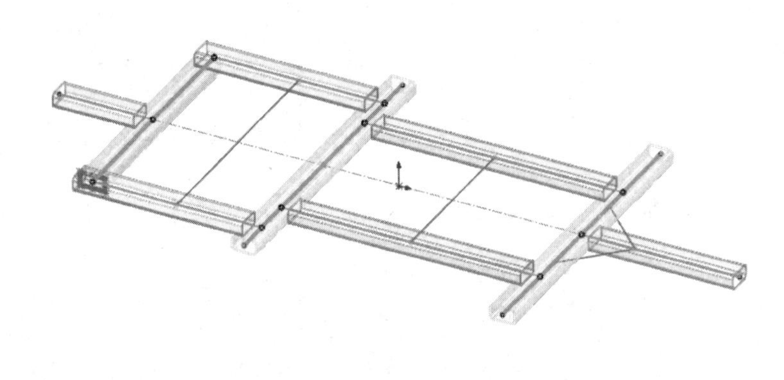

图 4-22

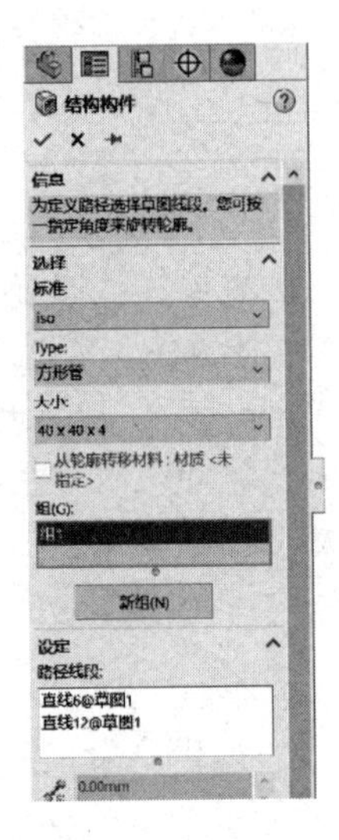

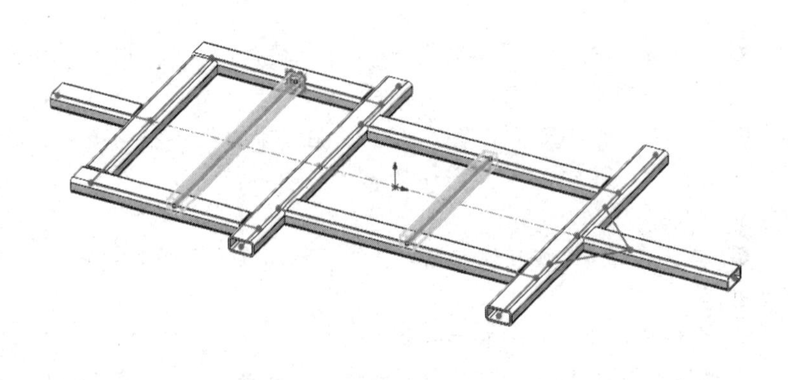

图 4-23

❺ 单击“新组”按钮添加新组，选择需要加载的路径线段，如图 4-24 所示。

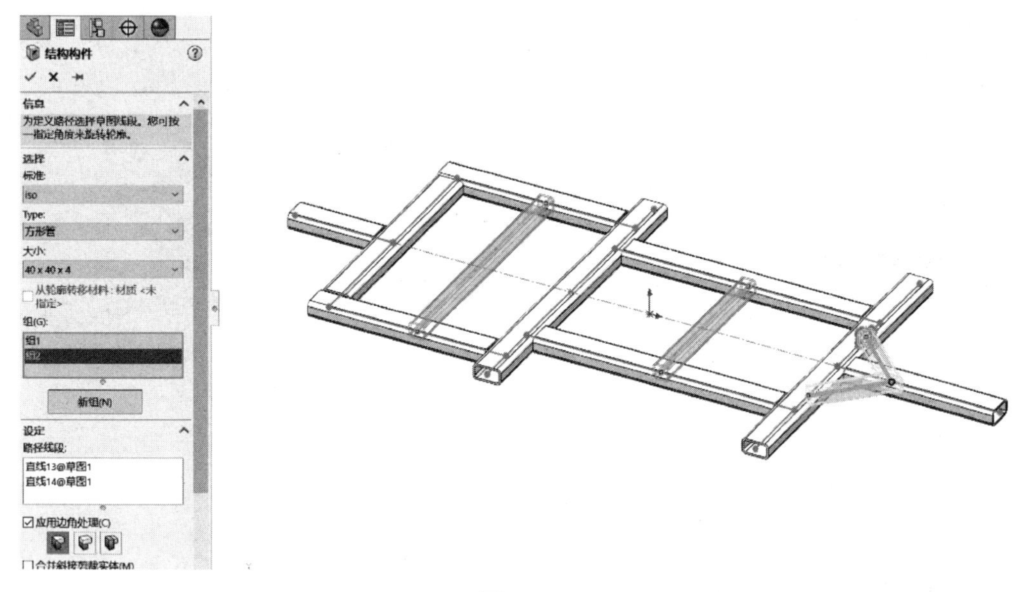

图 4-24

❻ 在工具栏中打开“焊件”选项卡，单击“焊件”选项卡中的“剪裁/延伸”按钮（或者选择菜单栏中的“插入”>“焊件”>“剪裁/延伸”命令），弹出“剪裁/延伸”属性管理器。设置“边角类型”及“要裁剪的实体”选项组，如图 4-25 所示。

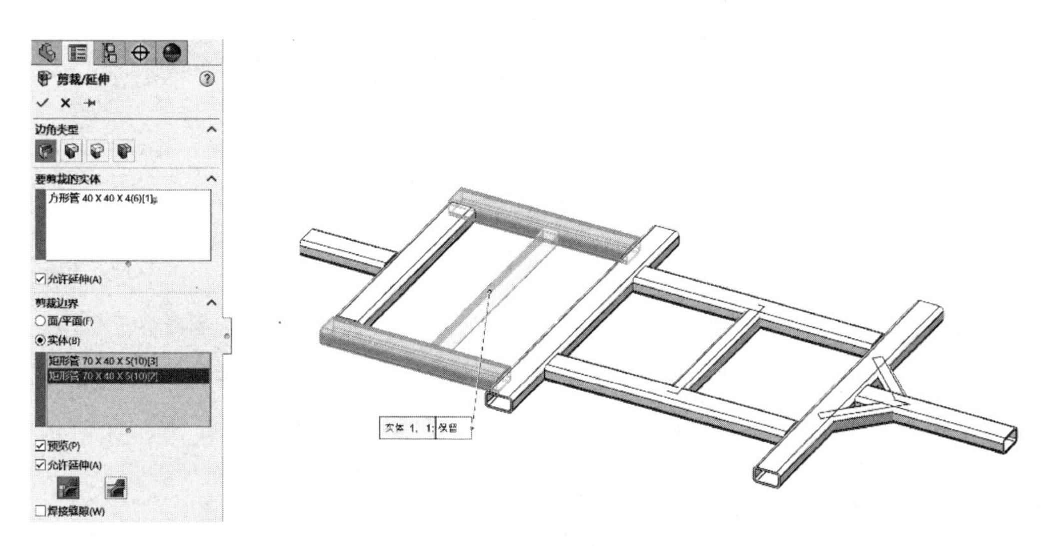

图 4-25

❼ 继续在“剪裁/延伸”属性管理器中设置“边角类型”及“要裁剪的实体”选项组，如图 4-26 和图 4-27 所示。

❽ 在工具栏中打开“焊件”选项卡，单击“焊件”选项卡中的“角撑板”按钮（或者选择菜单栏中的“插入”>“焊件”>“角撑板”命令），弹出“角撑板”属性管理器。设置“支撑面”列表框，其他参数如图 4-28 所示。

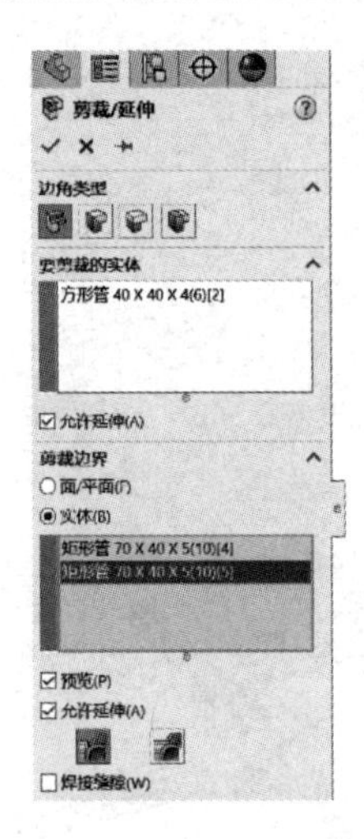

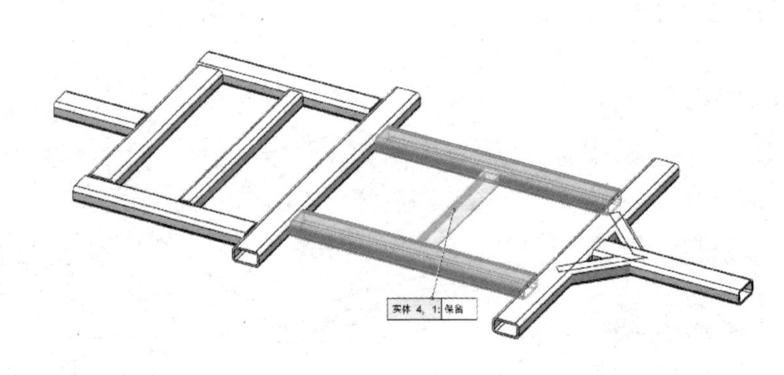

图 4-26

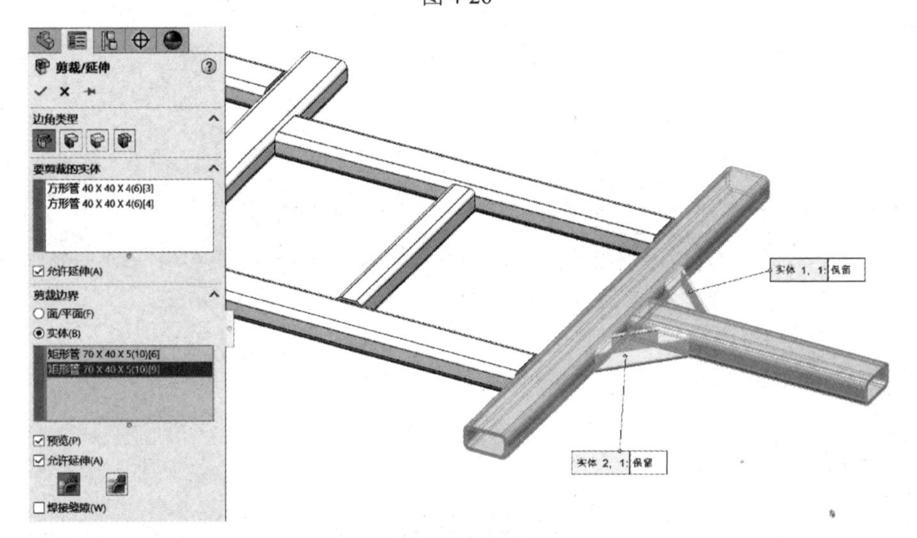

图 4-27

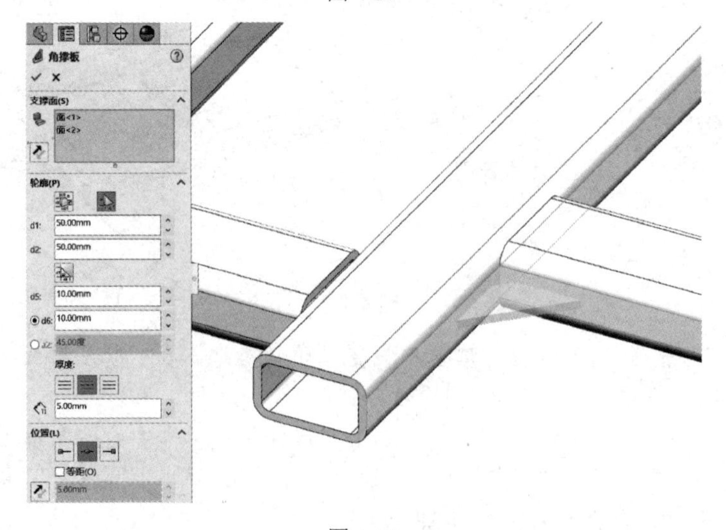

图 4-28

❾ 继续按照如图 4-29 所示的角撑板位置添加角撑板。

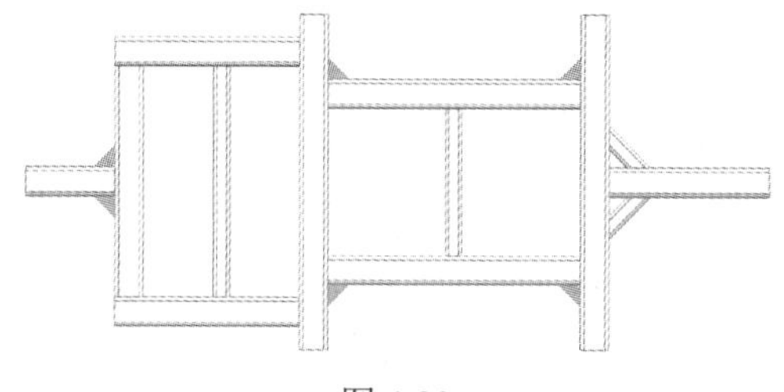

图 4-29

❿ 在工具栏中打开“焊件”选项卡，单击“焊件”选项卡中的“顶端盖”按钮（或者选择菜单栏中的“插入”>“焊件”>“顶端盖”命令），弹出“顶端盖”属性管理器，为所有端面添加顶端盖，如图 4-30 所示。

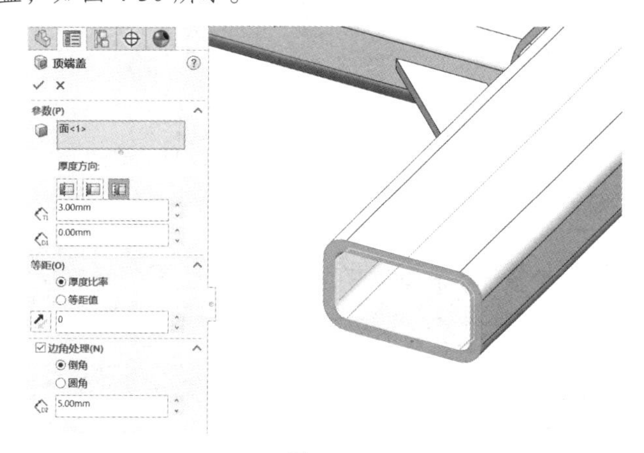

图 4-30

⓫ 绘制完成，效果如图 4-19 所示。

2. 工装台

生成如图 4-31 所示的工装台，操作步骤如下。

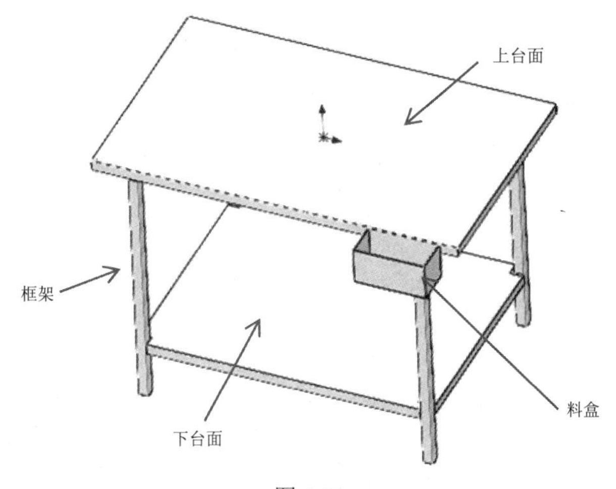

图 4-31

❶ 使用 3D 草图绘制工装台的框架，如图 4-32 所示。

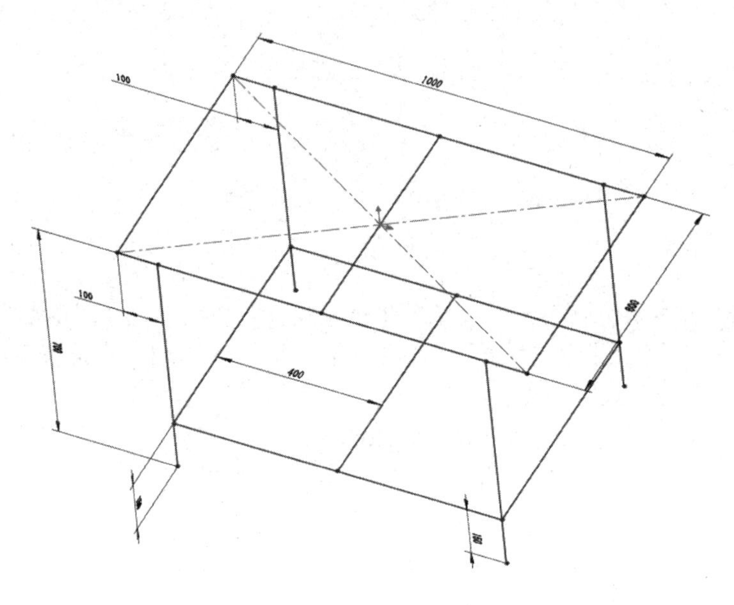

图 4-32

❷ 利用“结构构件”命令对工装台的支腿进行设置，即将支腿设置为 30×30×2.0 的方管，如图 4-33 所示。

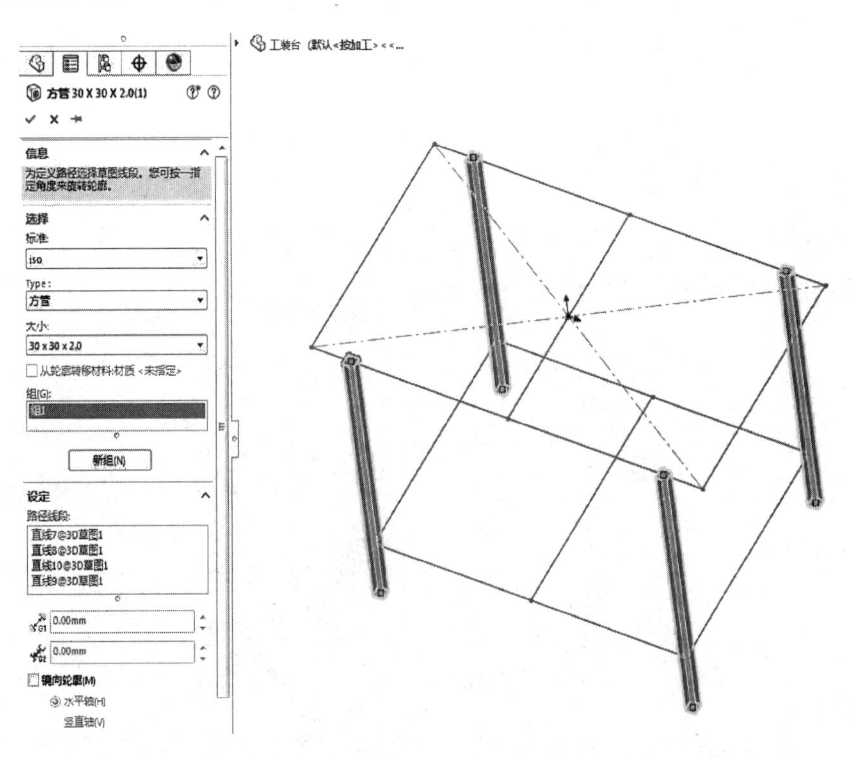

图 4-33

❸ 利用“结构构件”命令对横向的方管进行设置，如图 4-34 所示。

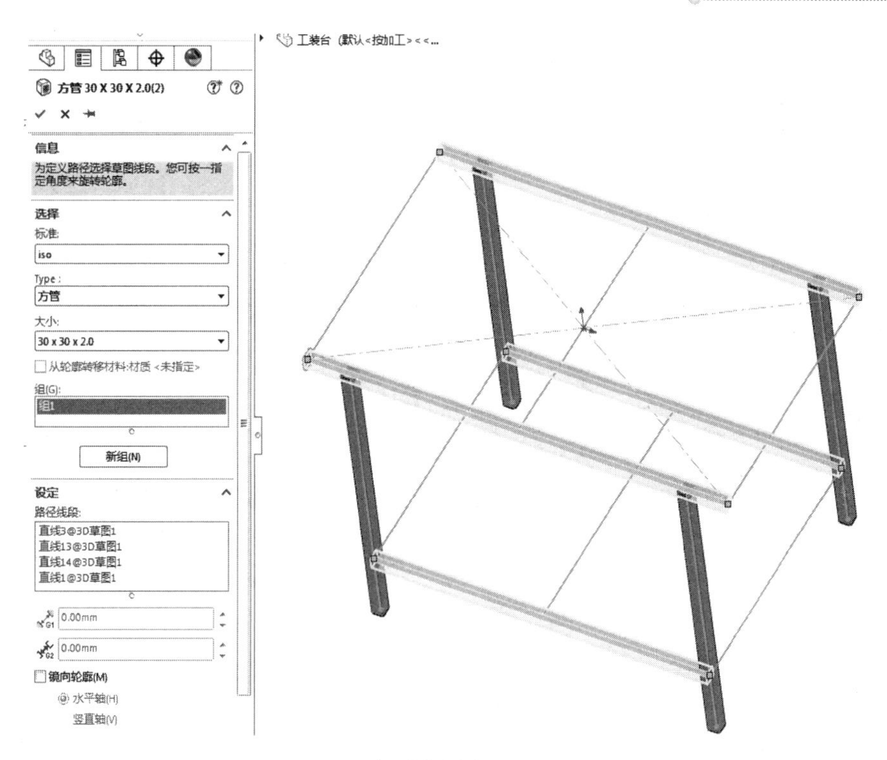

图 4-34

❹ 利用“结构构件”命令对纵向分布的方管进行设置，如图 4-35 所示。

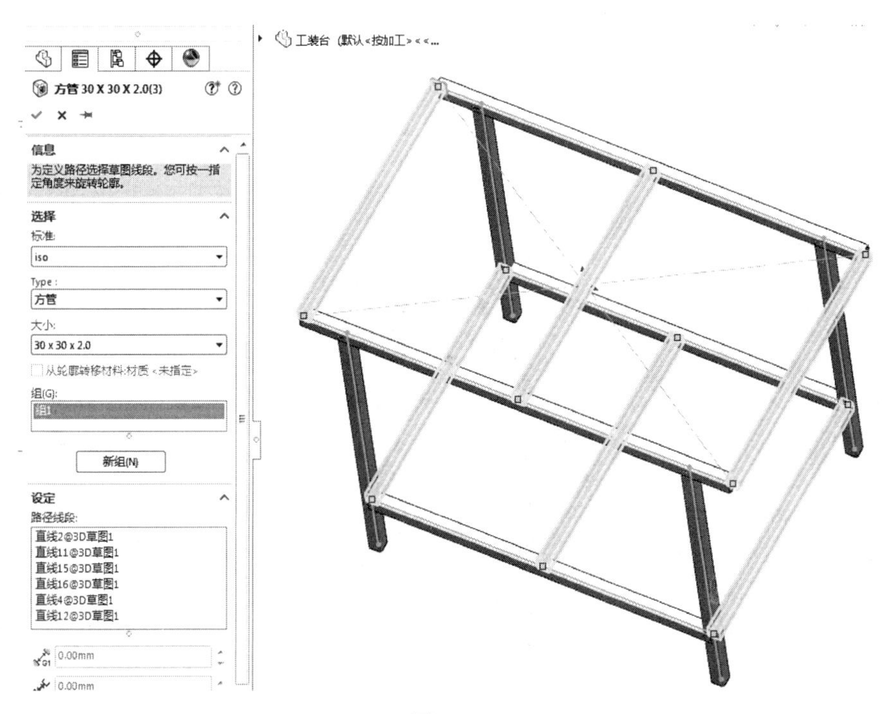

图 4-35

❺ 打开“剪裁/延伸”属性管理器，单击“边角类型”选项组中的按钮（终端斜接），

在“要剪裁的实体”列表框中选择需要进行剪裁的结构构件，即对方管的连接处进行剪裁，效果如图 4-36 所示。按照这一步骤，继续对其他三个方管连接处进行裁剪，如图 4-37 所示。

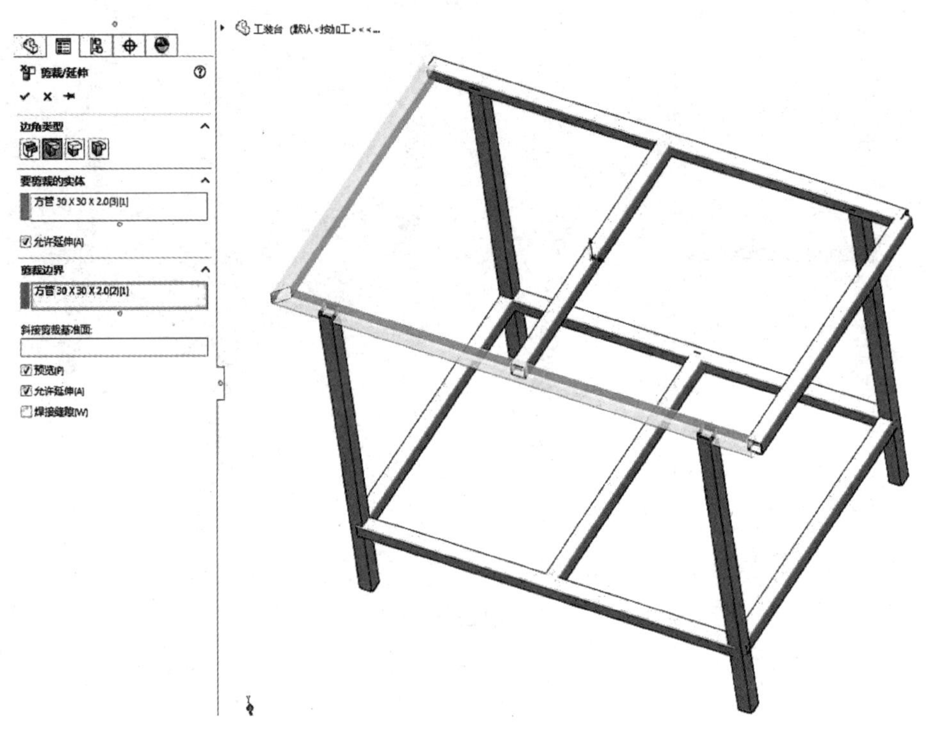

图 4-36

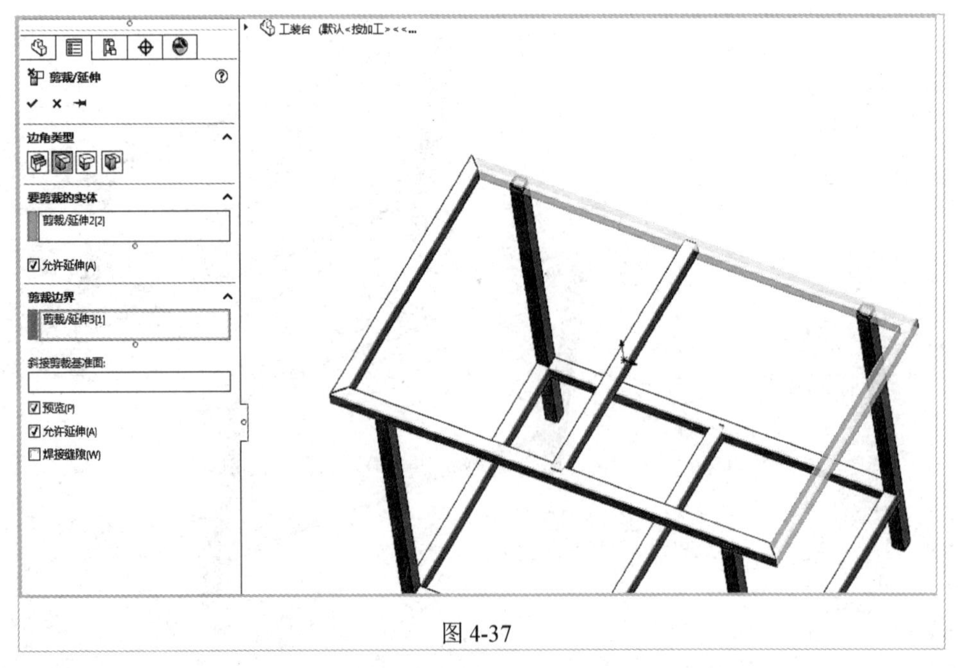

图 4-37

❻ 绘制草图，打开“切除-拉伸”属性管理器，对所有的方管进行编辑，如图 4-38 所示。

注意： 需要在“特征范围”选项组中选中“所选实体”单选按钮，并取消勾选“自动选择”复选框。

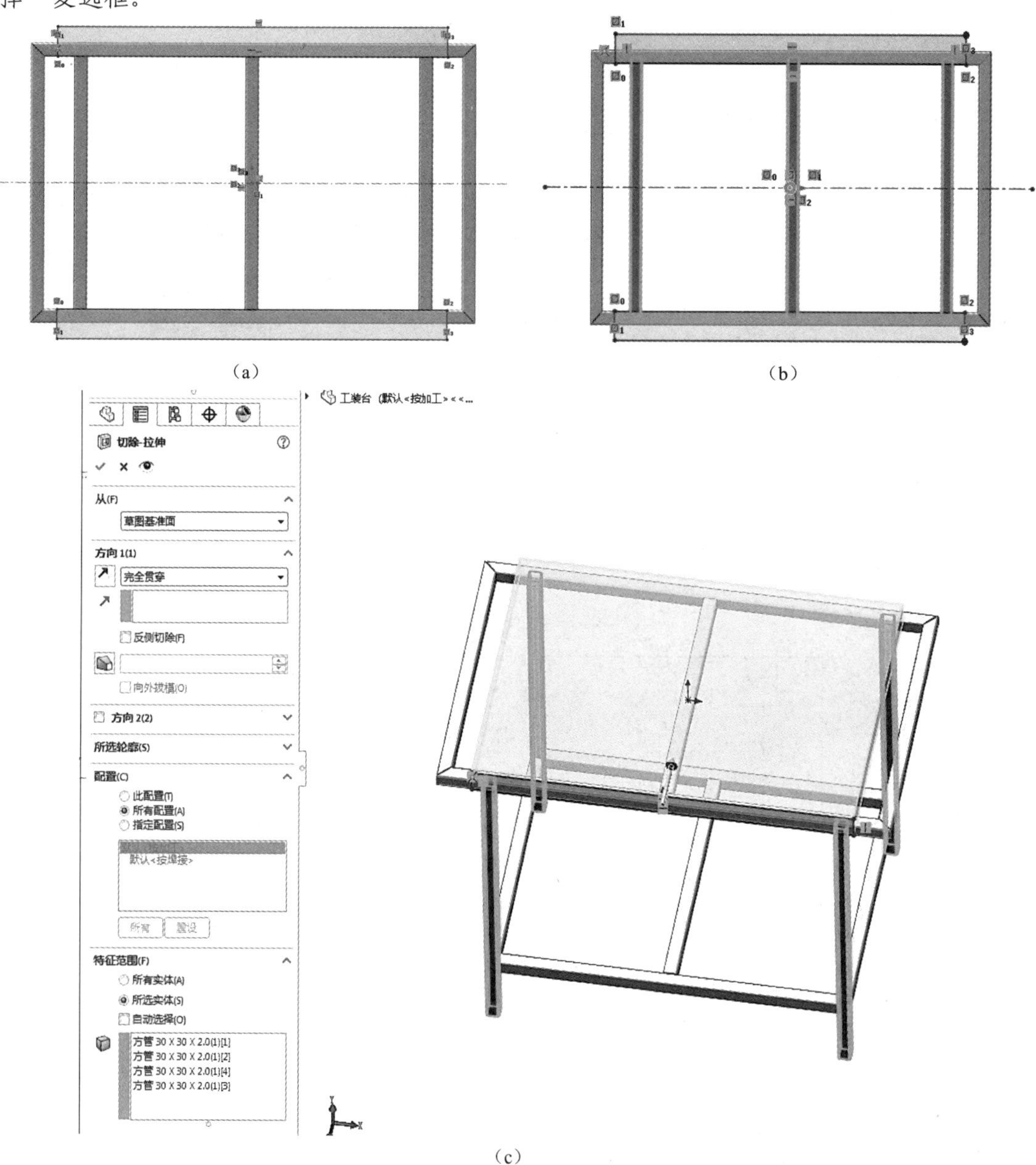

（a）　　（b）

（c）

图 4-38

❼ 开始绘制上台面，即绘制一个四边与方管相切的矩形，拉伸高度为 2mm，如图 4-39 所示。

❽ 开始绘制下台面，并为下台面拉伸一个高度为 2mm 的凸台，如图 4-40 所示。

❾ 绘制工装台的料盒，并为料盒拉伸一个高度为 100mm 的凸台，如图 4-41 所示。

❿ 打开“抽壳”属性管理器，设置壁厚为 2mm，如图 4-42 所示。

⓫ 完成操作，效果如图 4-31 所示。

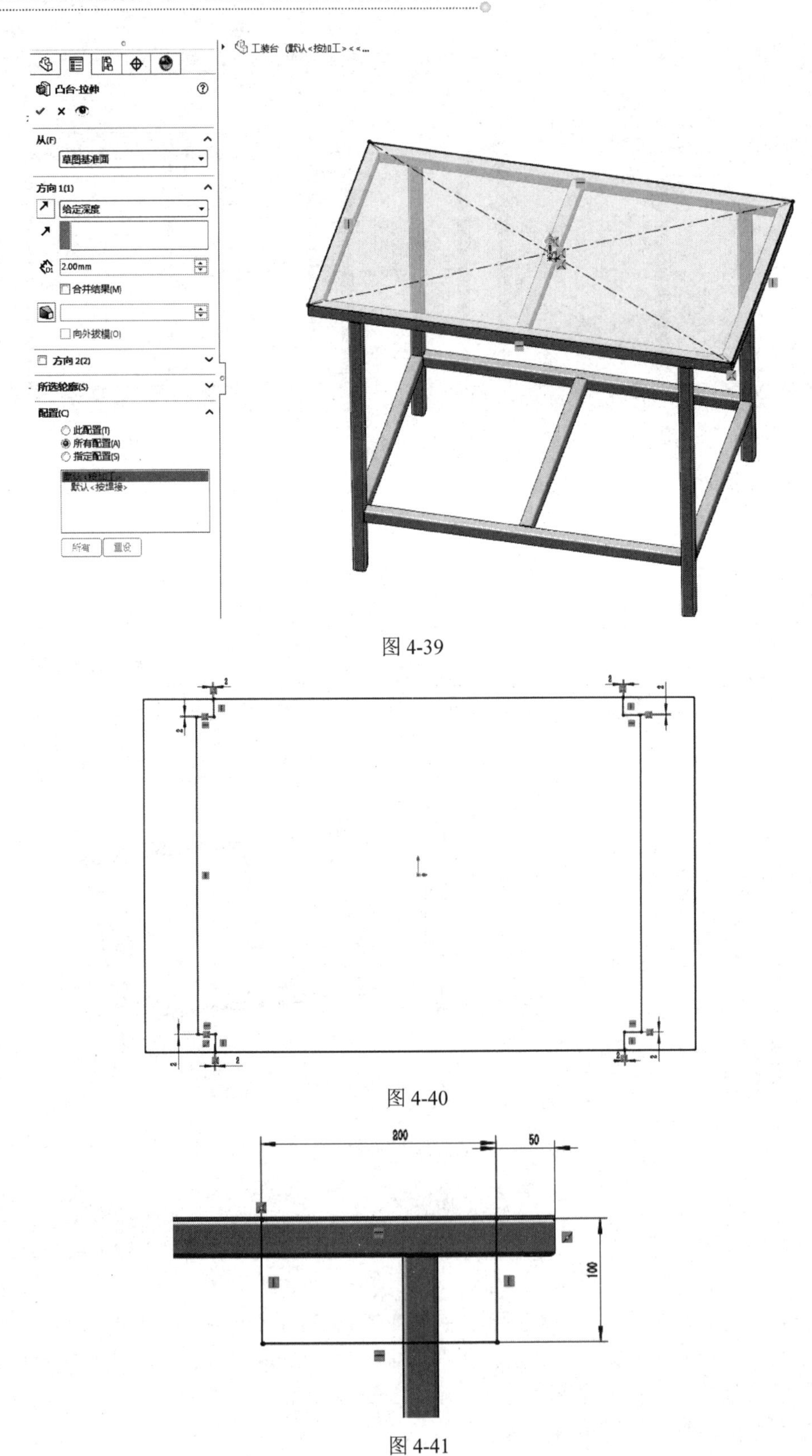

图 4-39

图 4-40

图 4-41

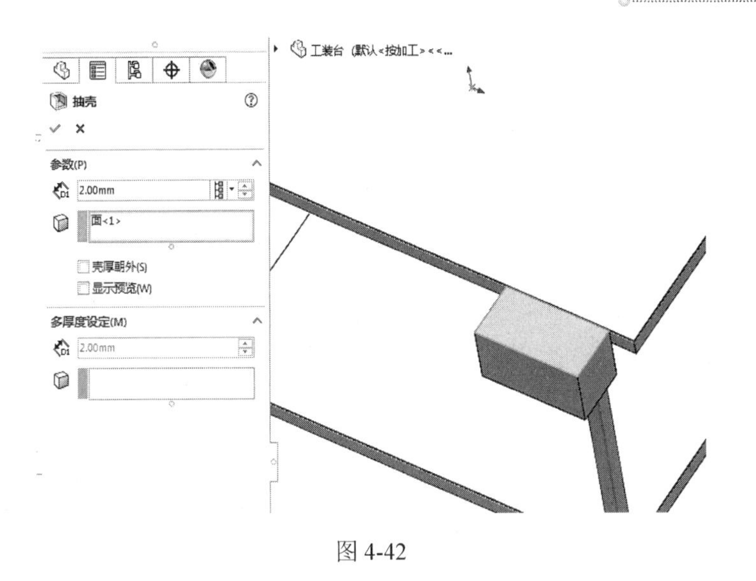

图 4-42

3. 工装车车架

生成如图 4-43 所示的工装车车架，操作步骤如下。

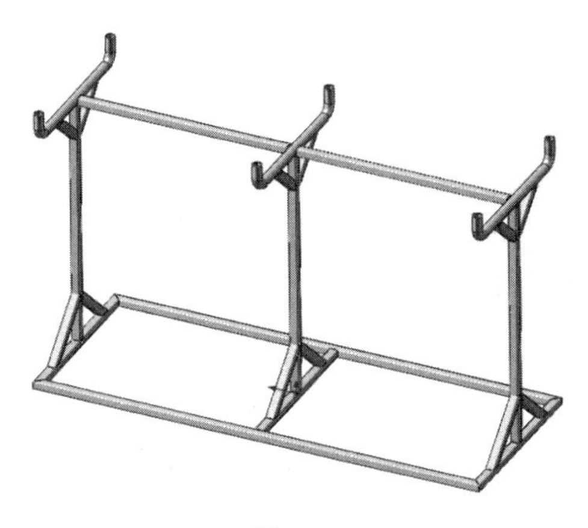

图 4-43

❶ 使用 3D 草图绘制工装车的底架，尺寸为 1600mm×600mm，如图 4-44 所示。

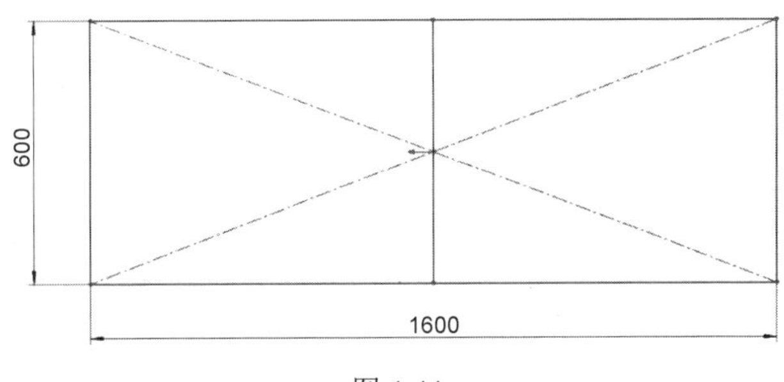

图 4-44

❷ 绘制底架上的第一根立柱，高度为 1000mm，如图 4-45 所示。

❸ 利用“复制实体”工具复制出第二根立柱，如图 4-46 所示。

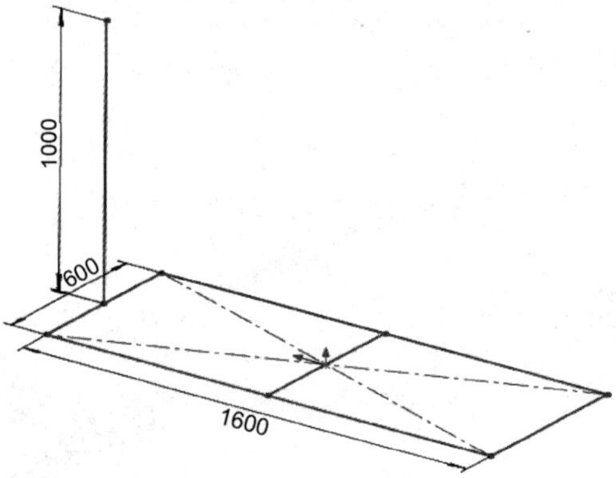

图 4-45

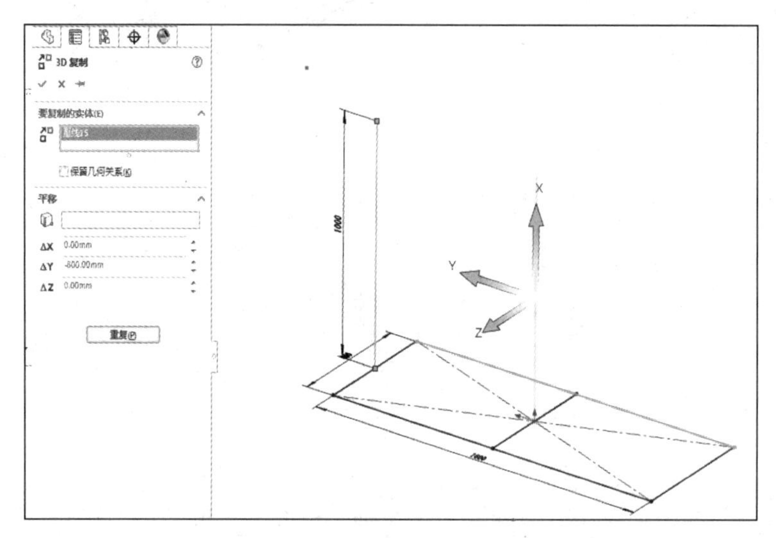

图 4-46

❹ 再次利用“复制实体”工具复出制出第三根立柱，如图 4-47 所示。

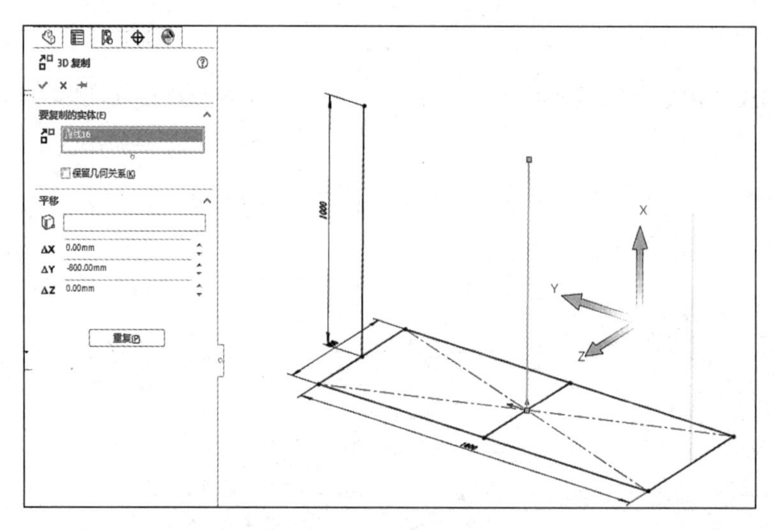

图 4-47

❺ 使用“直线”工具连接三个立柱，并绘制横梁，效果如图 4-48 所示。

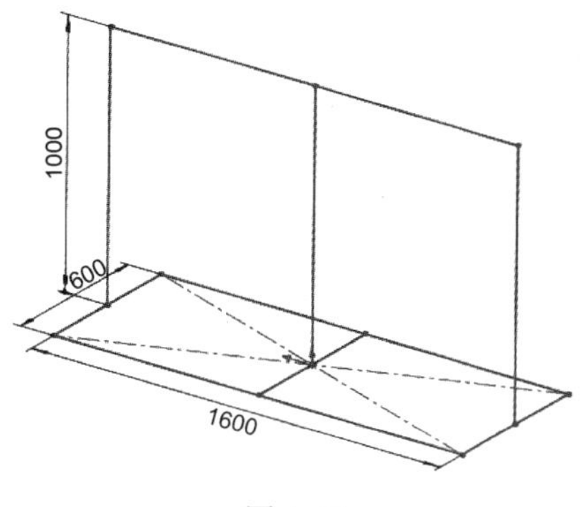

图 4-48

❻ 使用“直线”工具绘制物料挂钩，中间长 550mm，两端长 100mm，效果如图 4-49 所示。

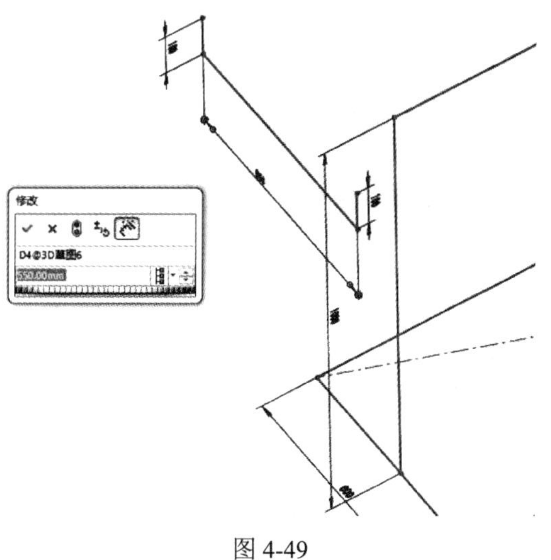

图 4-49

❼ 对草图进行圆角编辑，设置圆角半径为 40mm，如图 4-50 所示。

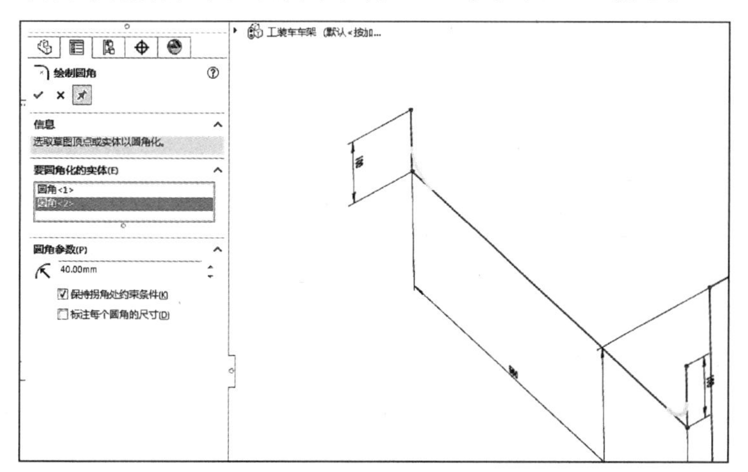

图 4-50

❽ 在草图 1 与草图 2 中选择相关实体进行重合约束，如图 4-51 所示。

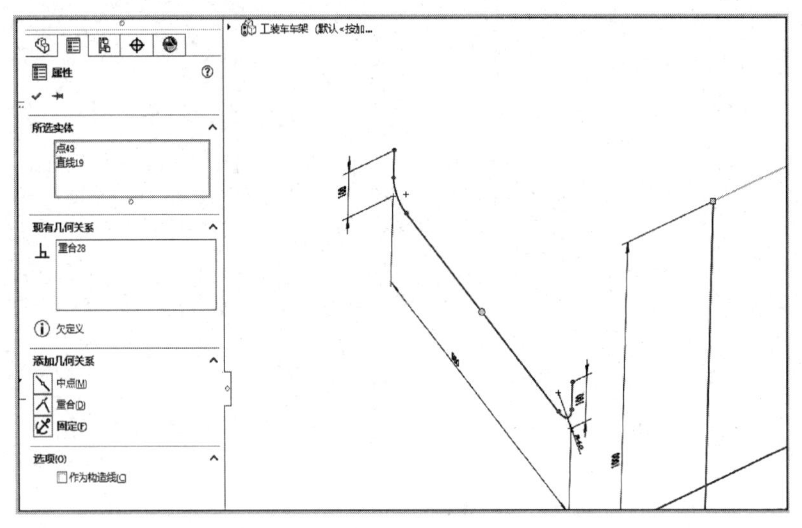

图 4-51

❾ 在“修改”对话框中进行距离约束，如图 4-52 所示。

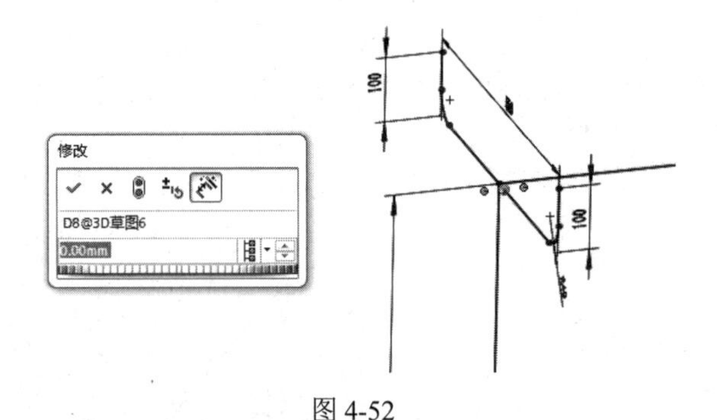

图 4-52

❿ 使用“复制实体”工具对草图 2 进行复制，如图 4-53 所示。

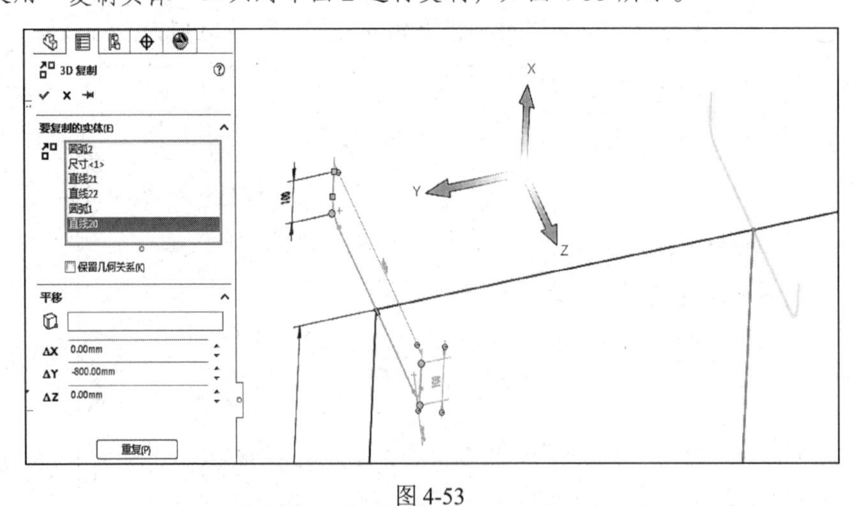

图 4-53

⓫ 参考上一步骤，继续对草图 2 进行复制，如图 4-54 所示。

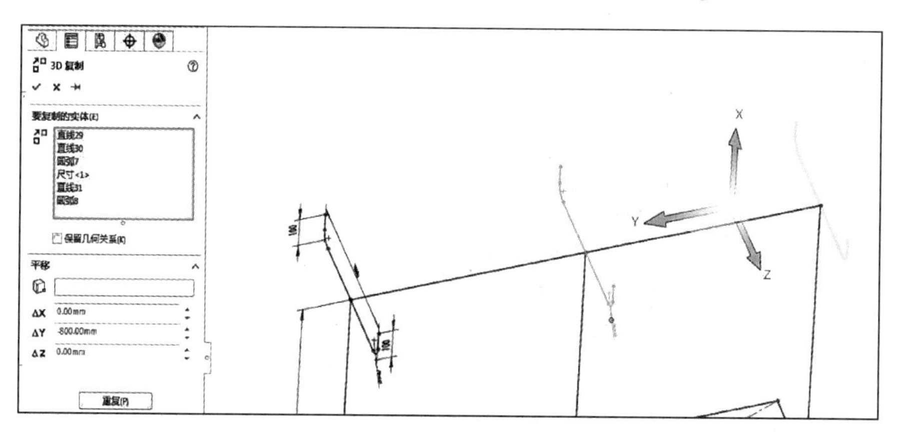

图 4-54

⓬ 绘制斜撑草图，效果如图 4-55 所示。

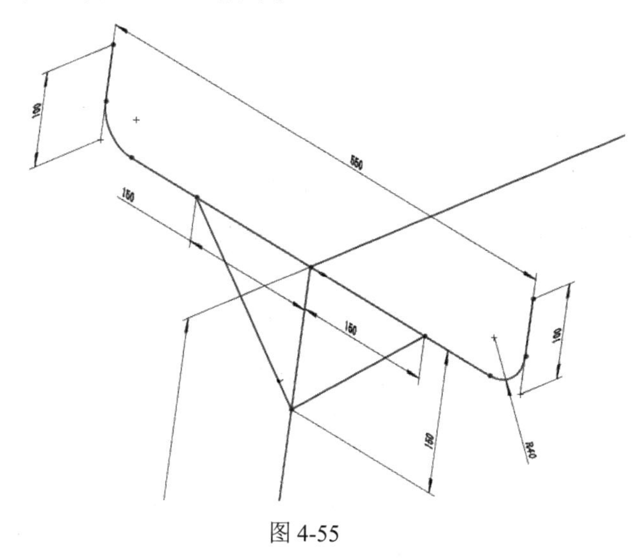

图 4-55

⓭ 使用“复制实体”工具对斜撑草图进行复制，如图 4-56 所示。

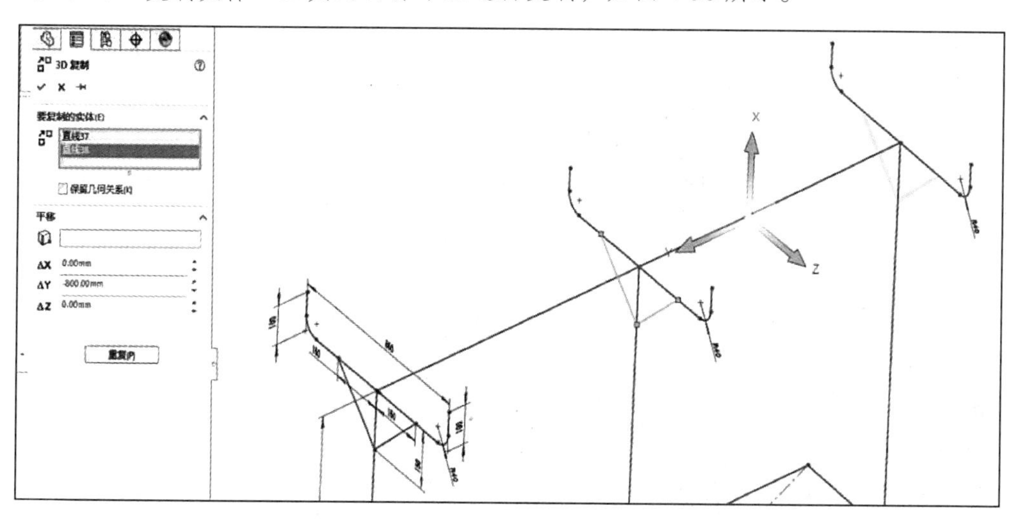

图 4-56

⓮ 绘制草图下方的斜撑图形，如图 4-57 所示。

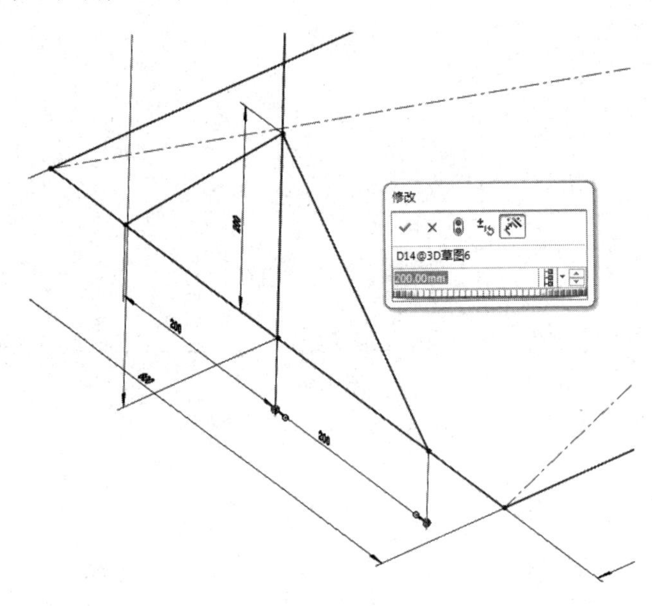

图 4-57

⓯ 使用“复制实体”工具对草图进行复制，如图 4-58 所示。

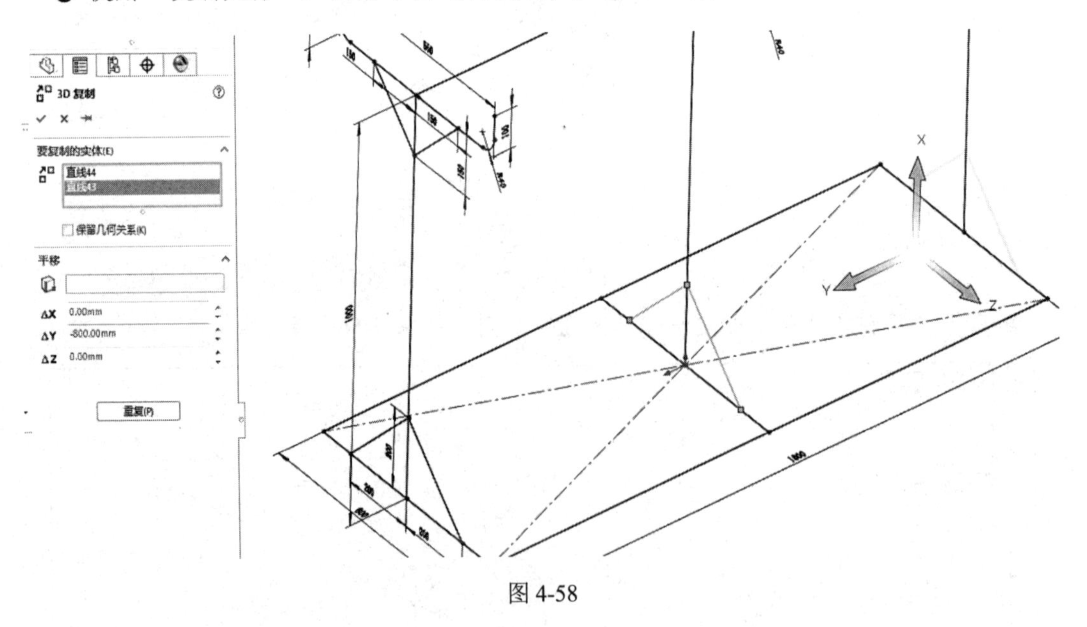

图 4-58

⓰ 利用“结构构件”命令，设置竖向的方管大小为 30×30×2.0，对草图进行编辑，如图 4-59 所示。

⓱ 利用“结构构件”命令，设置横向的方管大小为 30×30×2.0，对草图进行编辑，如图 4-60 所示。

⓲ 利用“结构构件”命令，设置最下方的方管大小，对草图进行编辑，如图 4-61 所示。

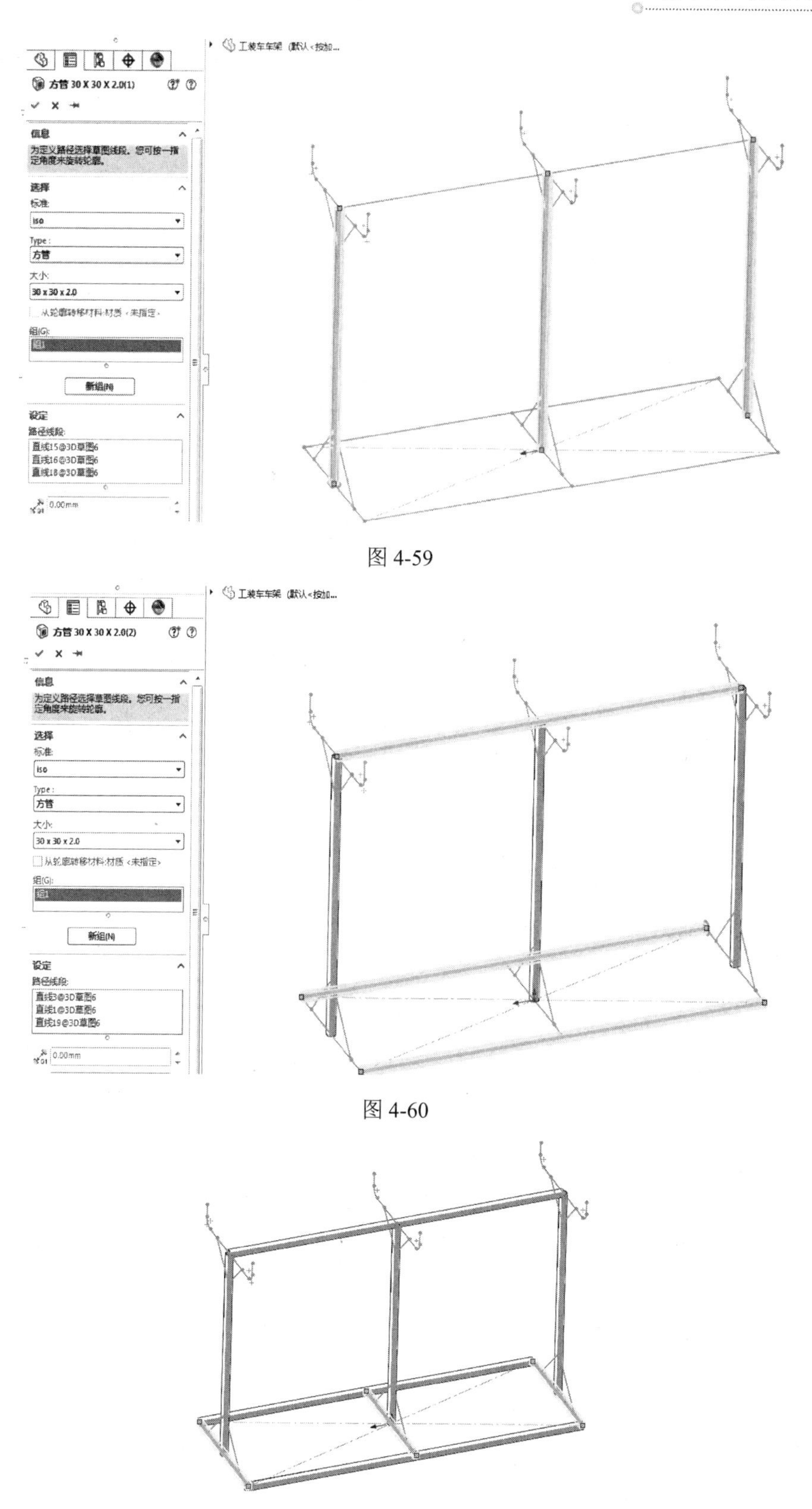

图 4-59

图 4-60

图 4-61

⑲ 利用“结构构件”命令，设置斜向的方管大小，对草图进行编辑，如图 4-62 所示。

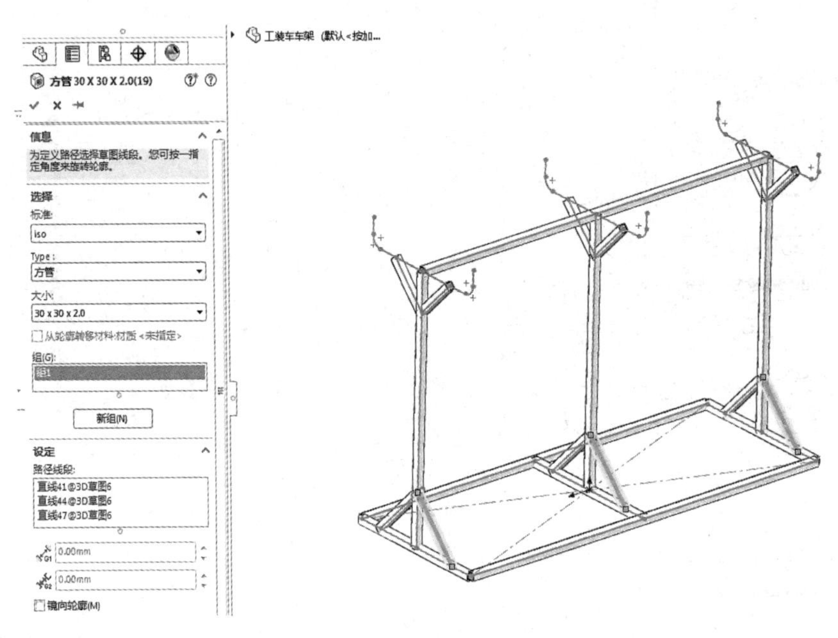

图 4-62

⑳ 利用“结构构件”命令，设置“Type”为“管道”，大小为 33.7×4.0，对挂钩的草图进行编辑，如图 4-63 所示。

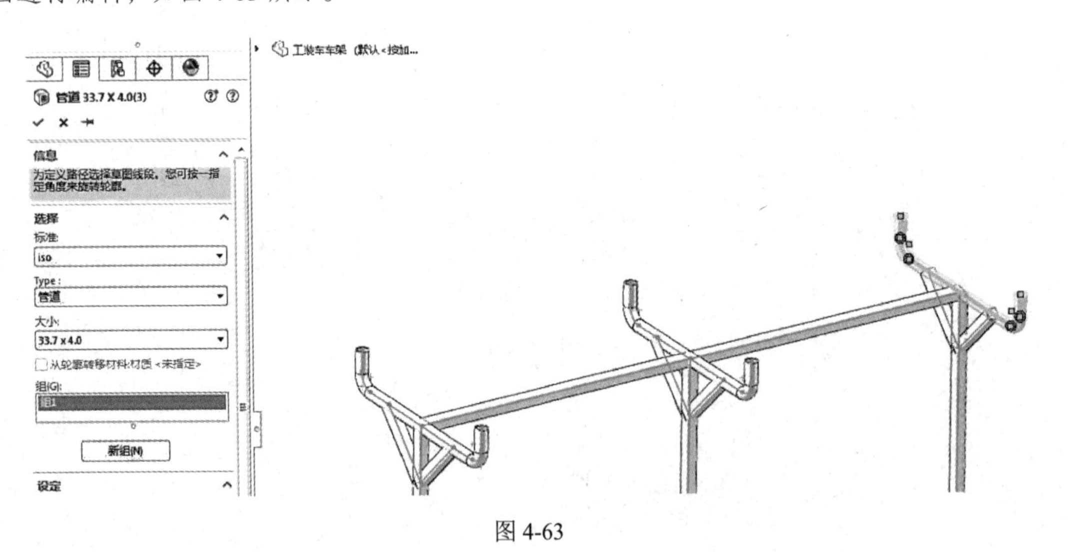

图 4-63

㉑ 单击“焊件”选项卡中的“剪裁/延伸”按钮（或者选择菜单栏中的“插入”>“焊件”>“剪裁/延伸”命令），弹出“剪裁/延伸”属性管理器，对底框进行剪裁操作，如图 4-64 所示。

㉒ 在“特征”选项卡中单击“切除-拉伸”按钮，弹出“切除-拉伸”属性管理器，对下方的斜撑进行编辑，如图 4-65 所示。

㉓ 利用切除-拉伸特征编辑底框中间的方管，如图 4-66 所示。

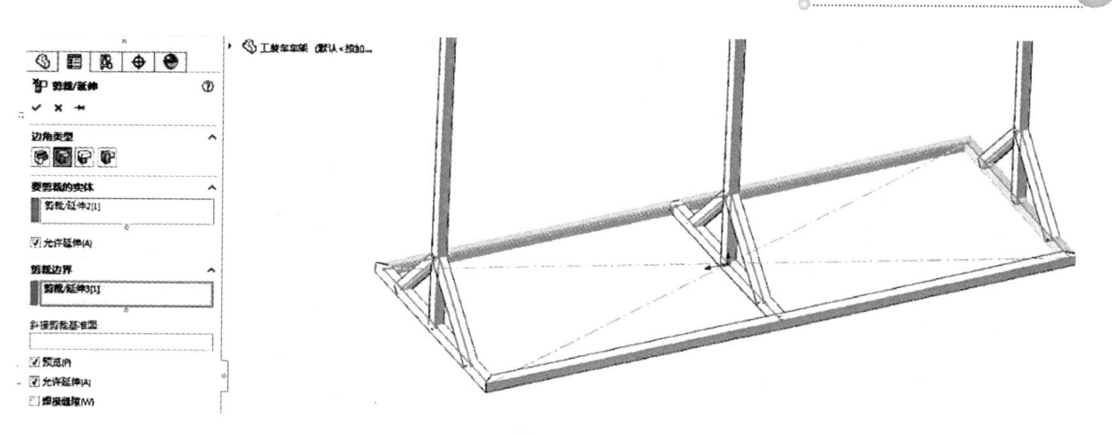

图 4-64

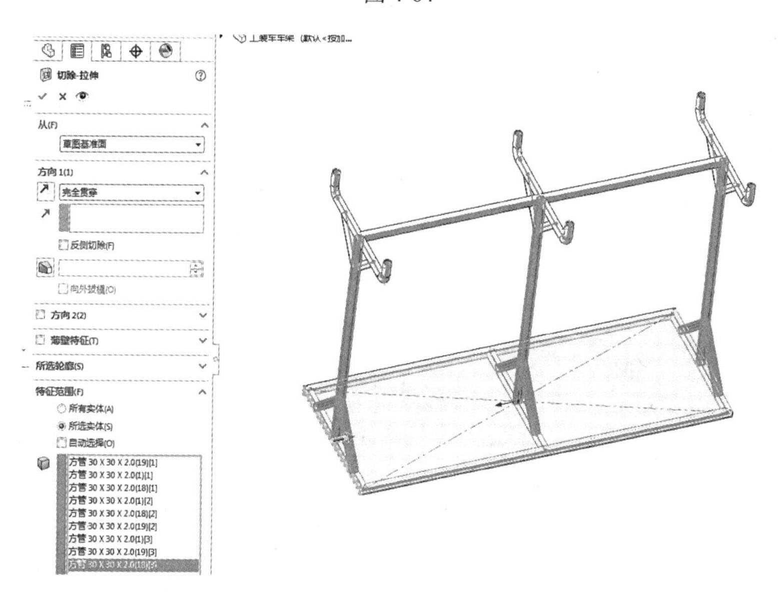

图 4-65

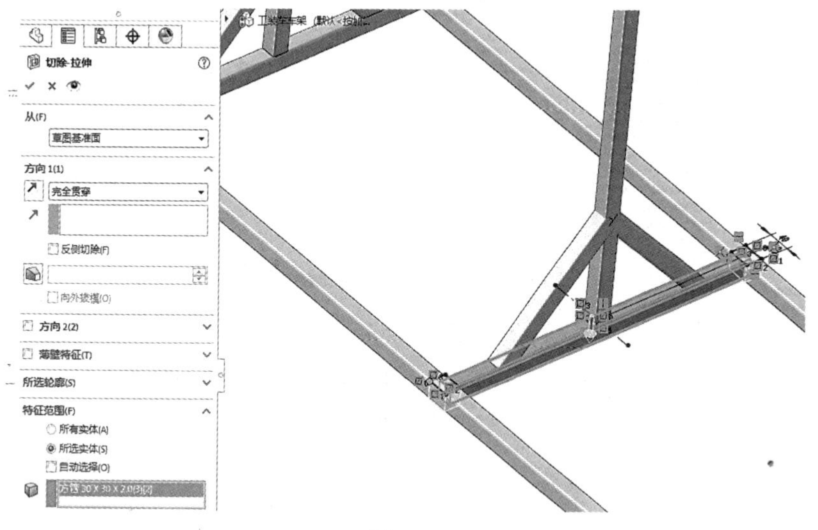

图 4-66

㉔ 利用切除-拉伸特征编辑上面的斜撑，如图 4-67 所示。

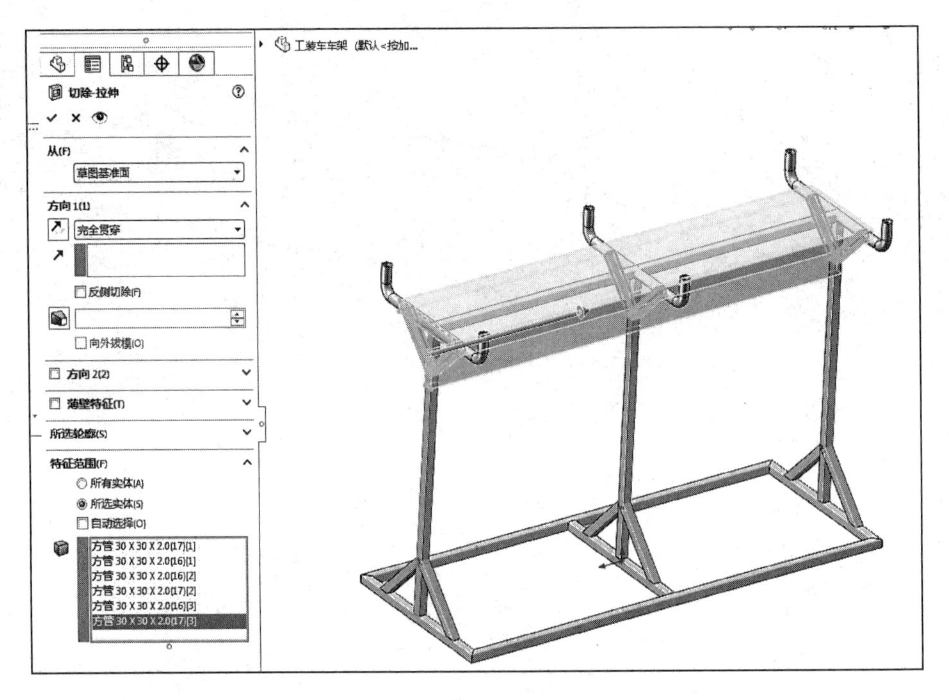

图 4-67

㉕ 利用剪裁/延伸特征对三根立柱进行编辑，如图 4-68 所示。

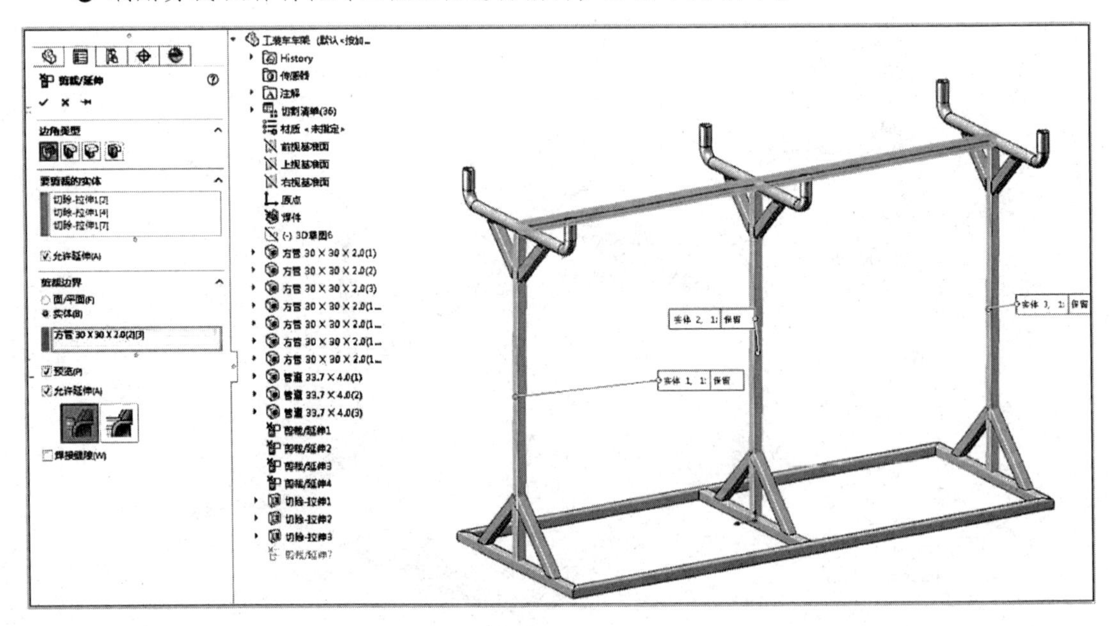

图 4-68

㉖ 对上方的横梁进行剪裁操作，如图 4-69 所示。

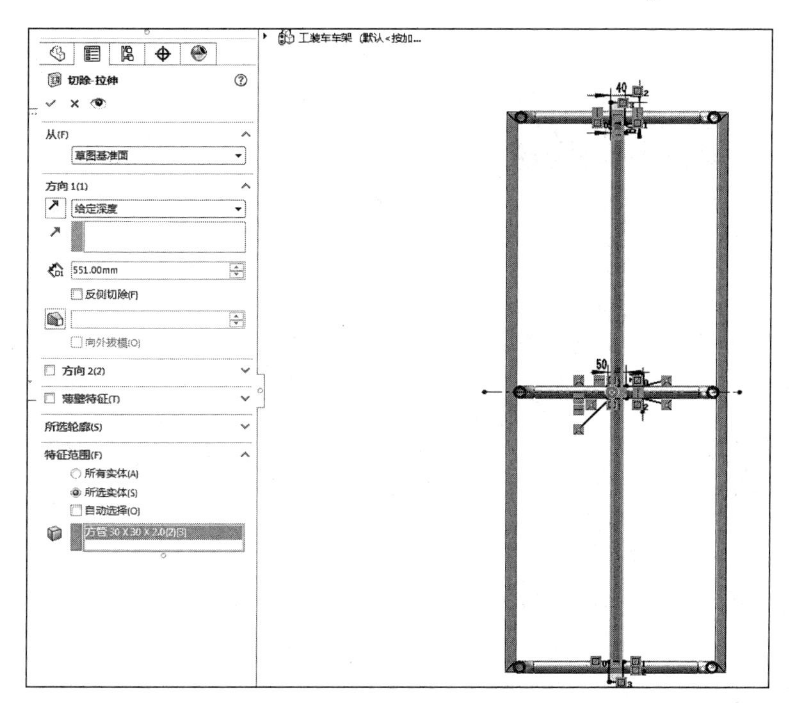

图 4-69

㉗ 至此，操作完成，效果如图 4-43 所示。

第 5 章

钣金生成与编辑

【学习目标】

- 生成钣金特征
- 编辑钣金特征

钣金工艺是针对厚度在 6mm 以下的金属薄板进行的一种综合冷加工技术。它涵盖了剪切、冲压、切割、复合、折叠、焊接、铆接、拼接、成型（如汽车车身制造）等多个步骤。SolidWorks 软件不仅支持钣金零件的独立设计，还允许在包含这些零件的关联装配体环境中进行设计。本章将重点介绍钣金的基础知识，如如何生成钣金特征，并对这些特征进行编辑等。

5.1 生成钣金特征

5.1.1 基体法兰

基体法兰是钣金零件的第一个特征。当基体法兰被添加到 SolidWorks 零件后，系统会将该零件标记为钣金零件，并且在特征管理器中显示特定的钣金特征。

1. 打开“基体法兰”属性管理器

单击“钣金”工具栏中的“基体法兰”按钮，或者选择菜单栏中的“插入”>“钣金”>“基体法兰”命令，弹出“基体法兰”属性管理器，如图 5-1 和图 5-2 所示。

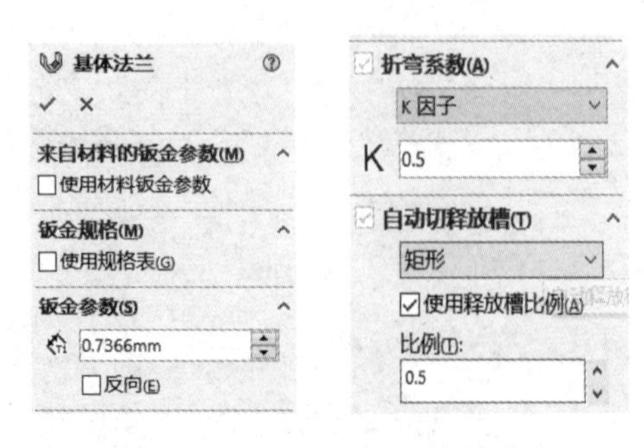

图 5-1　　图 5-2

- “钣金规格”选项组：根据指定的材料，勾选“使用规格表”复选框，用于定义钣金的电子表格及数值。
- “钣金参数”选项组：选项用于设置钣金厚度；若勾选“反向”复选框，则会以相反的方向加厚草图。
- “折弯系数”选项组：折弯系数是沿着材料的中性轴所测得的圆弧长度。在创建折弯时，可以为任何一个钣金折弯输入具体数值，以明确指定折弯系数，也可在下拉列表中选择“K 因子”“折弯系数”“折弯扣除”“折弯系数表”等选项。

2．生成基体法兰特征

❶ 新建一个草图，如图 5-3 所示。单击“钣金”工具栏中的“基体法兰”按钮，弹出“基体法兰”属性管理器。

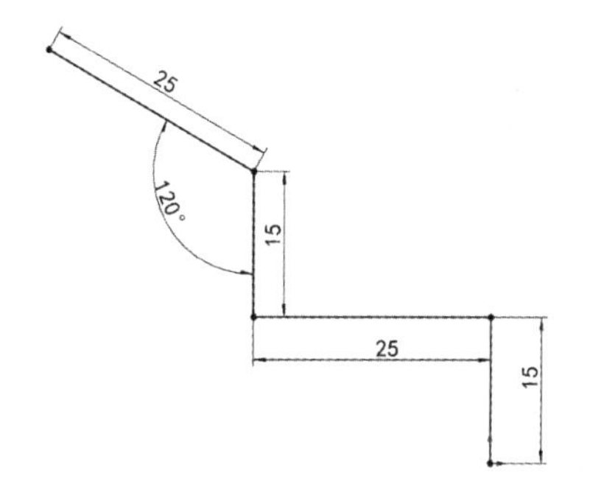

图 5-3

❷ 在“基体法兰”属性管理器中定义钣金参数：在“方向 1”选项组中的下拉列表中选择“给定深度”，设置选项为 10mm；设置“钣金参数”选项组中的（钣金厚度）选项为 1mm，（折弯半径）选项为 1mm；在“折弯系数”选项组中的下拉列表中选择“K-因子”，且设置K选项为 0.5；勾选“自动切释放槽”复选框和“使用释放槽比例”复选框，设置“比例”为 1，如图 5-4 所示。

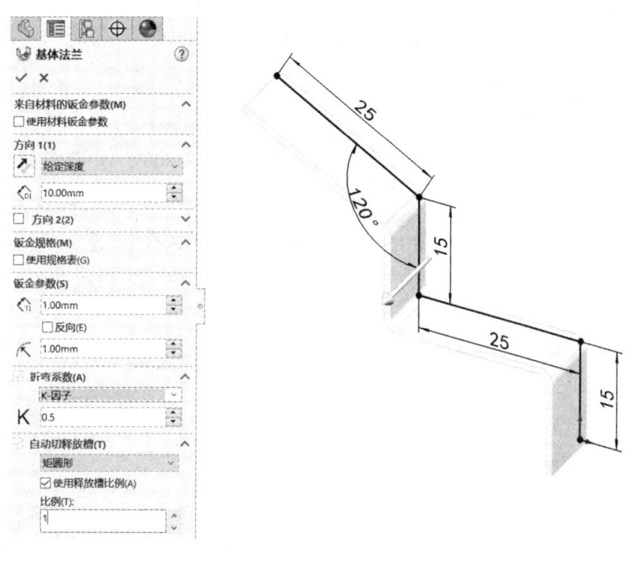

图 5-4

5.1.2 边线-法兰

1. 打开“边线-法兰”属性管理器

单击“钣金”工具栏中的“边线-法兰”按钮，或者选择菜单栏中的“插入”>“钣金”>“边线-法兰”命令，弹出“边线-法兰”属性管理器，如图 5-5 所示。

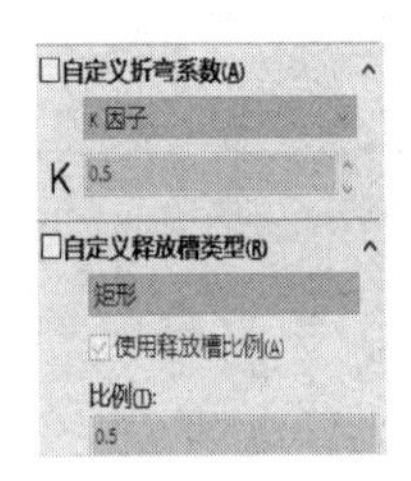

图 5-5

- 法兰参数选项组：“编辑法兰轮廓”按钮用于编辑轮廓草图；若勾选“使用默认半径”复选框，则可使用系统默认的半径；（折弯半径）选项在未勾选“使用默认半径”复选框时可用；（缝隙距离）选项用于设置缝隙的数值。
- “角度”选项组：（法兰角度）选项用于设置角度的数值；（选择面）选项用于为法兰角度选择参考面；若选中“与面垂直”单选按钮，则边线-法兰与参考面垂直；若选中“与面平行”单选按钮，则边线-法兰与参考面平行。
- “法兰位置”选项组：通过单击（原材料在内）按钮、（材料在外）按钮、（折弯在外）按钮、（虚拟交点的折弯）按钮和（与折弯相切）按钮可进行法兰位置的设置；若勾选“剪裁侧边折弯”复选框，则可移除邻近折弯的多余部分；若勾选“等距”复选框，则可生成等距法兰，延长基体部分的长度。
- “自定义折弯系数”选项组：在该选项组的下拉列表中可选择“折弯系数表”“K 因子”“折弯系数”“折弯扣除”等选项。
- “自定义释放槽类型”选项组：在该选项组的下拉列表中可以选择“矩形”“矩圆形”“撕裂形”等选项。

2. 生成边线-法兰特征

❶ 新建一个钣金模型，单击“钣金”工具栏中的“边线-法兰”按钮，打开“边线-法兰”属性管理器，选择模型边缘为边线-法兰的附着边。

❷ 设置边线-法兰的参数属性，单击“确定”按钮，生成边线-法兰特征，如图 5-6 所示。

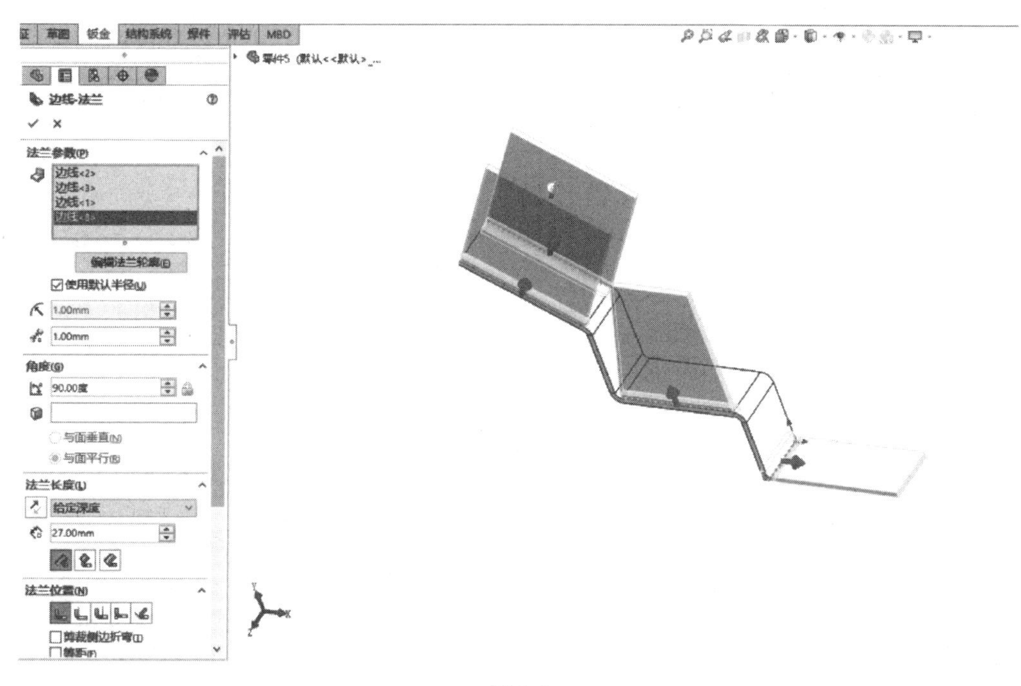

图 5-6

5.1.3 斜接法兰

1. 打开“斜接法兰”属性管理器

单击“钣金”工具栏中的“斜接法兰”按钮，或者选择菜单栏中的“插入”>“钣金”>“斜接法兰”命令，弹出“斜接法兰”属性管理器，如图 5-7 所示。

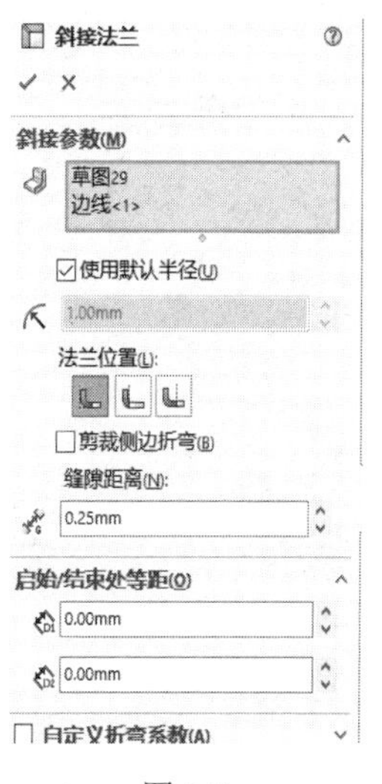

图 5-7

- “斜接参数”选项组：用于选择需要斜接的边线。

- “启始/结束处等距”选项组：如果需要令斜接法兰跨越模型的整个边线，则可将两个数值框中的数值设置为零。

2. 生成斜接法兰特征

❶ 新建一个钣金模型，如图 5-8 所示。

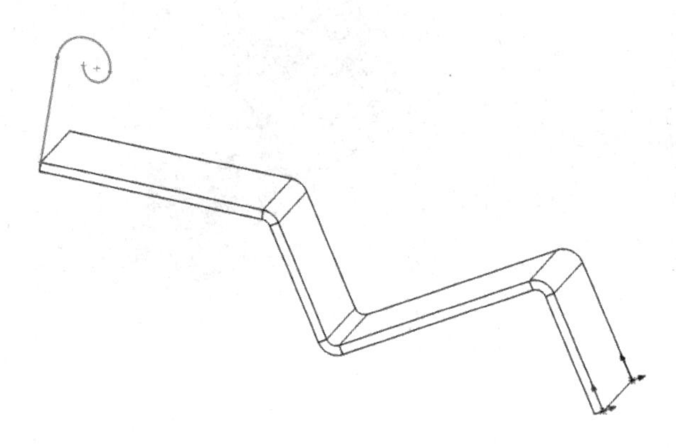

图 5-8

❷ 单击“钣金”工具栏中的“斜接法兰”按钮，打开“斜接法兰”属性管理器。

❸ 选择模型边缘上的圆弧草图为斜接法兰的轮廓。

❹ 定义斜接法兰的参数属性，单击“确定”按钮，生成斜接法兰特征，如图 5-9 所示。

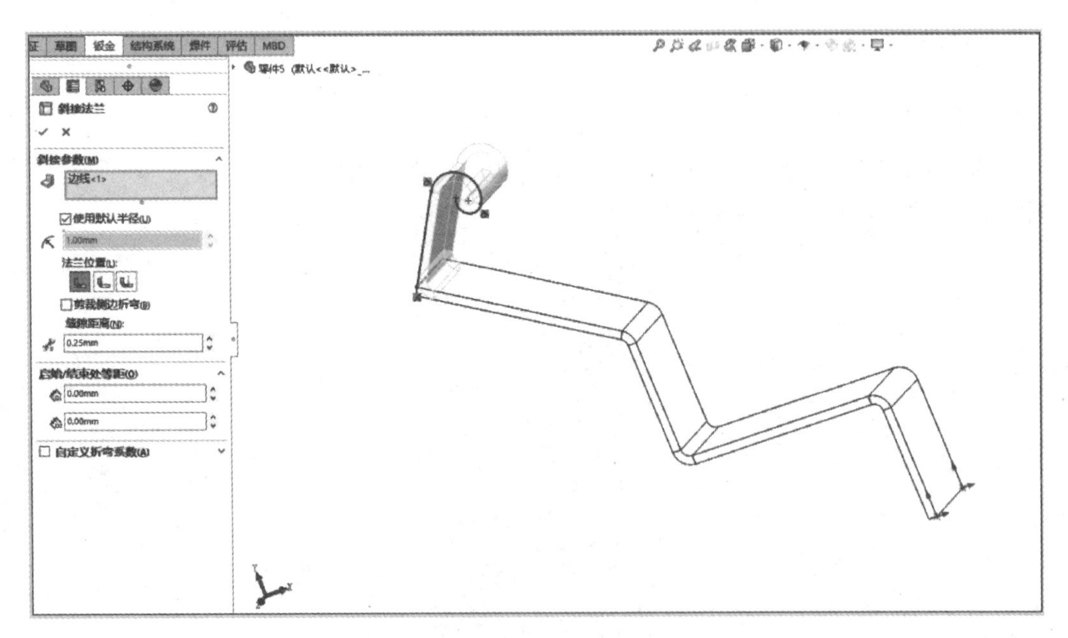

图 5-9

5.1.4 褶边

单击“钣金”工具栏中的“褶边”按钮，或者选择菜单栏中的“插入”>“钣金”>“褶边”命令，打开“褶边”属性管理器，如图 5-10 所示。

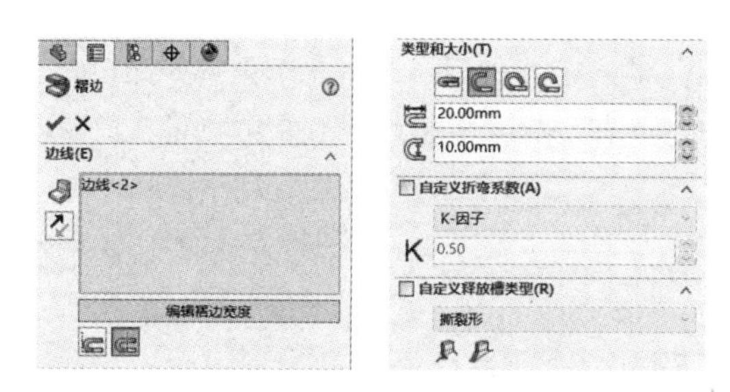

图 5-10

- “边线”选项组：在“边线”列表框中可选择需要添加褶边的边线；单击“编辑褶边宽度”按钮，可在图形区域编辑褶边的宽度；单击按钮，表示褶边的材料在内侧；单击按钮，表示褶边的材料在外侧。
- “类型和大小”选项组：表示 4 种褶边类型，即闭合、打开、撕裂形、滚轧。不同的褶边类型效果如图 5-11 所示。

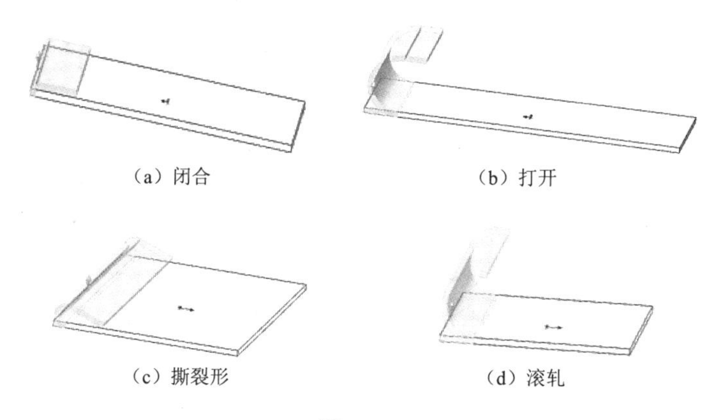
（a）闭合　（b）打开　（c）撕裂形　（d）滚轧

图 5-11

5.1.5 转折

1. 打开“转折”属性管理器

单击“钣金”工具栏中的“转折”按钮，或者选择菜单栏中的“插入”>“钣金”>“转折”命令，打开“转折”属性管理器，如图 5-12 所示。

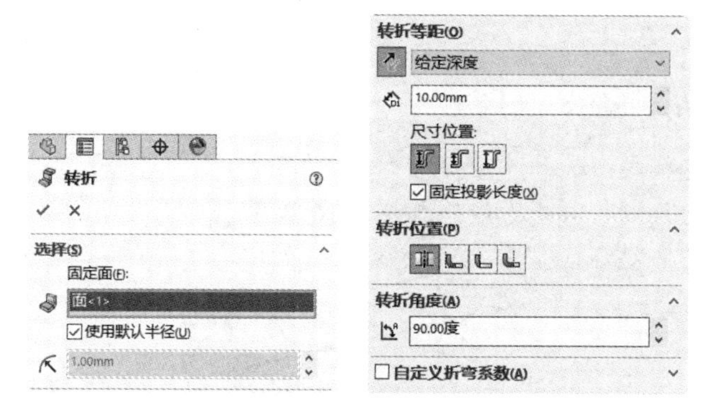

图 5-12

- “转折等距”选项组：表示外部等距；表示内部等距；表示总尺寸。
- “转折位置”选项组：表示折弯中心线；表示材料在内；表示材料在外；表示折弯在外。

2．生成转折特征

❶ 新建一个钣金模型。

❷ 在钣金模型上绘制一条折弯直线，如图 5-13 所示。

❸ 打开“转折”属性管理器，设置“转折等距”“转折位置”“转折角度”选项组，单击“确定”按钮完成转折特征的创建，效果如图 5-14 所示。

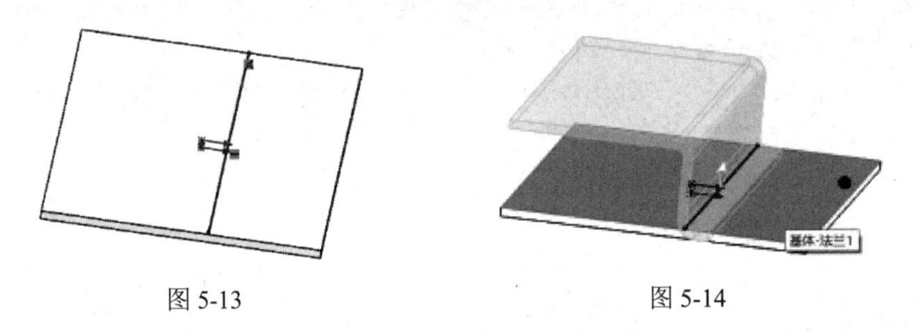

图 5-13　　图 5-14

5.1.6　绘制的折弯

1．打开“绘制的折弯”属性管理器

单击“钣金”工具栏中的“绘制的折弯”按钮，或者选择菜单栏中的“插入”>“钣金”>“绘制的折弯”命令，打开“绘制的折弯”属性管理器，如图 5-15 所示。在“折弯位置”选项下有 4 个按钮：表示折弯中心线；表示材料在内；表示材料在外；表示折弯在外。

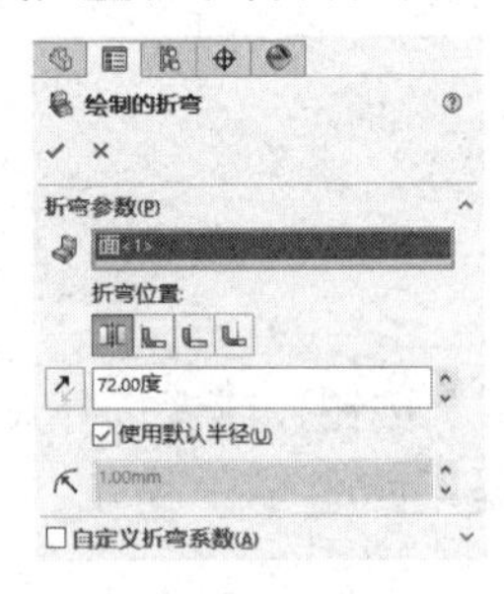

图 5-15

2．生成绘制的折弯特征

❶ 新建一个钣金模型。

❷ 在钣金模型上绘制一条折弯线，如图 5-16 所示。

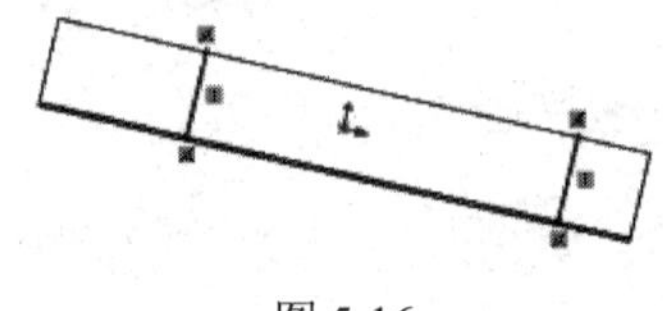

图 5-16

❸ 打开“绘制的折弯”属性管理器，设置“折弯参数”选项组，单击“确定”按钮完成绘制的折弯特征创建，如图 5-17 所示。

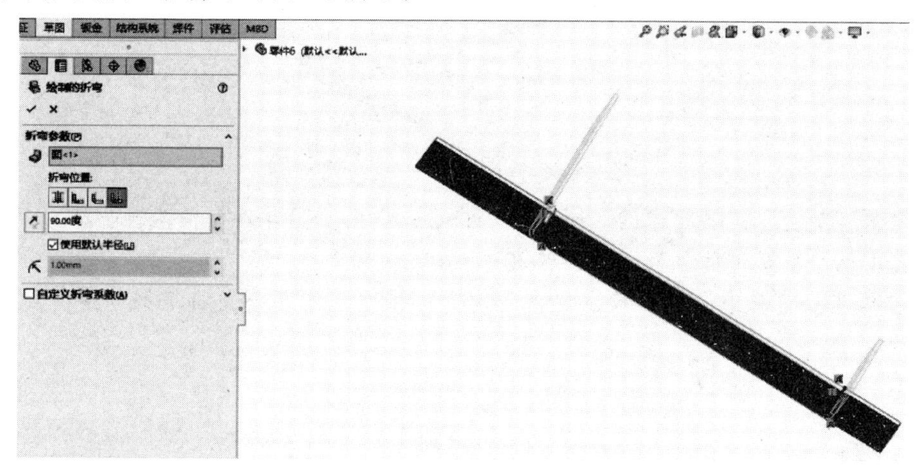

图 5-17

5.1.7 闭合角

1. 打开“闭合角”属性管理器

单击“钣金”工具栏中的“闭合角”按钮，或者选择菜单栏中的“插入”>“钣金”>“闭合角”命令，打开“闭合角”属性管理器，如图 5-18 所示。

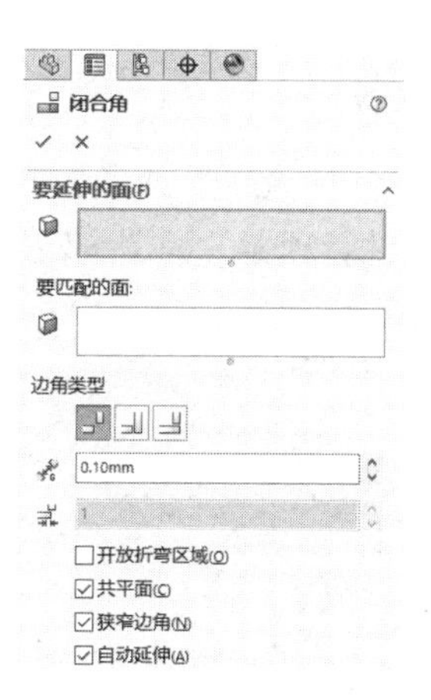

图 5-18

- “要延伸的面”选项：可选择一个或多个平面。
- “边角类型”选项：表示对接；表示重叠；表示欠重叠。
- （缝隙距离）选项：可设置缝隙数值。
- （重叠/欠重叠比率）选项：可设置比率数值。

2. 生成闭合角特征

❶ 新建一个钣金模型，如图 5-19 所示。

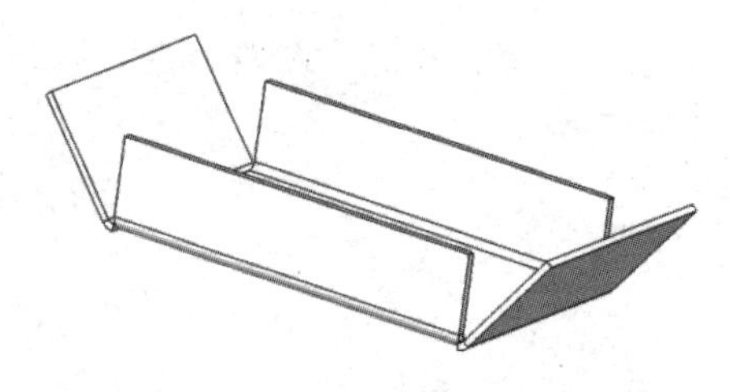

图 5-19

❷ 单击“钣金”工具栏中的“闭合角”按钮，弹出“闭合角”属性管理器。

❸ 选中两个要延伸的平面，如图 5-20 所示。

❹ 在属性管理器中设置参数，单击“确定”按钮完成闭合角特征的创建，如图 5-21 所示。

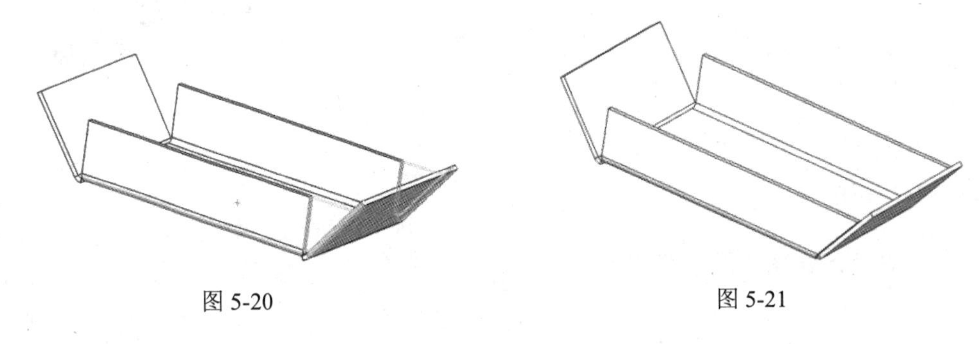

图 5-20　　　　图 5-21

5.1.8 断开边角

1. 打开“断开边角”属性管理器

单击“钣金”工具栏中的“断开边角”按钮，或者选择菜单栏中的“插入”>“钣金”>“断开边角”命令，打开“断开边角”属性管理器，如图 5-22 所示。

图 5-22

- “折断边角选项”选项：选择要断开的边角、边线或法兰面。
- “折断类型”选项：可以选择折断类型，包括（倒角）和（圆角）。
- （距离）选项：单击按钮时可用，为倒角的距离。

2. 生成断开边角特征

❶ 新建一个钣金模型。

❷ 单击“钣金”工具栏中的“断开边角”按钮，打开“断开边角”属性管理器。在设置断开边角的参数后，单击“确定”按钮，完成断开边角特征的创建，如图 5-23 所示。

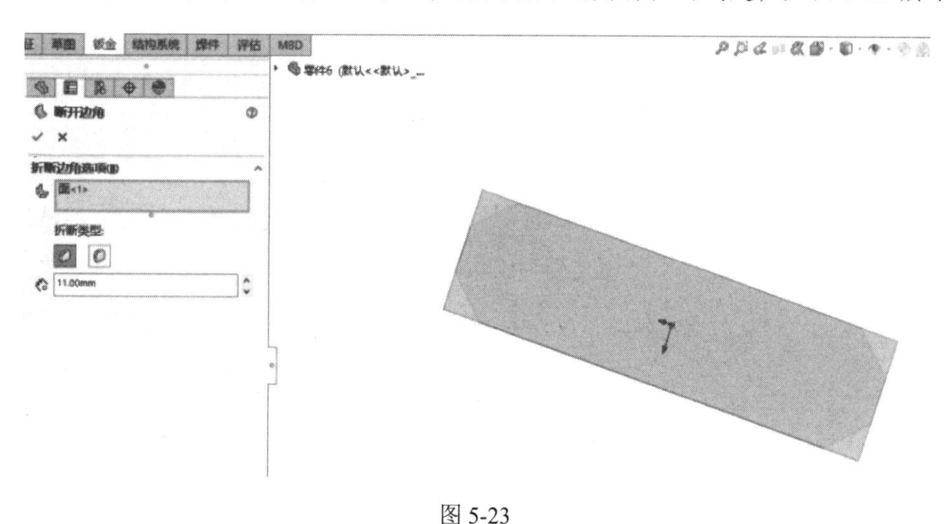

图 5-23

5.1.9 焊接的边角

1. 打开“焊接的边角”属性管理器

单击“钣金”工具栏中的“焊接的边角”按钮，或者选择菜单栏中的“插入”>“钣金”>“焊接的边角”命令，打开“焊接的边角”属性管理器，如图 5-24 所示。

图 5-24

2. 生成焊接的边角特征

❶ 新建一个钣金模型，如图 5-25 所示。

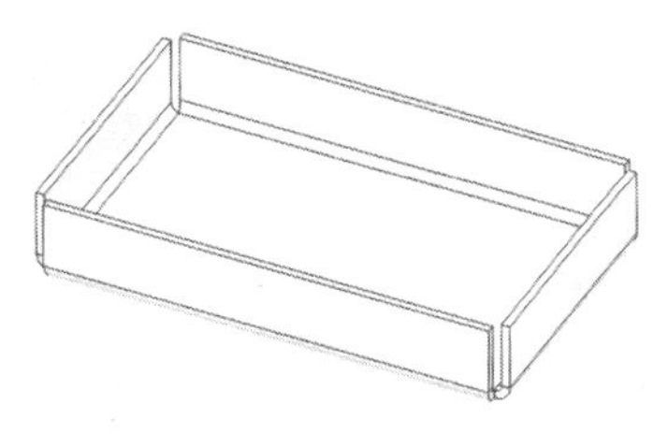

图 5-25

❷ 单击“钣金”工具栏中的“焊接的边角”按钮，打开“焊接的边角”属性管理器。选中要延伸的平面，设置好要焊接的边角参数，单击“确定”按钮，完成焊接的边角特征创建，如图 5-26 所示。

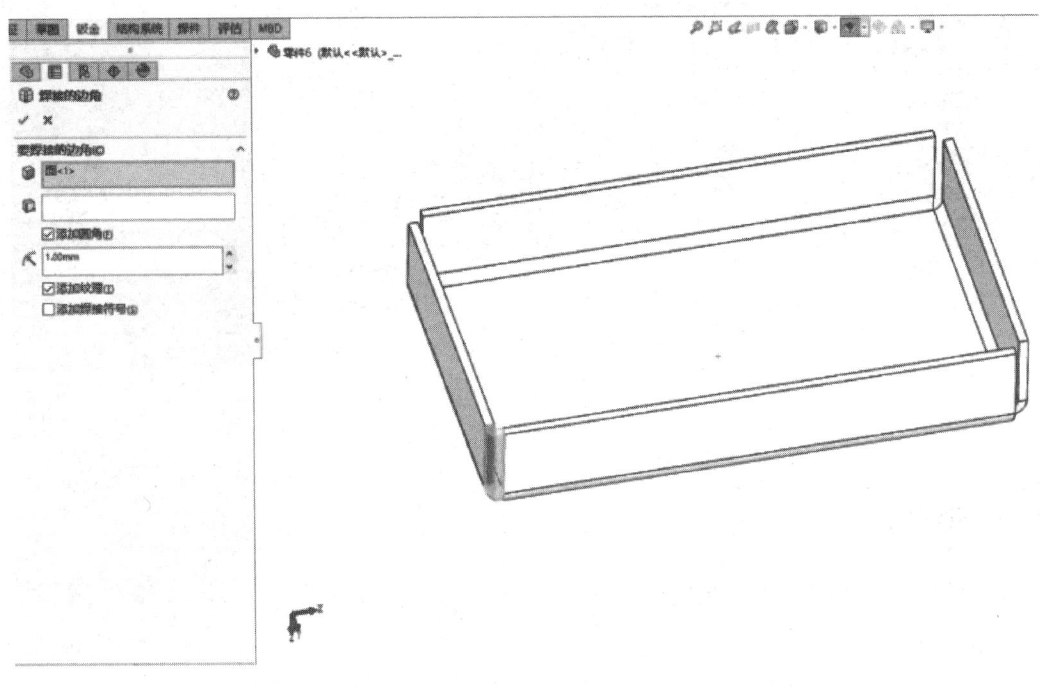

图 5-26

5.2 编辑钣金特征

5.2.1 展开

1. 打开“展开”属性管理器

单击“钣金”工具栏中的“展开”按钮，或者选择菜单栏中的“插入”>“钣金”>“展开”命令，弹出“展开”属性管理器，如图 5-27 所示。

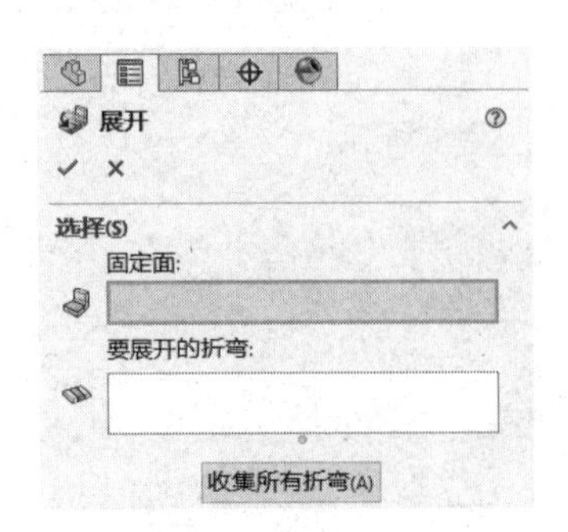

图 5-27

- 固定面：在图形区域选择一个不因特征而移动的面。
- 要展开的折弯：选择一个或多个折弯。

2. 生成展开特征

❶ 新建一个钣金模型。

❷ 打开“展开”属性管理器，在“选择”选项组下的“固定面”中选择模型的上表面，在“要展开的折弯”中选择 4 个折弯特征，单击“收集所有折弯”按钮，如图 5-28 所示。

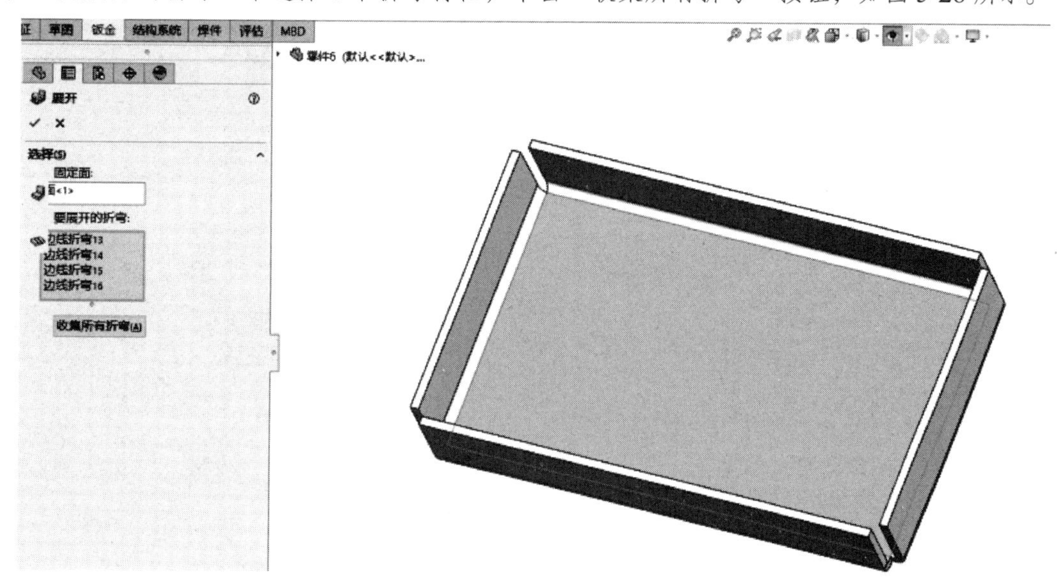

图 5-28

❸ 单击“确定”按钮，完成展开特征的创建，如图 5-29 所示。

5.2.2 折叠

1. 打开“折叠”属性管理器

单击“钣金”工具栏中的“折叠”按钮，或者选择菜单栏中的“插入”>“钣金”>“折叠”命令，弹出“折叠”属性管理器，如图 5-30 所示。

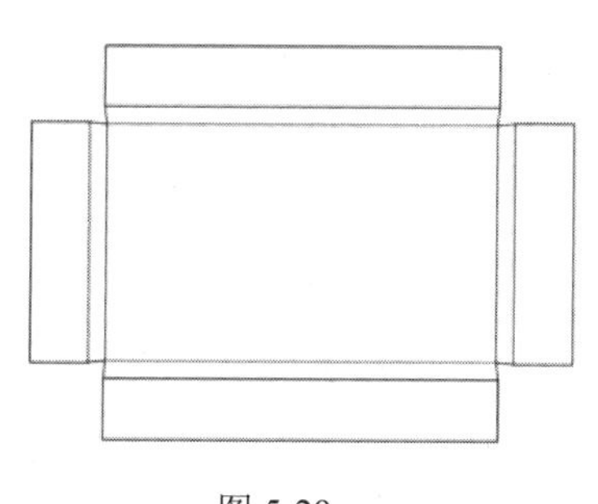

图 5-29

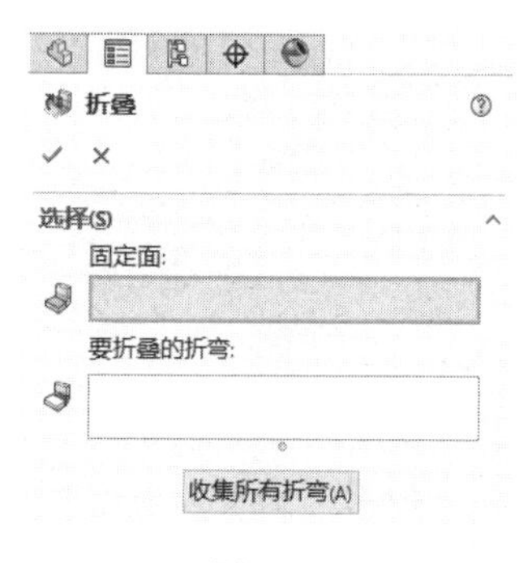

图 5-30

2. 生成折叠特征

❶ 新建一个钣金模型。

❷ 打开“折叠”属性管理器，在“选择”选项组下的“固定面”中选择模型的上表面；在“要折叠的折弯”中选择 4 个折弯特征，单击“收集所有折弯”按钮，如图 5-31 所示。

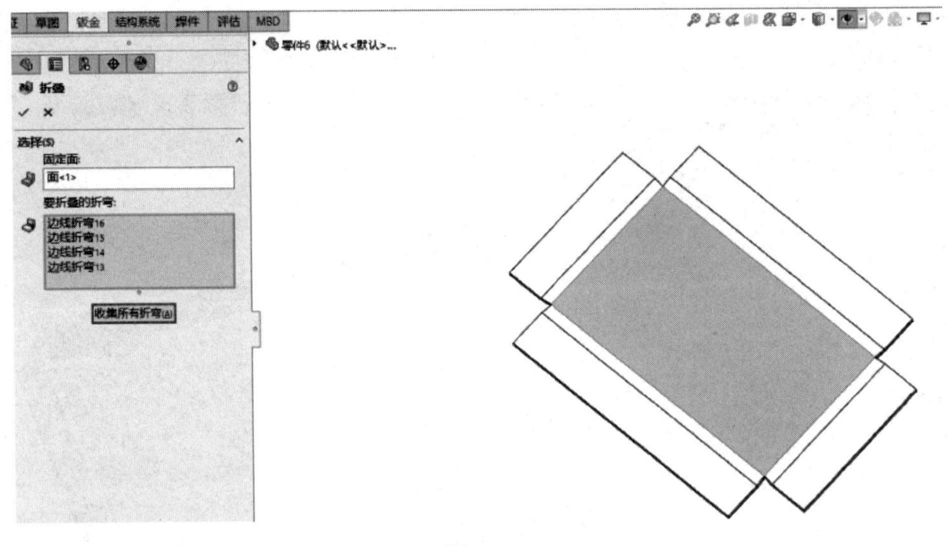

图 5-31

❸ 单击“确定”按钮，完成折叠特征的创建，如图 5-32 所示。

5.2.3 切口

通常情况下，切口特征用于生成钣金零件（可将切口特征添加到任何零件上）。生成切口特征的方法如下。

❶ 新建一个钣金模型，如图 5-33 所示。

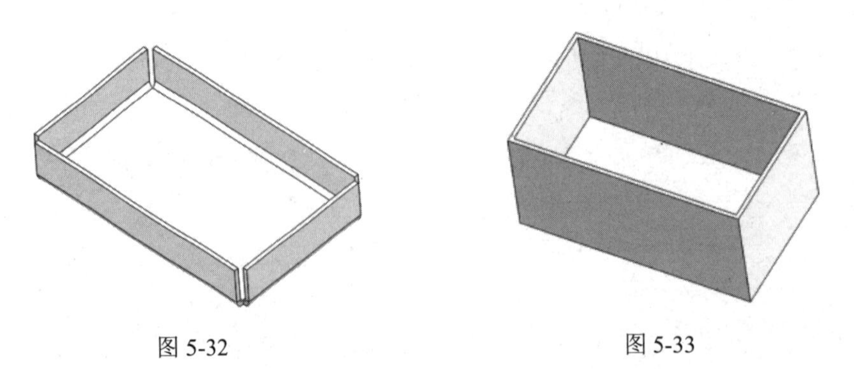

图 5-32　　　　图 5-33

❷ 单击“钣金”工具栏中的“切口”按钮，或者执行菜单栏中的“插入”>“钣金”>“切口”命令，弹出“切口”属性管理器。

❸ 在图形区域选择模型的侧边线为切口的边线，如图 5-34 所示。在（切口缝隙）文本框中输入 3mm，单击“改变方向”按钮可改变切口方向。

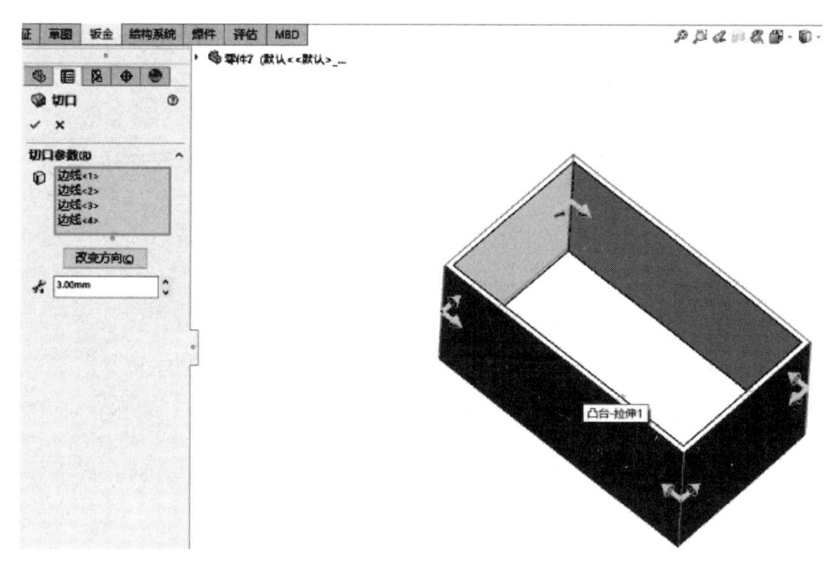

图 5-34

❹ 单击“确定”按钮，完成切口特征的创建，如图 5-35 所示。

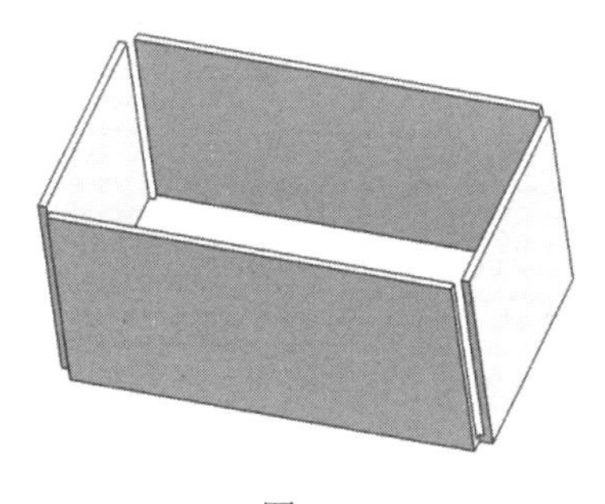

图 5-35

5.2.4 成形工具

钣金的成形工具用于制作一个模型作为冲压模具。

1. 制作自己的成形工具

❶ 绘制一个草图，通过凸台-拉伸特征对草图进行编辑，并将拔模角度设置为 30°，如图 5-36 所示。

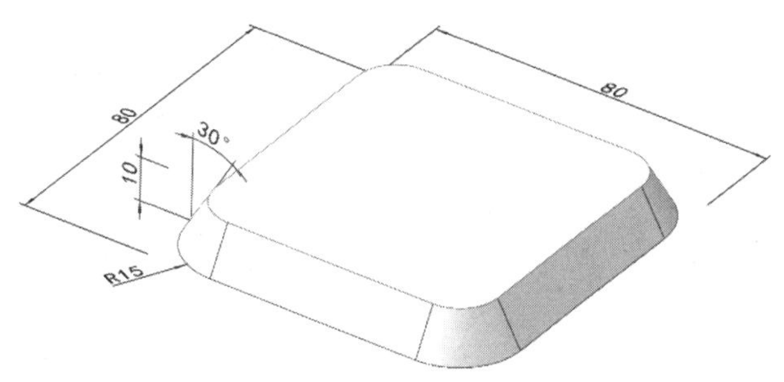

图 5-36

❷ 继续绘制草图，并通过凸台-拉伸特征对草图进行编辑，如图 5-37 所示。

❸ 对目标进行圆角处理，如图 5-38 所示。

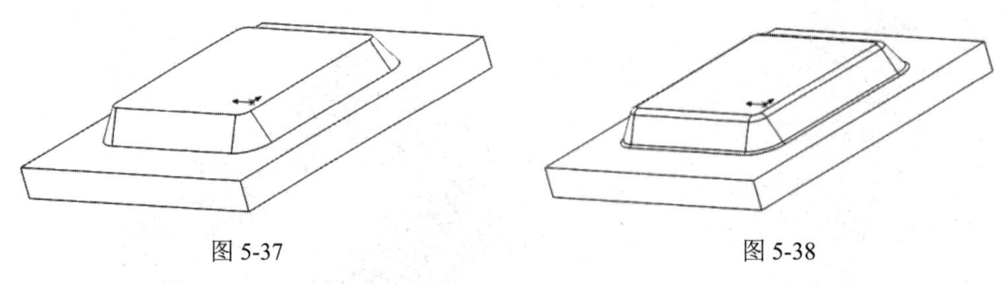

图 5-37　　　　图 5-38

❹ 将第二次绘制的拉伸实体部分切除，如图 5-39 所示。

❺ 绘制中心圆柱凸台，如图 5-40 所示。

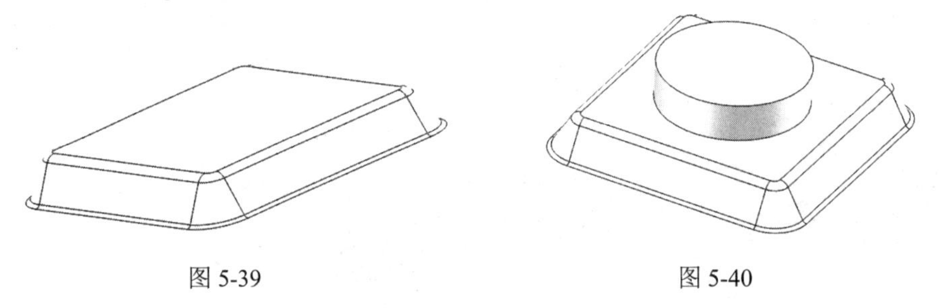

图 5-39　　　　图 5-40

❻ 单击“钣金”工具栏中的“成形工具”按钮，弹出“成形工具”属性管理器。在该属性管理器中，既可以设置成形工具属性，也可以设置插入点（在默认情况下，坐标原点为插入点，还可以自定义插入点），如图 5-41 所示。

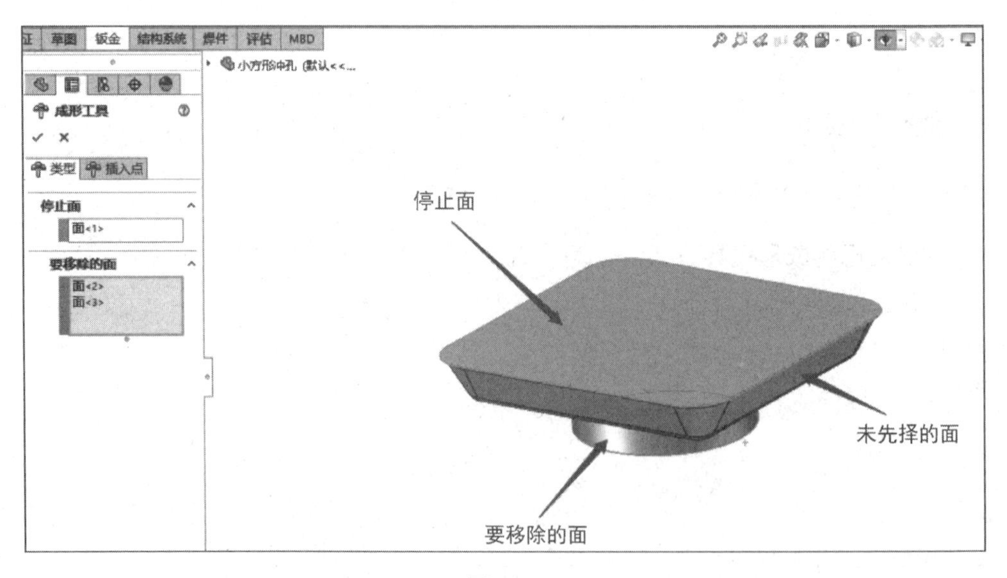

图 5-41

❼ 在选择停止面和要移除的面后，停止面会变为蓝色，要移除的面会变为红色，未选择的面会变为黄色，如图 5-42 所示。至此，成形工具制作完成。

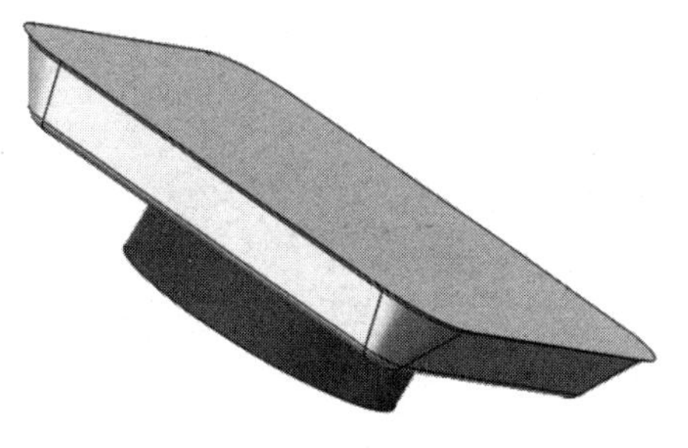

图 5-42

2. 保存到设计库

在制作成形工具后，可将其保存到设计库中，以便日后调用。

❶ 先将上述成形工具保存到一个文件夹中，然后打开设计库，新建一个设计库文件夹，如图 5-43 所示。

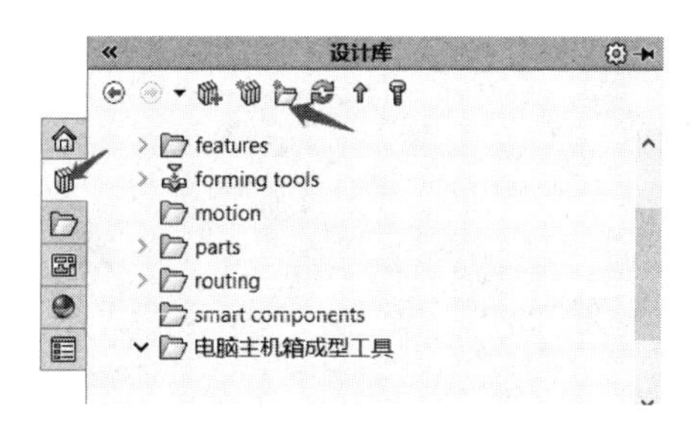

图 5-43

❷ 将新建文件夹重命名为新文件夹，并右键单击该文件夹，在弹出的快捷菜单中选择“成形工具文件夹”，如图 5-44 所示。

❸ 再次右键单击该文件夹，在弹出的快捷菜单中选择“打开文件夹”，即打开新文件夹，将之前制作的成形工具复制到新文件夹中即可，如图 5-45 所示。

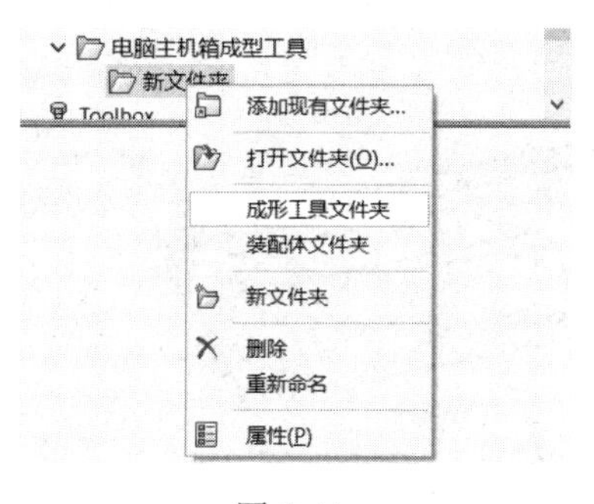

图 5-44

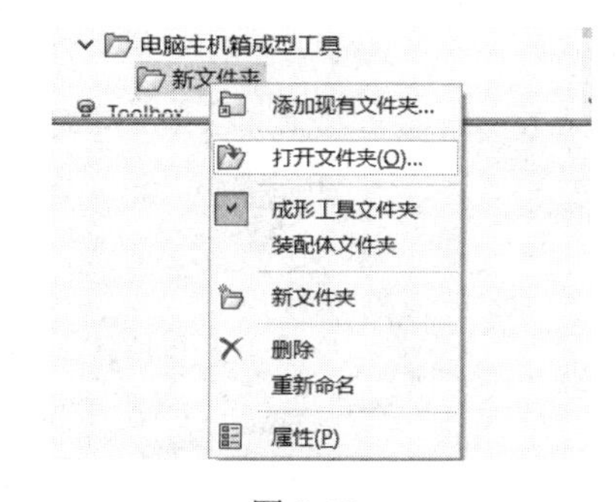

图 5-45

3. 调用设计库中的成形工具

❶ 打开设计库，找到之前建立的成形工具，将“小方形冲孔”拖拽到“钣金”工具栏中的某个属性管理器中，如图 5-46 所示。

❷ 使用尺寸标注工具将成形工具添加到合适位置，添加后的效果如图 5-47 所示。

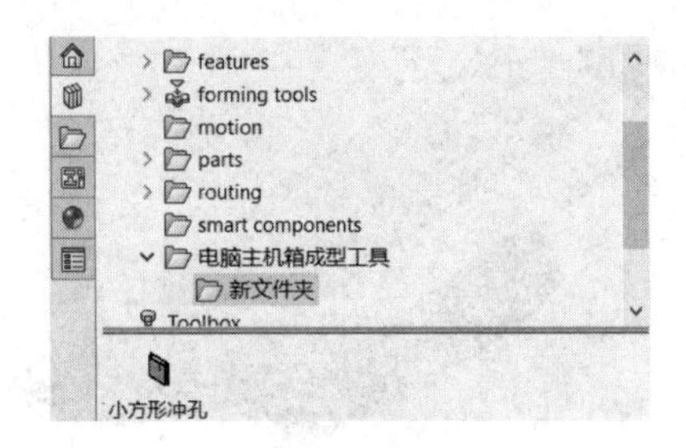

图 5-46

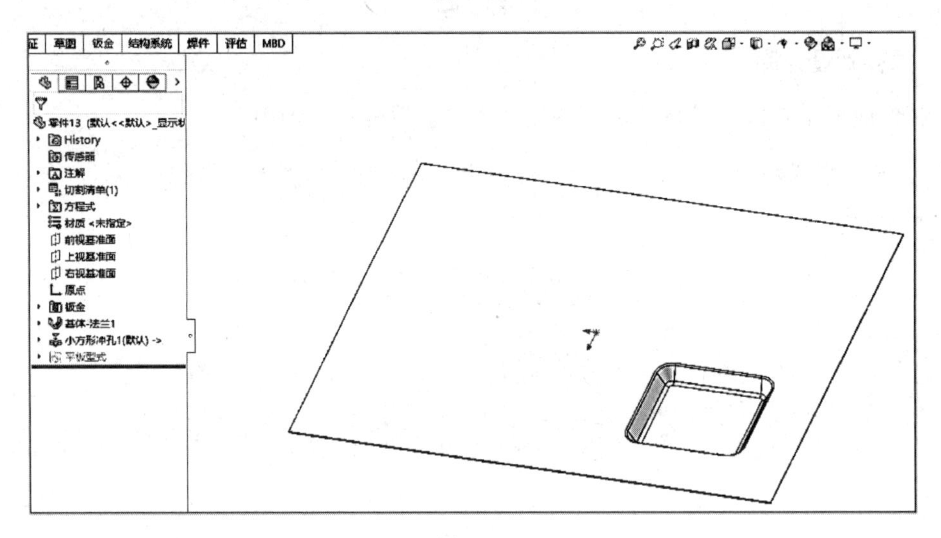

图 5-47

5.3 知识点练习

下面结合一个钣金零件的设计实例进行讲解，钣金零件如图 5-48 所示。

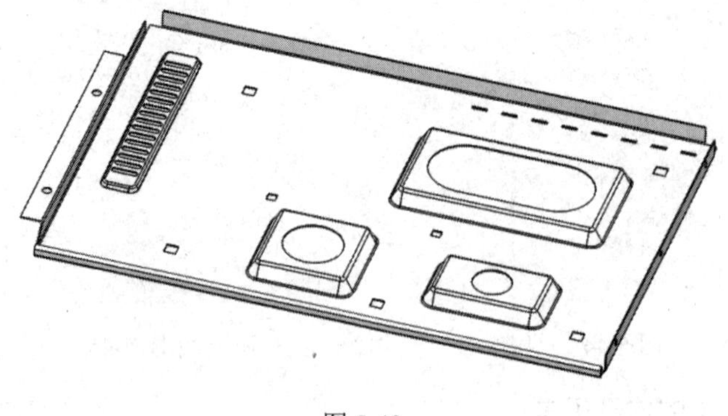

图 5-48

1. 绘制主体草图

❶ 新建一个零件。单击“标准视图”工具栏中的“正视于”按钮，以及“草图”选项卡中的“草图绘制”按钮，进入草图绘制状态。先利用“草图”选项卡中的“中心矩形”

按钮绘制草图，再使用尺寸标注工具对尺寸（381mm×260mm）进行标识，如图 5-49 所示。

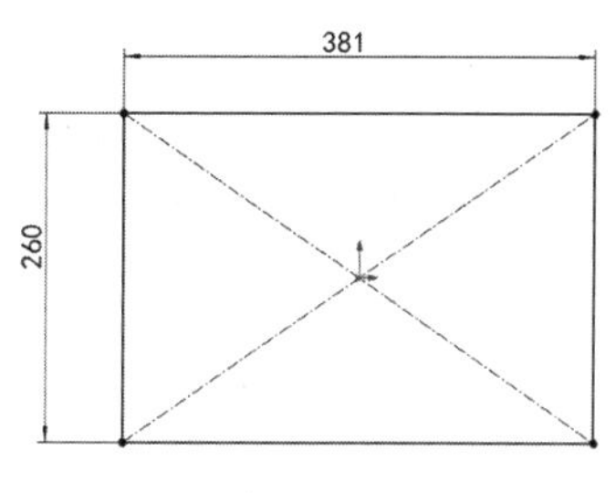

图 5-49

❷ 生成基体法兰。单击“钣金”工具栏中的“基体法兰”按钮，弹出“基体法兰”属性管理器。在“钣金参数”选项组中设置（钣金厚度）为 0.7mm，选中“反向”复选框，单击“确定”按钮，生成钣金的基体法兰特征，如图 5-50 所示。

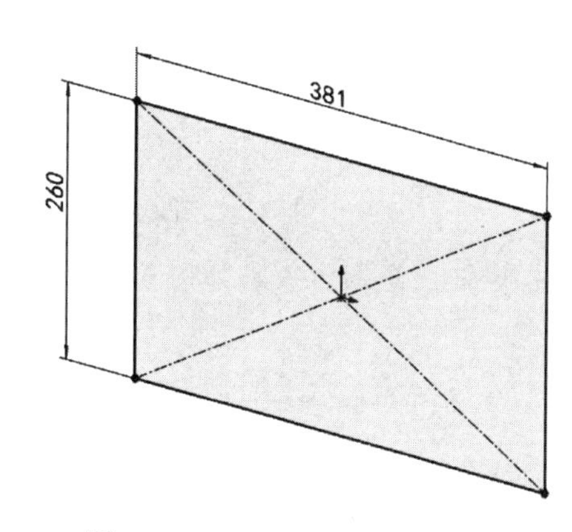

图 5-50

❸ 生成边线-法兰。单击“钣金”工具栏中的“边线-法兰”按钮，弹出“边线-法兰”属性管理器。在文本框中选择图纸的一条边线，选中“使用默认半径”复选框。在“角度”选项组中设置（法兰角度）选项为 90 度。在“法兰长度”选项组中设置选项为“给定深度”，设置选项为 12mm。在“法兰位置”选项组中设置法兰位置为（折弯在外）。利用“反向”按钮使边线-法兰在模型的上方生成。单击“确定”按钮，生成钣金的边线-法兰特征，如图 5-51 所示。

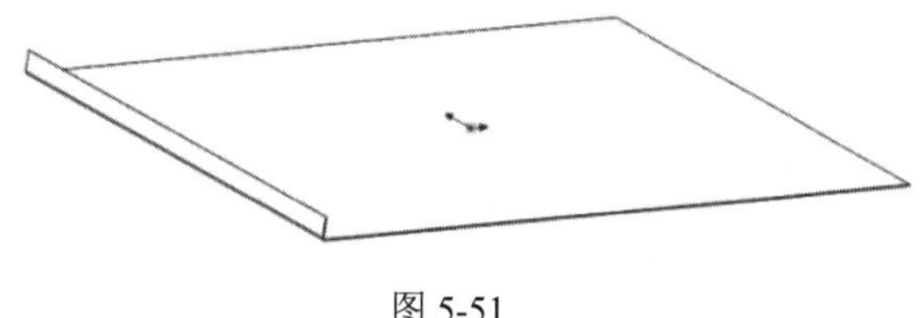

图 5-51

❹ 编辑边线-法兰草图。单击设计树中的“边线-法兰 1”，重新编辑出现在设计树右侧的草图，效果如图 5-52 所示。

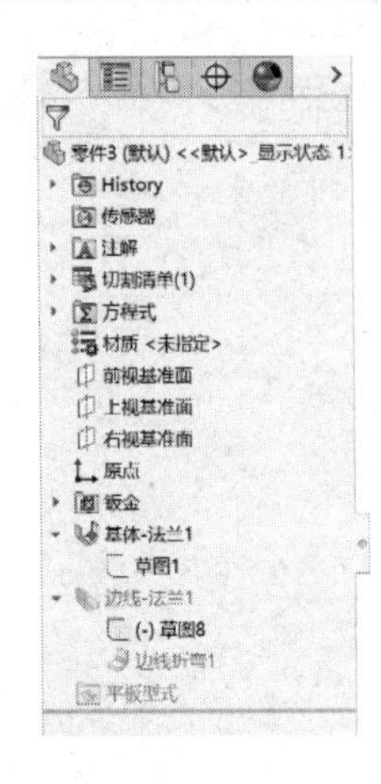

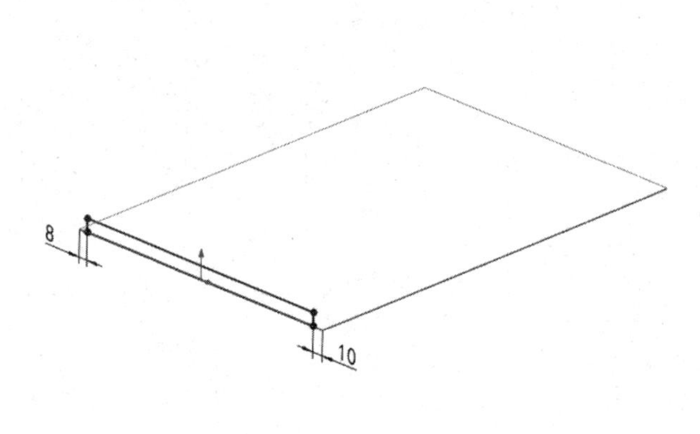

图 5-52

❺ 添加螺钉孔。通过阵列操作完成 3 个位置的螺钉孔，螺钉孔的尺寸位置如图 5-53 所示。

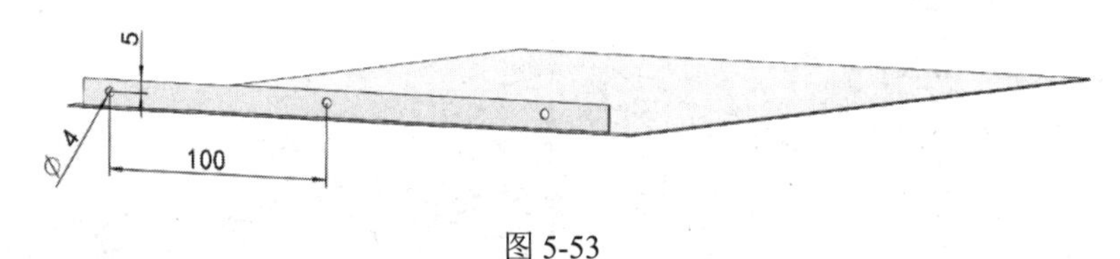

图 5-53

❻ 继续编辑边线-法兰草图，效果如图 5-54 所示。

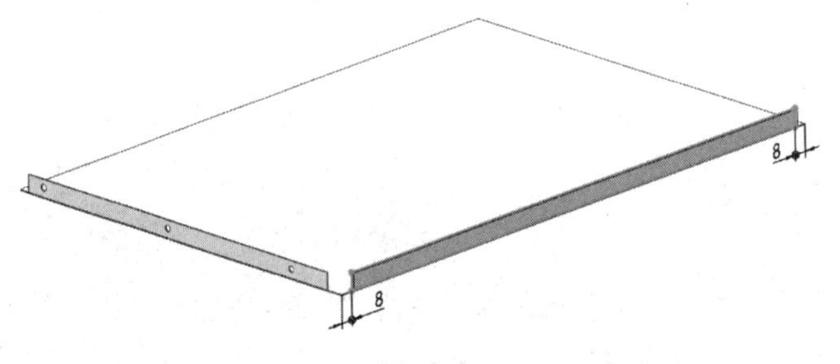

图 5-54

❼ 单击“钣金”工具栏中的“斜接法兰”按钮，弹出“斜接法兰”属性管理器。在属性管理器右侧绘制草图路径，如图 5-55 所示。

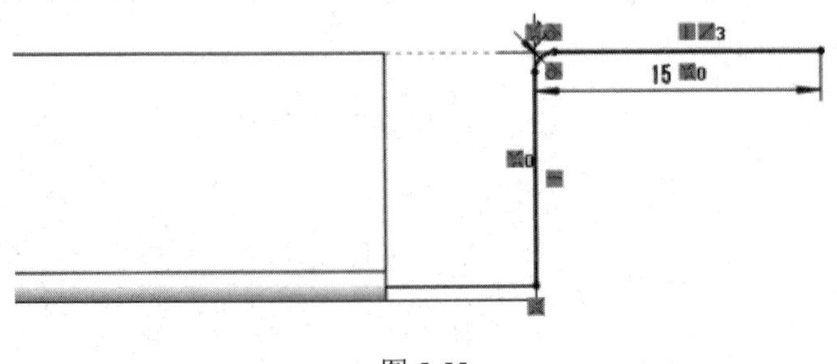

图 5-55

❽ 在“斜接法兰”属性管理器左侧的“法兰位置”选项组中设置法兰位置为（折弯在

外）；在“缝隙距离”文本框中输入 0.1mm；在“启始/结束处等距”选项组中的和文本框中输入 8mm。单击“确定”按钮生成斜接法兰特征，如图 5-56 所示。

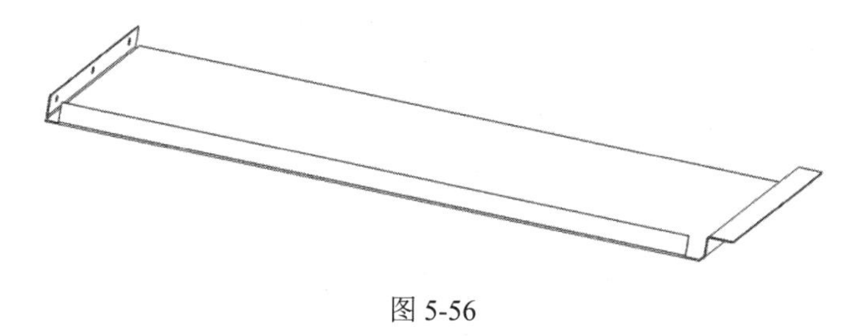

图 5-56

2. 应用特征

❶ 单击“特征”工具栏中的“切除-拉伸”按钮，系统弹出“切除-拉伸”属性管理器。此时，软件会根据刚刚绘制的草图，自动进行切除-拉伸操作，即长方形的尺寸为 45mm×8mm，与三角形呈 45° 角，如图 5-57 所示。

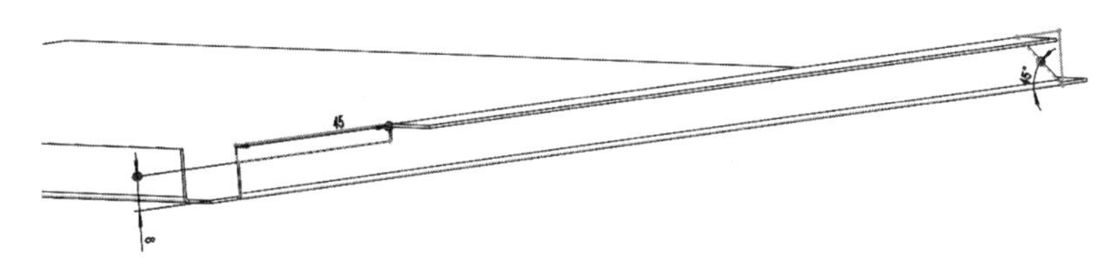

图 5-57

❷ 切除螺钉孔位的尺寸参考图如图 5-58 所示。

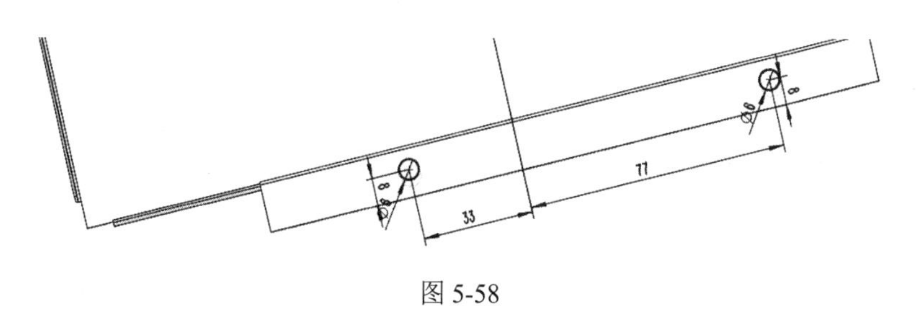

图 5-58

❸ 单击“钣金”工具栏中的“斜接法兰”按钮，弹出“斜接法兰”属性管理器。在属性管理器右侧绘制草图路径，如图 5-59 所示。

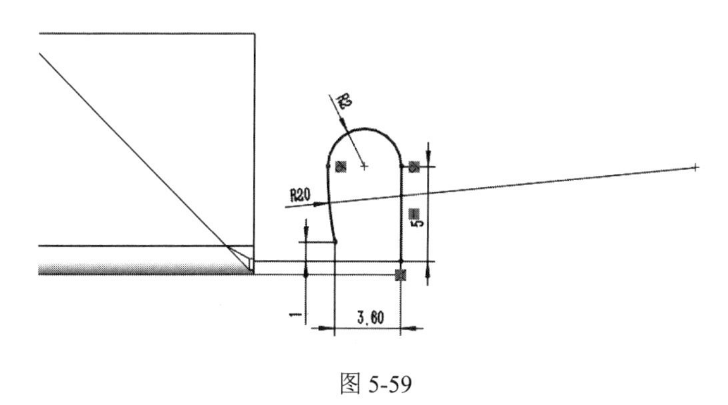

图 5-59

❹ 在“斜接法兰”属性管理器左侧的“法兰位置”选项组中设置法兰位置为（材料在内）；在“缝隙距离”文本框中输入 0.25mm；在“启始/结束处等距”选项组中的和文本框中均输入 0。单击“确定”按钮生成斜接法兰特征，如图 5-60 所示。

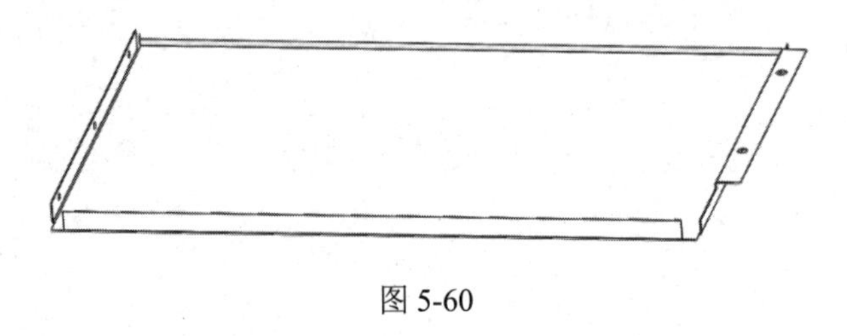

图 5-60

3．导入成形工具

将制作好的成形工具添加到草图中，如图 5-61 所示。至此，绘制完成。

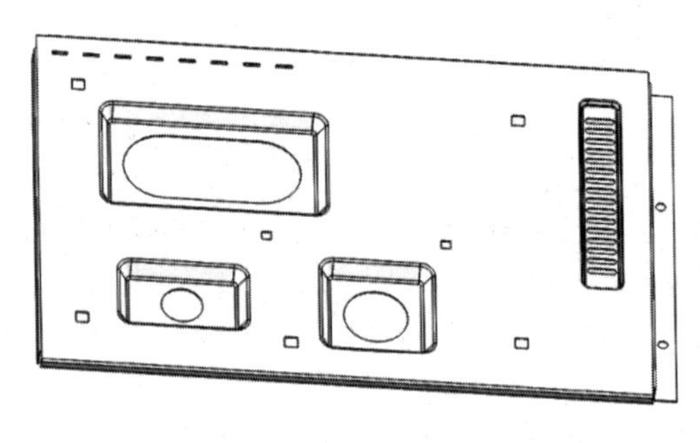

图 5-61

第 6 章

装配体设计

【学习目标】

- 装配体概述
- 干涉检查
- 装配体统计
- 装配体特征
- 装配体中零部件的状态设置
- 装配体的爆炸视图
- 装配体中的标准件

6.1 装配体概述

在 SolidWorks 中，装配体由一个或多个零部件（包括子装配体）组成。通常情况下，它以一个固定件作为基准件。系统通常会将首个装配的零部件设置为固定件，在工作时，基准件的原点常与装配体的原点重合。

6.1.1 设计装配体

1．自上而下的装配体设计

此方法从装配体层面开始进行设计。在设计过程中，可以利用一个零部件的几何形状来辅助定义另一个零部件的几何形状，或者在组装零部件后再为其添加特征。此外，也可以先从布局草图开始着手，定义固定的零部件位置基准面，然后依据这些定义来设计零部件。

2．自下而上的装配体设计

这是一种较为传统的方法。在自下而上的设计中，首先生成零部件，然后将其插入装配体中，并根据设计要求进行零部件整合。当需要使用以前生成的零部件时，自下而上的装配体设计方法是首选。此方法的优势：由于零部件是独立设计的，因此与自上而下的装配体设计方法相比，它们之间的相互关系及重建行为更为简单。

6.1.2 插入零部件

❶ 选择菜单栏中的“文件”>“新建”命令，弹出如图 6-1 所示的“新建 SOLIDWORKS 文件”对话框。

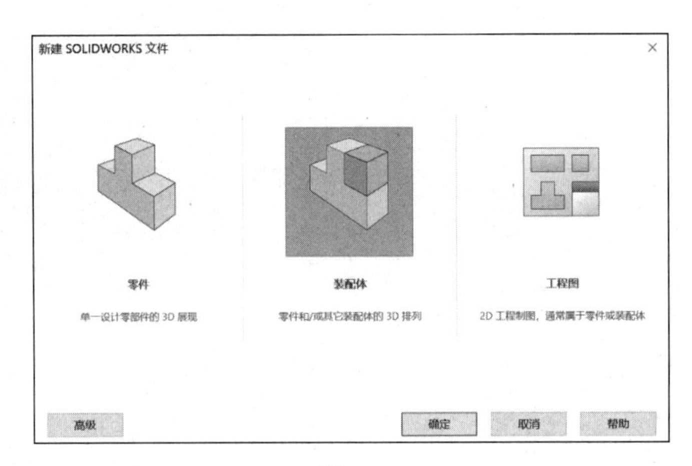

图 6-1

❷ 在“新建 SOLIDWORKS 文件”对话框中，先单击“装配体”按钮，再单击“确定”按钮，即可打开“开始装配体”属性管理器，如图 6-2 所示。

❸ 在“要插入的零件/装配体”选项组中，通过单击“浏览”按钮，向“打开文档”列表框中插入需要的零部件，如图 6-3 所示。

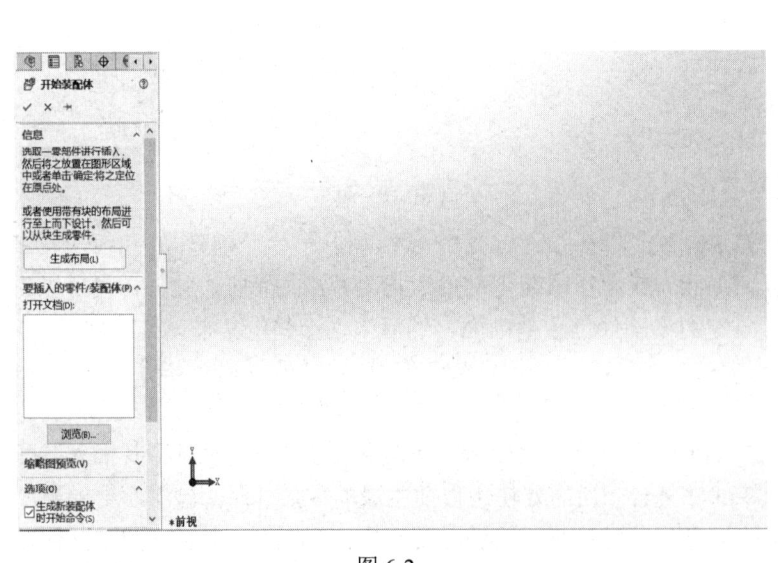

图 6-2

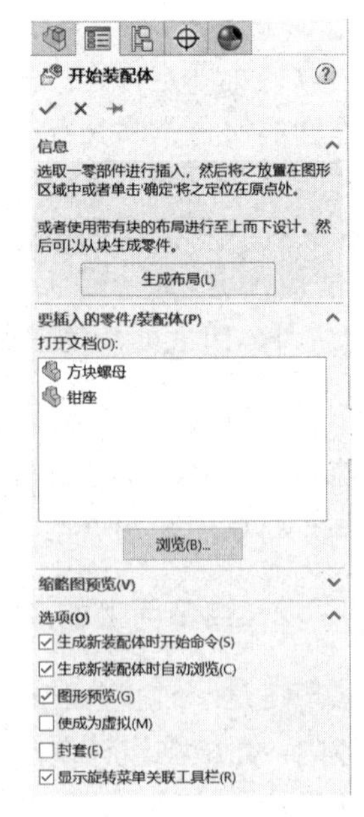

图 6-3

❹ 单击工具栏中的“插入零部件”按钮插入第一个零部件，按照同样的操作依次插入装配体的其他零部件，效果如图 6-4 所示。

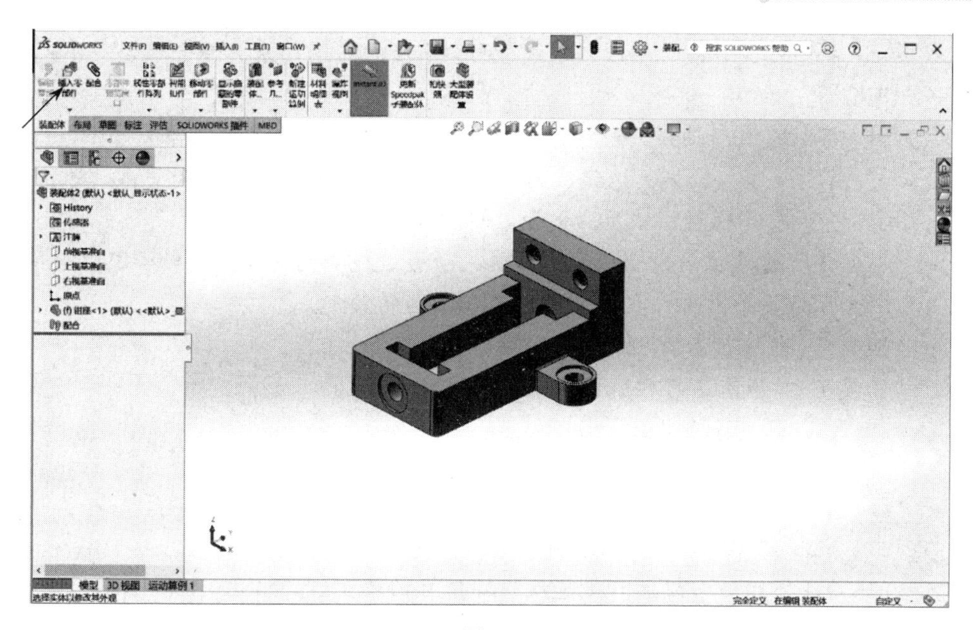

图 6-4

6.1.3　添加配合

配合是指在装配体的零部件之间建立几何关系的过程。在添加配合时，需要定义零部件线性或旋转运动所允许的方向，这样零部件便可在其自由度范围内移动，从而直观地展示装配体的行为。添加配合的操作步骤如下：

❶ 单击工具栏中的“配合”按钮，或者选择菜单栏中的“插入”>“配合”命令，弹出“配合选择”属性管理器，如图 6-5 所示。

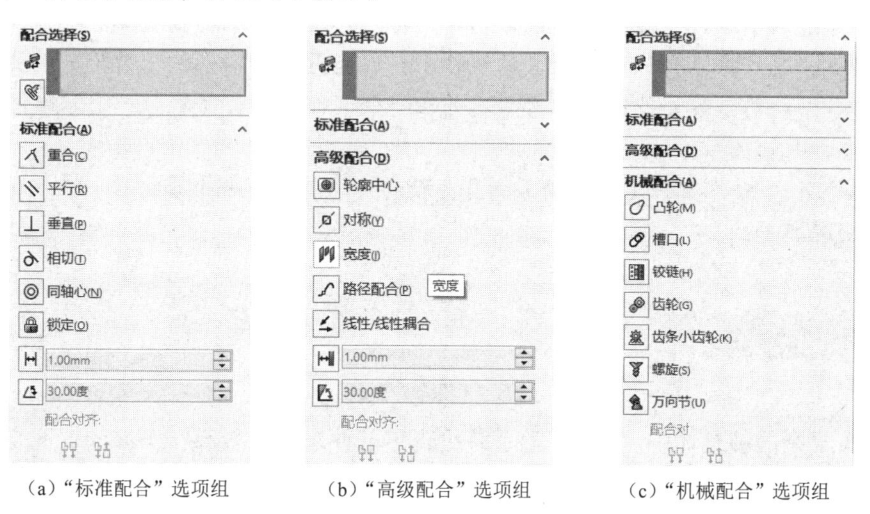

（a）“标准配合”选项组　（b）“高级配合”选项组　（c）“机械配合”选项组

图 6-5

❷ 为所选的点、线、轴线、边线、面、基准面等添加对应的配合。

对“标准配合”选项组中主要选项的说明如下。

- 重合(C)：将所选点、线、轴线、边线、面、基准面之间约束为重合配合关系，共享同一个基准面。
- 平行(R)：将所选线、轴线、边线、面、基准面之间约束为平行配合关系。
- 垂直(P)：将所选线、轴线、边线、面、基准面之间约束为垂直配合关系。
- 相切(T)：将所选圆柱圆、弧面、平面之间约束为相切配合关系。
- 同轴心(N)：将所选圆柱面、圆锥面、轴线、圆形边线之间约束为同轴心配合关系。
- 锁定(O)：保持多个零部件之间相对位置和方向的锁定。
- （距离）：将所有选项按照指定的距离放置。
- （角度）：将所有选项按照指定的角度放置。

对“高级配合”选项组中主要选项的说明如下。

- 轮廓中心：将矩形和圆形的轮廓中心对齐，并完全定义组件。
- 对称(Y)：迫使两个相同实体绕基准面或平面对称。
- 宽度(I)：为实体与薄片设置一定宽度内的位置约束。
- 路径配合(P)：为零部件上所选的点添加路径配合。
- 线性/线性耦合：在一个零部件的平移和另一个零部件的平移之间建立线性/线性耦合关系。
- （距离限制）：允许零部件在一定的距离数值范围内移动。
- （角度限制）：允许零部件在一定的角度数值范围内移动。

对“机械配合”选项组中主要选项的说明如下。

- 凸轮(M)：将圆柱、基准面、点与一系列相切的拉伸面重合或相切。
- 槽口(L)：将滑块在槽口中滑动。
- 铰链(H)：将两个零部件之间的移动限制在一定的旋转范围内。
- 齿轮(G)：两个零部件绕所选轴彼此相对旋转，并设置对应的传动比。
- 齿条小齿轮(K)：一个零部件（齿条）的线性平移引起另一个零部件（齿轮）的旋转。
- 螺旋(S)：将两个零部件约束为同心，并在一个零部件的旋转和另一个零部件的平移之间添加几何关系。
- 万向节(U)：一个零部件（输出轴）绕自身轴的旋转是由另一个零部件（输入轴）绕其轴的旋转驱动的。

6.2 干涉检查

在一个复杂的装配体中，利用视觉系统检查零部件之间是否存在干涉的情况是一件非常困难的事情。在 SolidWorks 中，可以对装配体进行干涉检查，其功能如下所述。

- 决定零部件之间的干涉。
- 将干涉的真实体积显示为上色体积。
- 更改干涉和不干涉零部件的显示设置。
- 忽略需要排除的干涉，如紧密配合、螺纹扣件的干涉等。

- 将实体之间的干涉包含在多个零部件中。
- 将子装配体视为单一的零部件，从而不报告子装配体之间的干涉。
- 将重合干涉和标准干涉区分开。

6.2.1 有干涉实例

打开一个存在干涉的装配体，在工具栏中选择“评估” > “干涉检查”，在弹出的“干涉检查”属性管理器中单击“计算”按钮，有干涉实例效果如图 6-6 所示。

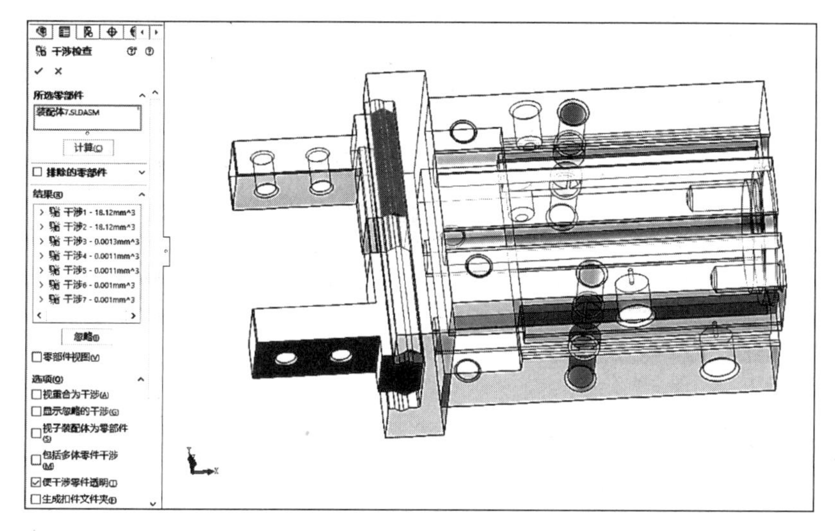

图 6-6

6.2.2 无干涉实例

打开一个无干涉的装配体，在工具栏中选择“评估” > “干涉检查”，在弹出的“干涉检查”属性管理器中单击“计算”按钮，无干涉实例效果如图 6-7 所示。

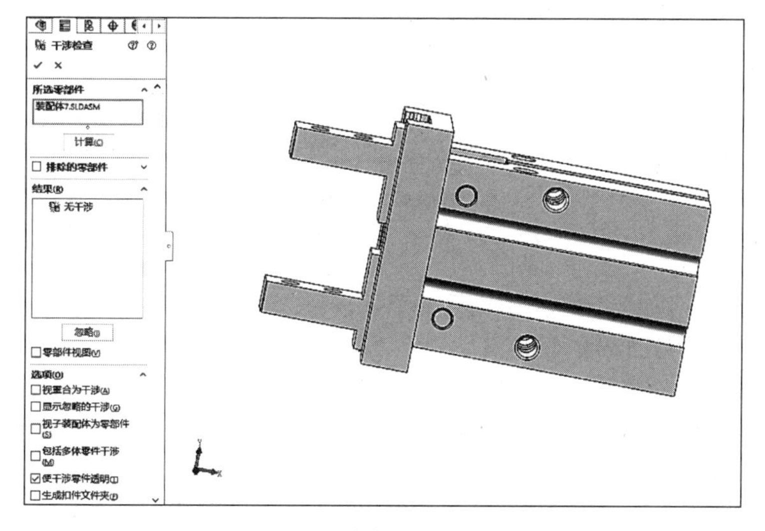

图 6-7

6.3 装配体统计

在做装配体设计时，若需要对装配体的数量进行统计，此时该如何统计呢？首先打开一个装配体，然后在工具栏中选择“评估”>“装配体直观”，在弹出的“装配体直观”属性管理器中可以清楚地看到装配体中各零部件的名称和数量，如图 6-8 所示。

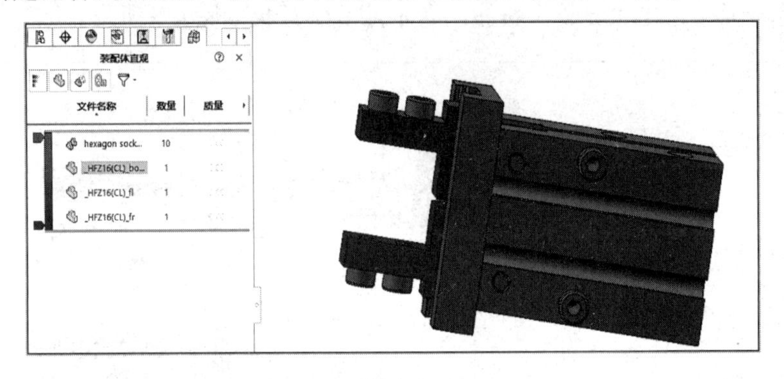

图 6-8

6.4 装配体特征

在绘制工程图时，隐藏零部件、更改零部件的透明度等是观察装配体模型的常用手段。然而，许多零部件之间的空间关系复杂，需要通过剖切操作才能观察内部结构。借助 SolidWorks 的装配体特征，可实现局部剖视图，同时在装配体设计环境内进行倒角、打孔、切除等操作。

通过“特征范围”选项组，可选择应包含在装配体特征中的零部件，从而将装配体特征应用到一个或者多个零部件中，如图 6-9 所示。

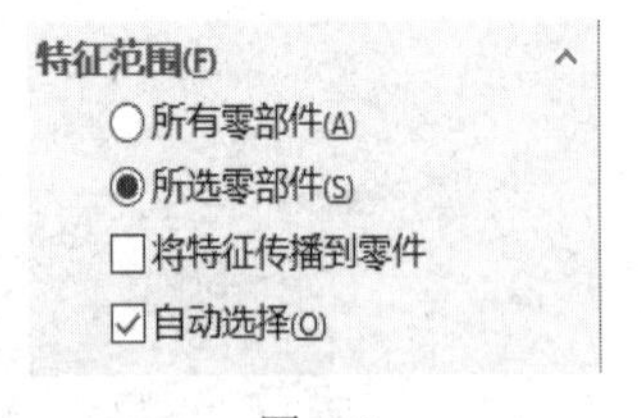

图 6-9

- 所有零部件：若选中“所有零部件”单选按钮，则每次重新生成装配体特征时，都将装配体特征应用到所有实体。
- 所选零部件：若选中“所选零部件”单选按钮，则仅将装配体特征应用到所选实体。
- 将特征传播到零件：若勾选“将特征传播到零件”复选框，则将装配体特征添加到零部件文件中。
- 自动选择：若勾选“自动选择”复选框，则在以多零部件生成模型时，装配体特征将自动处理所有相关的交叉零部件。

在设置“特征范围”选项组后，可通过装配体特征来绘制草图，操作步骤如下。

❶ 打开一个装配体，如图 6-10 所示。

❷ 在菜单栏中选择“插入”→“装配体特征”→“切除”→“拉伸”命令，选择装配体的上表面为基准面，并绘制草图，如图 6-11 所示。

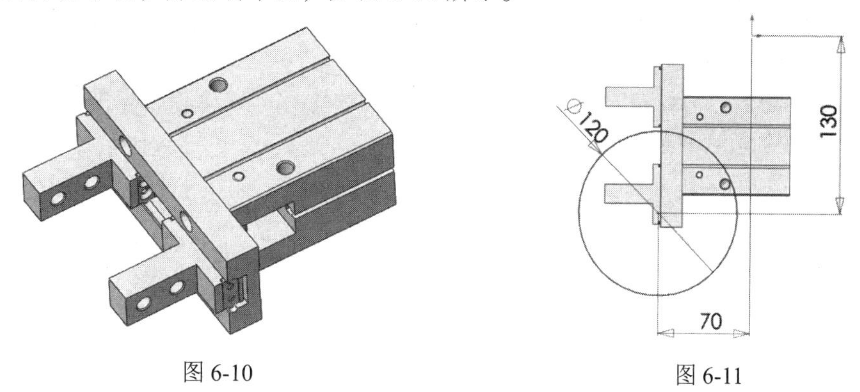

图 6-10　　　　图 6-11

❸ 确认完成后，通过切除-拉伸特征对草图进行编辑。至此，操作完成。

6.5 装配体中零部件的状态设置

6.5.1 隐藏零部件

被隐藏的零部件会被完整地加载到内存中，这确实会对装配体的建模速度产生影响。然而，由于这些零部件不可见、不可操作、不可编辑且不可访问，因此它们对装配体的显示速度没有任何影响。

隐藏零部件的操作方法如图 6-12 所示：在设计树中选中要隐藏的零部件，单击鼠标右键，在弹出的快捷菜单中单击⧅按钮，即可隐藏该零部件。

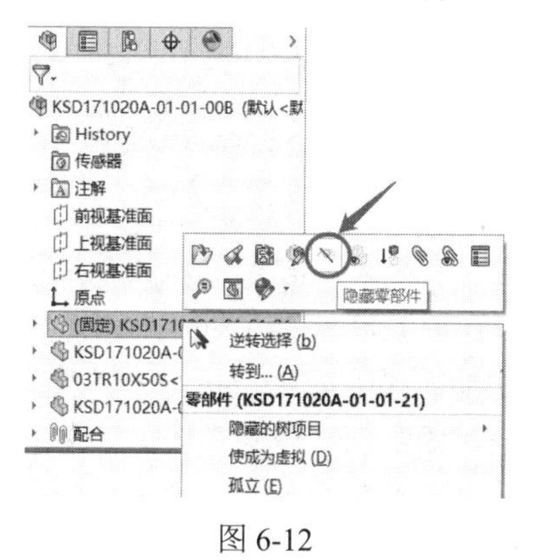

图 6-12

6.5.2 压缩零部件

在装配体的操作过程中，可以利用压缩零部件的方法临时将零部件从装配体中移除（而非删除），此时零部件不会被加载到内存中，也不再作为装配体中具有功能性的部分。用户既无法查看到被压缩的零部件，也无法选择该零部件。

由于被压缩的零部件会从装配体中移除，因此装配体的装入速度、建模速度以及显示性能均会得到提升。与此同时，由于整体复杂度的降低，其余零部件的计算速度也会相应加快。在压缩零部件时，其所包含的配合关系也会被一并压缩，这可能会导致装配体中其他零部件的几何约束变为欠定义状态。

压缩零部件的操作方法如图 6-13 所示：在设计树中选中要压缩的零部件，单击鼠标右键，在弹出的快捷菜单中单击按钮，即可压缩该零部件。

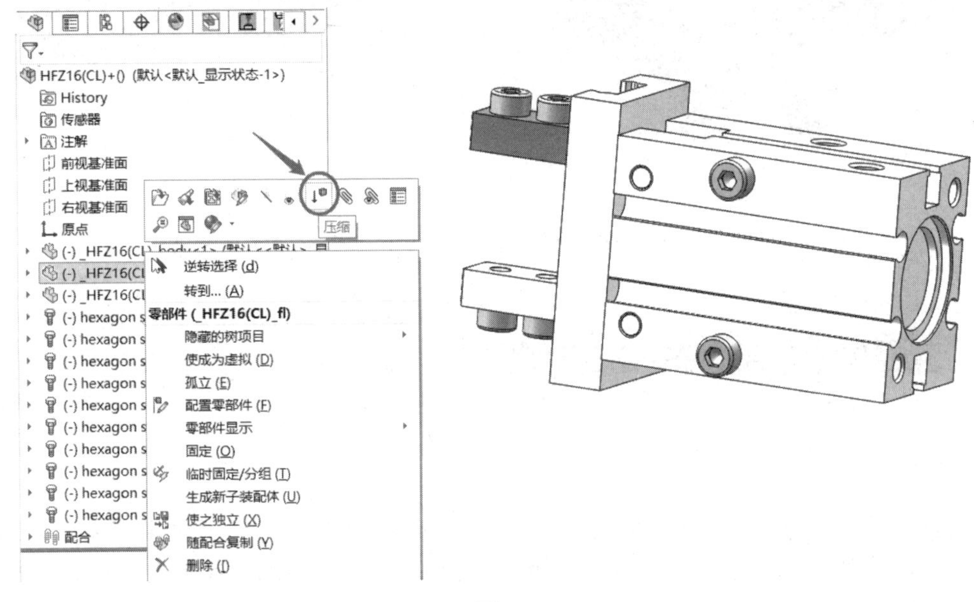

图 6-13

6.5.3 还原或轻化零部件

在装配体中，可激活的零部件能够在还原或轻化状态下被载入。

- 在还原零部件时，其全部的模型数据将被加载至内存中。
- 在轻化零部件时，仅部分模型数据会被预先加载，其余数据会根据实际需求动态加载。

为了提高工作效率，系统仅在必要时加载零部件的全部模型数据。仅当零部件因当前编辑操作而发生变更时，才需进行还原处理，在其他情形下，无需还原即可执行多个装配体操作。这些操作包括但不限于：增加或删除配合、执行干涉检查、选择与操作边线和零部件、进行碰撞检测、插入装配体特征、添加注释信息、插入测量值与尺寸标注、展示截面特性、呈现装配体的参考几何结构、显示质量属性、插入剖面视图及爆炸视图、进行物理模拟，以及高级别的零部件显示（或隐藏）功能等。

轻化或还原零部件的方法如图 6-14 所示：在设计树中选中要轻化的零部件，单击鼠标右键，在弹出的快捷菜单中选择“设定为轻化”命令；在设计树中选中要还原的零部件，单击鼠标右键，在弹出的快捷菜单中选择“设定为还原”命令。

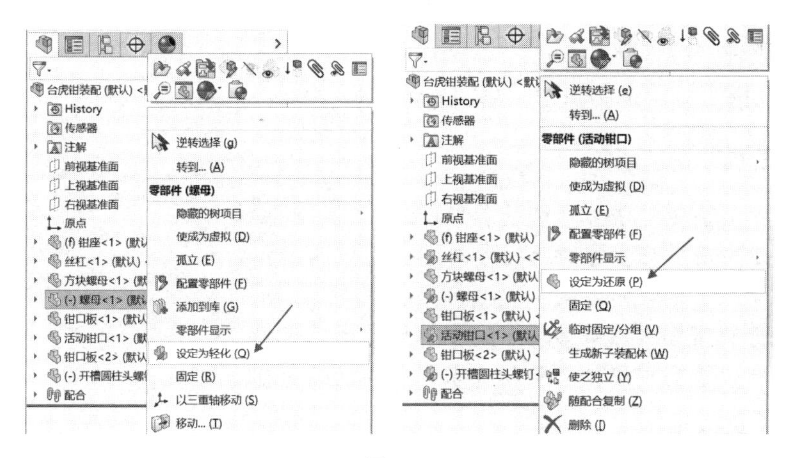

图 6-14

6.6 装配体的爆炸视图

在设计过程中，常常需要将装配体中的各个零部件进行拆分，以便直观地剖析它们之间的作用关系。此时，装配体的爆炸视图便成为了一个得力工具，它能够有效地分离零部件，以便清晰地观察整个装配体的构造。一个完整的爆炸视图由一系列的爆炸步骤构成，而在每个装配体配置中都会保存相应的爆炸视图，并且每个配置均可独立拥有一个爆炸视图。在利用爆炸视图时，可执行以下操作步骤：

❶ 自动将零部件转换为爆炸视图状态。

❷ 将新增的零部件附加到现有零部件的爆炸步骤中，以便实现更细致地拆分与展示。

❸ 若子装配体内已包含爆炸视图，则可在更高层级的装配体中直接复用该爆炸视图，从而提高工作效率。

6.6.1 设置爆炸属性

选择菜单栏中的“插入”>“爆炸视图”命令，打开“爆炸”属性管理器，如图 6-15 所示。因“爆炸”属性管理器中的选项较多，仅说明其中较为重要的选项。

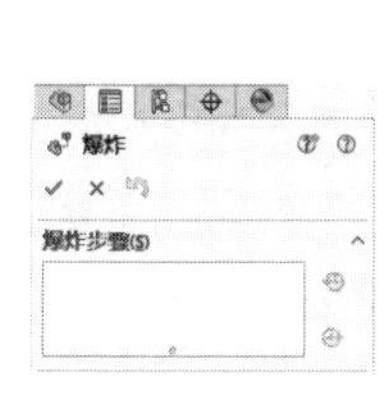

(a)“爆炸步骤”列表框

(b)“添加阶梯”选项组

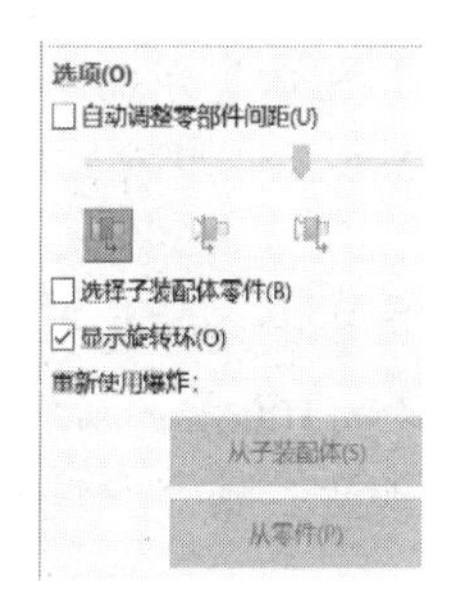

(c)“选项”选项组

图 6-15

1. “爆炸步骤”列表框

在“爆炸步骤”列表框中可逐一显示爆炸步骤。

2. “添加阶梯”选项组

- ：显示当前爆炸步骤所选的零部件。
- ：显示当前爆炸步骤所选的方向。
- ：用于改变爆炸的方向。
- ：用于设置当前爆炸步骤所选零部件移动的距离。
- ：用于设置当前爆炸步骤所选零部件移动的角度。

3. “选项”选项组

- “自动调整零部件间距”复选框：沿轴心自动、均匀地调整零部件的间距。
- “选择子装配体零件”复选框：若勾选此复选框，则可选择子装配体的单个零部件；若取消勾选此复选框，则可选择整个子装配体。
- “显示旋转环”复选框：显示先前在所选子装配体中定义的爆炸步骤。

6.6.2 制作爆炸视图

爆炸视图的制作步骤如下。

❶ 打开一个装配好的装配体，如图 6-16 所示。

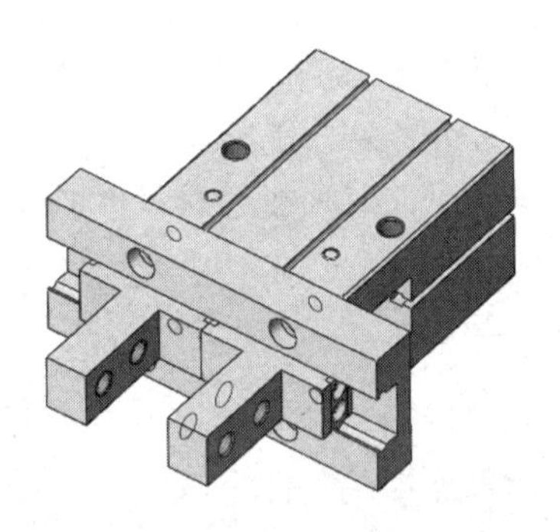

图 6-16

❷ 打开“爆炸”属性管理器，在“爆炸步骤类型”选项组中单击按钮（表示常规步骤）；在“设定”选项组中选中 1 个气动手指和 2 个轨道滑块，在文本框中设置移动方向为向外侧，在文本框中输入 100mm，单击“应用”按钮，形成第一个爆炸步骤，如图 6-17 所示。

❸ 参照之前的步骤，继续在“设定”选项组中选中 1 个气动手指和 2 个轨道滑块，并设置其向外侧移动 100mm，如图 6-18 所示。

❹ 参照之前的步骤，在“设定”选项组中选中“轨道滑块-1”，并设置其向外侧移动 15mm，如图 6-19 所示。

❺ 参照之前的步骤，在“设定”选项组中选中“轨道滑块-2”，并设置其向外侧移动 15mm，如图 6-20 所示。

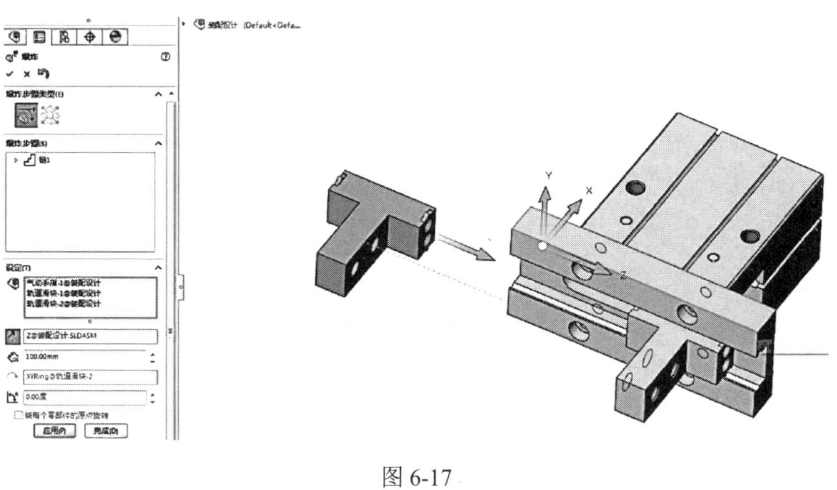

图 6-17

图 6-18

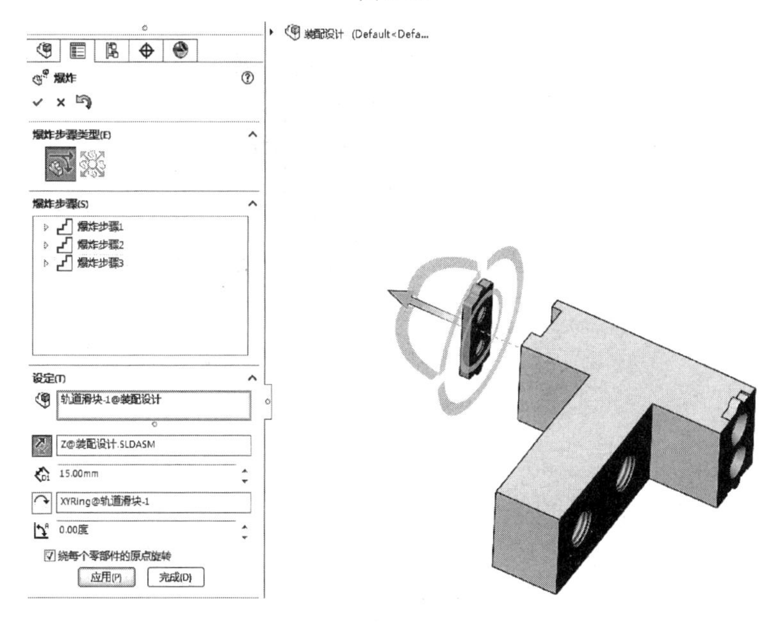

图 6-19

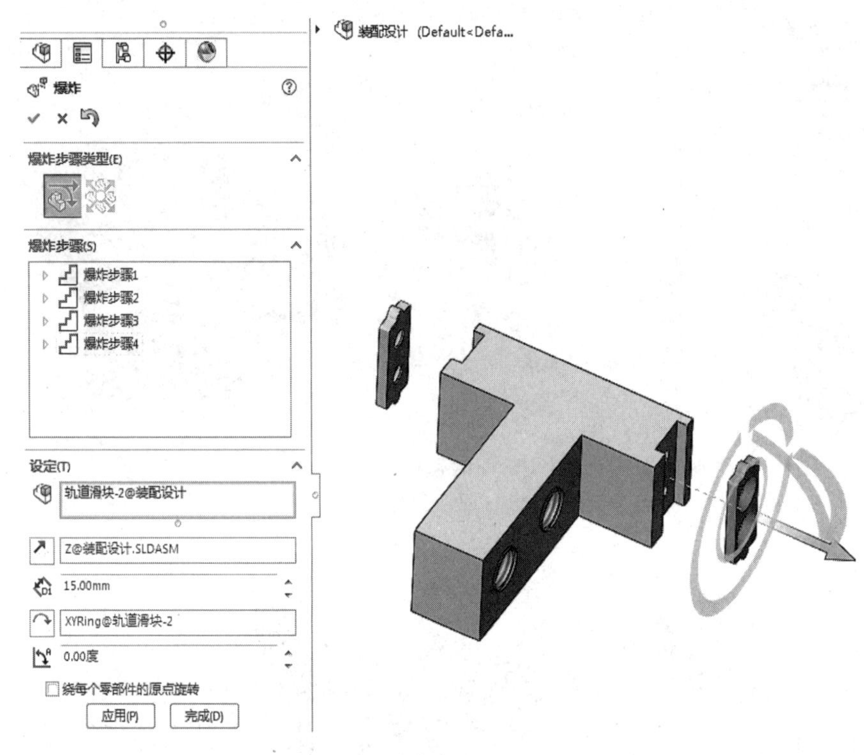

图 6-20

❻ 设置另一侧气动手指的轨道滑块：在“设定”选项组中选中“轨道滑块-1”，并设置其向外侧移动 15mm；在“设定”选项组中选中“轨道滑块-2”，并设置其向外侧移动 15mm。设置完成后，两侧的气动手指及轨道滑块如图 6-21 所示。

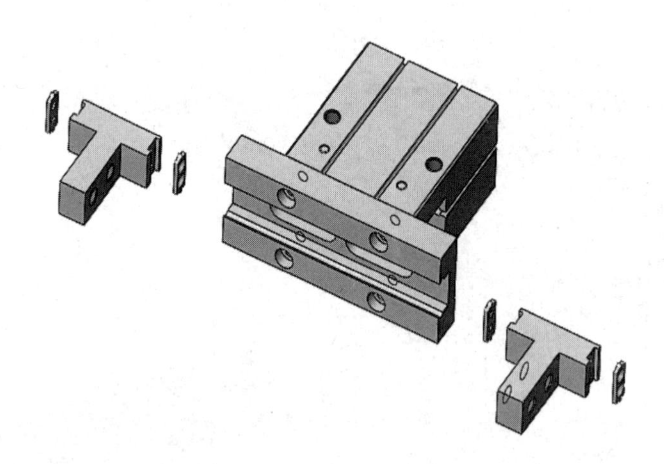

图 6-21

❼ 参照上面的操作移动一侧的气缸支撑销：在“设定”选项组中选中“气缸支撑销-3”，并设置其向外侧移动 80mm，如图 6-22 所示。

❽ 参照上面的操作移动另一侧的气缸支撑销：在“设定”选项组中选中“气缸支撑销-2”，并设置其向外侧移动 80mm，如图 6-23 所示。

❾ 至此，为装配体制作爆炸视图的操作完成，效果如图 6-24 所示。

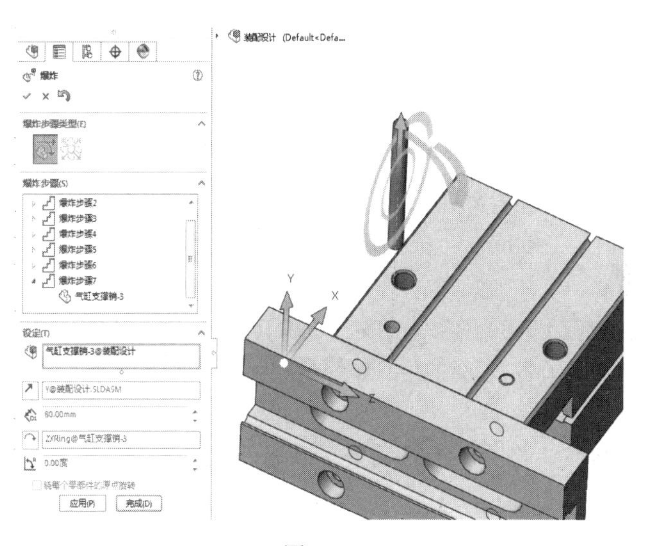

图 6-22

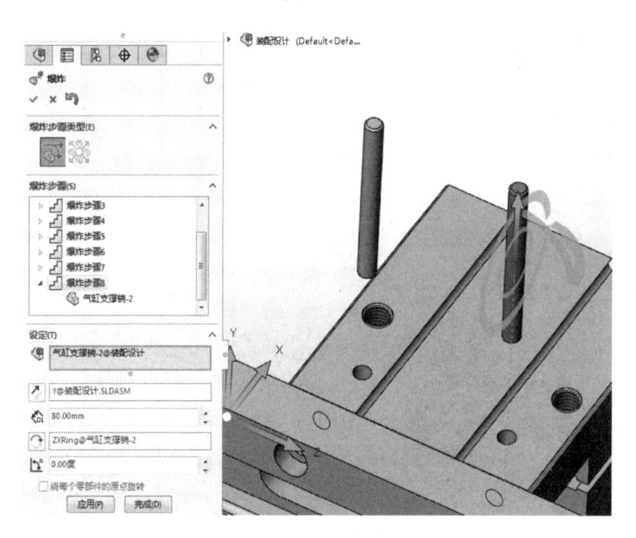

图 6-23

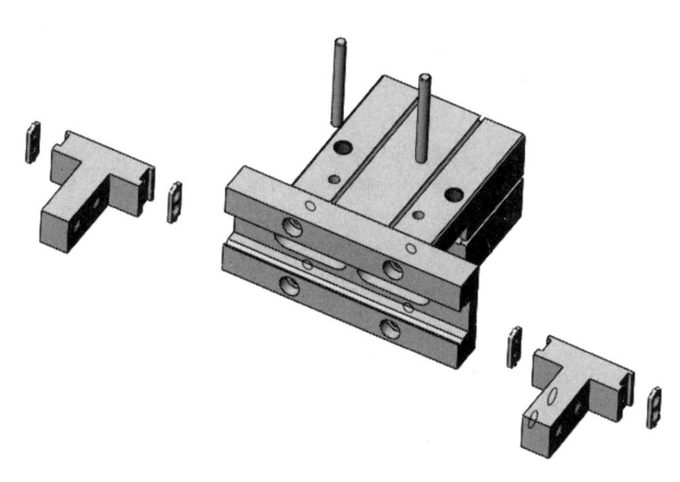

图 6-24

6.7 装配体中的标准件

Toolbox 是一个文件夹，内含所有支持相关标准的核心零部件文件。当在 SolidWorks 中引入一个新的零部件时，Toolbox 会根据用户的参数配置自动更新这些核心零部件文件，以确保配置信息的准确性。

Toolbox 广泛支持包括 AS、BSI、CISC、DIN、GB、IS、ISO、JIS、KS 在内的多项国际标准。此外，它还囊括了各类标准件，如螺钉、螺母、螺栓、轴承、垫圈，以及涵盖铝材和钢材在内的结构件等。

在装配体中插入标准件的操作步骤如下（以插入螺钉为例）。

❶ 打开“设计库”对话框，单击其中的 Toolbox 选项，如图 6-25 所示。单击下方的“现在插入”链接，即可打开如图 6-26 所示的对话框。

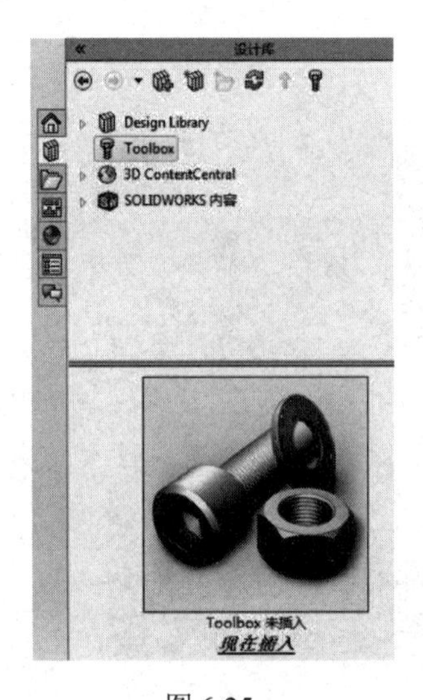

图 6-25

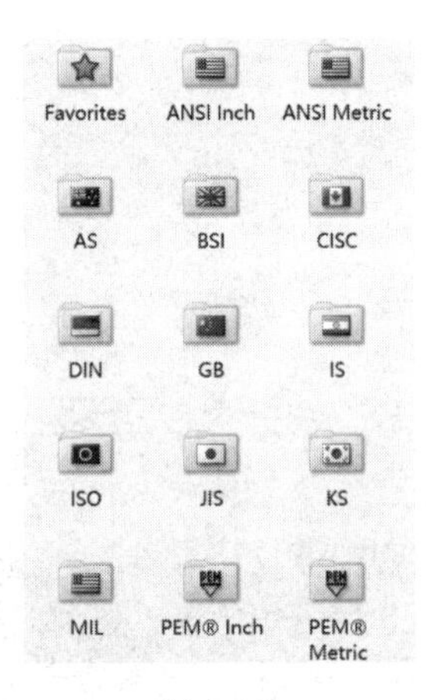

图 6-26

❷ 双击对话框中的 GB 选项（中国标准），打开如图 6-27 所示的标准件库。在标准件库中有很多标准件，在设计的时候可根据实际需要随时调用。

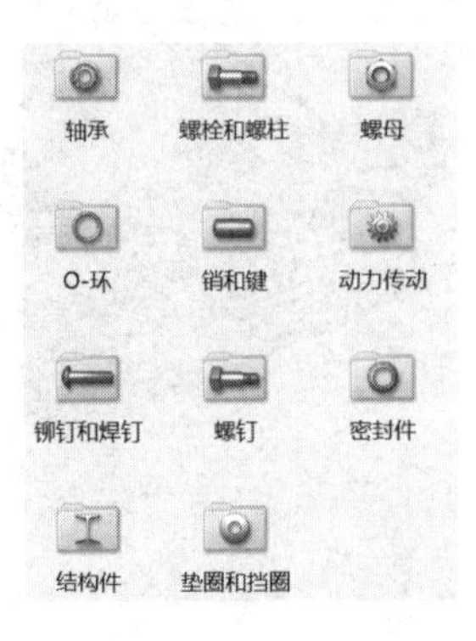

图 6-27

❸ 打开机械抓手装配体，进入标准件库，双击对话框中的“螺钉”>“凹头螺钉”>“内六角圆柱头螺钉”，如图 6-28 所示。

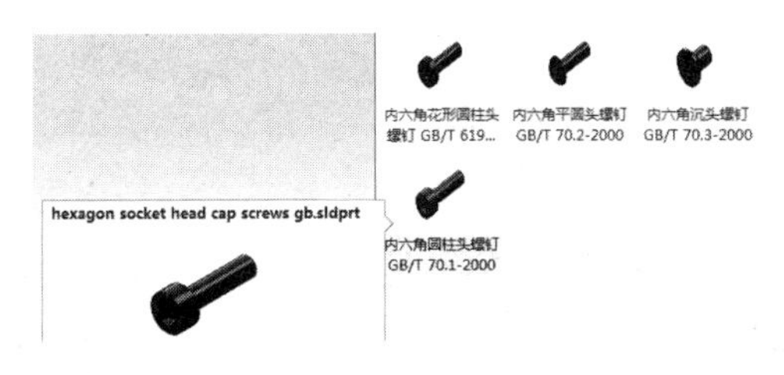

图 6-28

❹ 按住左键拖拽“内六角圆柱头螺钉”图标进入“配置零部件”属性管理器，即插入一个内六角圆柱头螺钉，如图 6-29 所示。

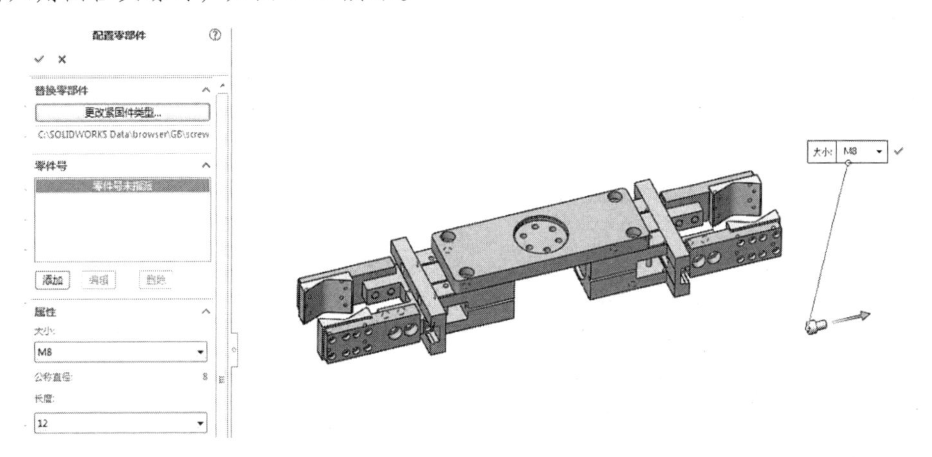

图 6-29

❺ 在“配置零部件”属性管理器中对螺钉的属性进行设置，如将“大小”设为 M4，将“长度”设为 8（单位：mm）。为描述简便，下文将该种螺钉简称为“M4×8 螺钉”，如图 6-30 所示。对 M4×8 螺钉进行装配约束，位置如图 6-31 所示。

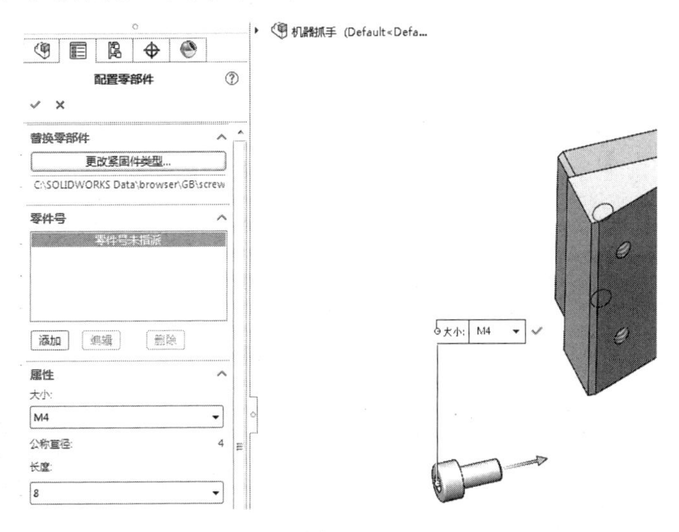

图 6-30

❻ 使用线性阵列工具对 M4×8 螺钉进行复制，效果如图 6-32 所示。

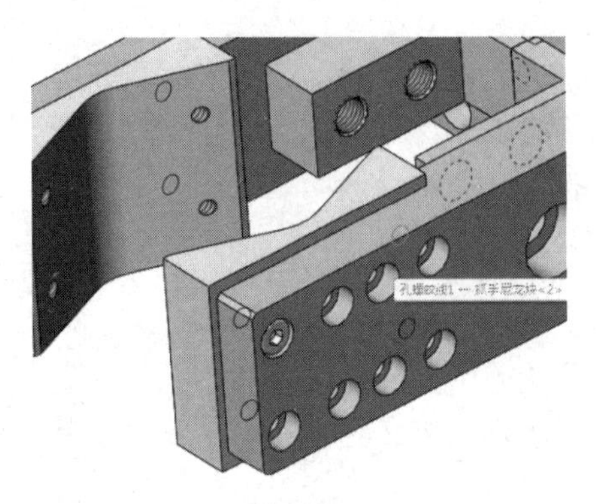
图 6-31

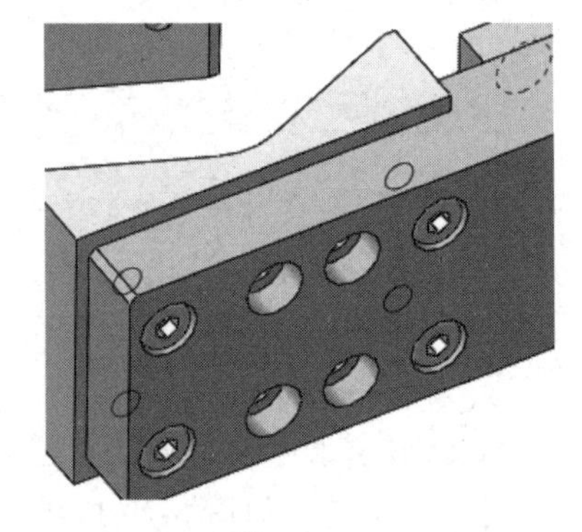
图 6-32

❼ 按照上述步骤再插入一个“内六角圆柱头螺钉”，并将该螺钉的“大小”设为 M8，“长度”设为 12（单位：mm）。为描述简便，下文将该种螺钉简称为“M8×12 螺钉”。对 M8×12 螺钉进行装配约束，如图 6-33 所示。

❽ 使用线性阵列工具对 M8×12 螺钉进行复制，效果如图 6-34 所示。

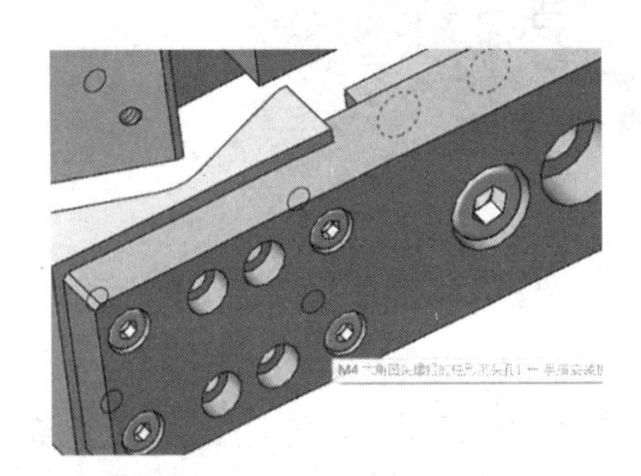
图 6-33

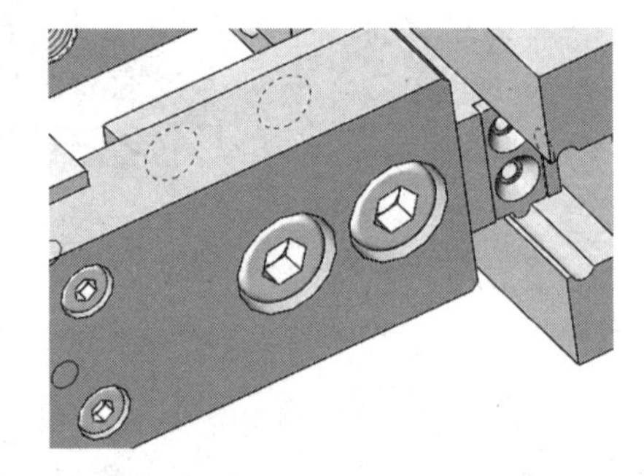
图 6-34

❾ 对上述 6 个螺钉进行镜像操作，并装配到另一侧。

❿ 按照上述步骤再插入一个内六角圆柱头螺钉，并将该螺钉的“大小”设为 M8，“长度”设为 16（单位：mm）。为描述简便，下文将该种螺钉简称为“M8×16 螺钉”。对 M8×16 螺钉进行装配约束，如图 6-35 所示。

⓫ 使用线性阵列工具对 M8×16 螺钉进行复制，效果如图 6-36 所示。

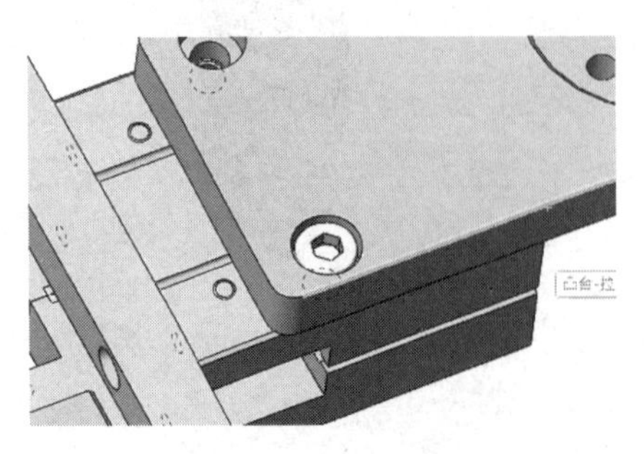
图 6-35

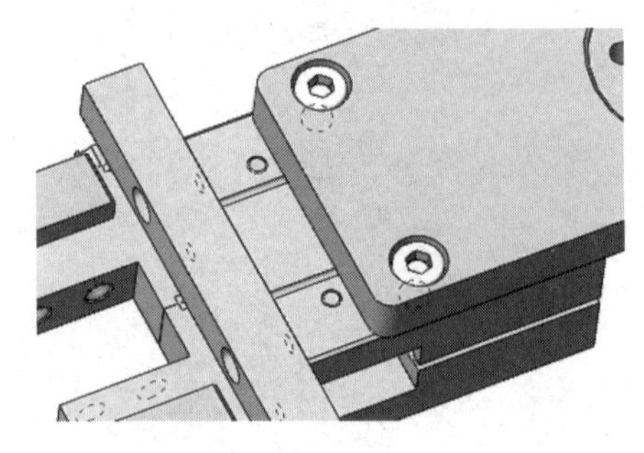
图 6-36

⓬ 用镜像工具对所有螺钉进行镜像操作，效果如图 6-37 所示。

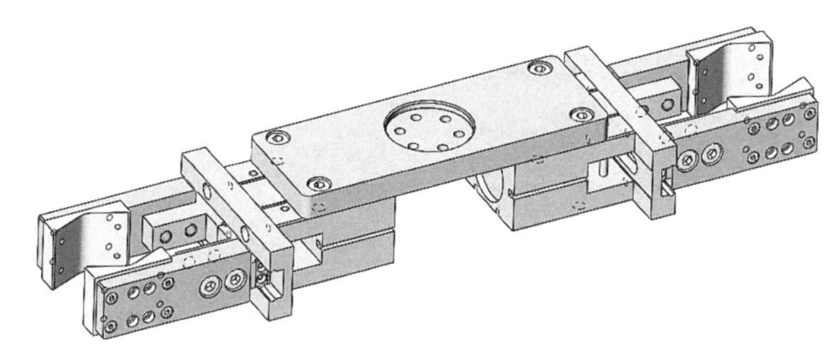

图 6-37

至此，在装配体中添加标准件的操作完成。

6.8 知识点练习

简单机器人抓手的装配步骤如下：

❶ 新建一个装配体文件，并将该文件保存为“抓夹气缸的装配体”。

❷ 插入“气缸本体”零件，“气缸本体”零件默认为固定状态。

❸ 将“手指轨道”“气动手指”“轨道滑块”“手指安装板”“抓手尼龙块”零件插入装配体，并通过重合与同心配合将这些零件安装在相应位置。

❹ 使用镜像工具，指定气缸本体上的中间基准面为镜像面，将“手指轨道”“气动手指”“轨道滑块”“手指安装板”“抓手尼龙块”零件镜像为对称零件。

❺ 插入“气缸支撑销”零件，并复制一个该零件，通过重合与同心配合将这两个零件固定在气缸本体上。

❻ 将对应的螺钉紧固件装配在相应的孔位上，以完成“抓夹气缸的装配体”文件设置。

❼ 再次新建一个装配体文件，并将该文件保存为“简单机器人抓手”。

❽ 插入一个“气缸安装板”零件，“气缸安装板”零件默认为固定状态。

❾ 插入“抓夹气缸的装配体”文件，并将其安装在相应位置。

❿ 使用镜像工具，指定气缸安装板的中间基准面为镜像面，将“抓夹气缸的装配体”文件镜像到另一侧。

⓫ 插入“工件”零件，利用轴心或基准面将工件装配到相应位置。至此，简单机器人抓手的装配完成。

第 7 章

动画设计

【学习目标】

- 动画制作基础
- 物理模拟动画

7.1 动画制作基础

可以通过动画的形式生动地展示装配体的运动过程，比如，在装配体中添加马达，以驱动其中的一个或多个零部件进行运动，并在不同的时间点精确指定装配体中各零部件的位置状态。

7.1.1 动画时间线

动画时间线是动画的时间轴界面，位于“动画”特征管理器的右侧，如图 7-1 所示。

图 7-1

若需要显示零部件，则可在动画时间线上的任意位置单击，即可显示该时间点的零部件。在成功定位时间点与图形区域中的零部件后，可通过操控关键帧来编辑动画效果，具体操作：在动画时间线的区域内单击鼠标右键，在弹出的快捷菜单中选择相应命令，如图 7-2 所示。

图 7-2

7.1.2　爆炸动画

装配体的爆炸动画是一种将装配体的拆解过程以动态影像的方式展现的技术，旨在直观展示零配件的装配与拆卸顺序。该过程巧妙地将爆炸视图的各个步骤按时间顺序编排，并转化为流畅连贯的动画，极大地方便了用户对装配细节的理解与观察。

爆炸动画的制作步骤如下：

❶ 打开一个先前已制作好爆炸视图的装配体，如图 7-3 所示。

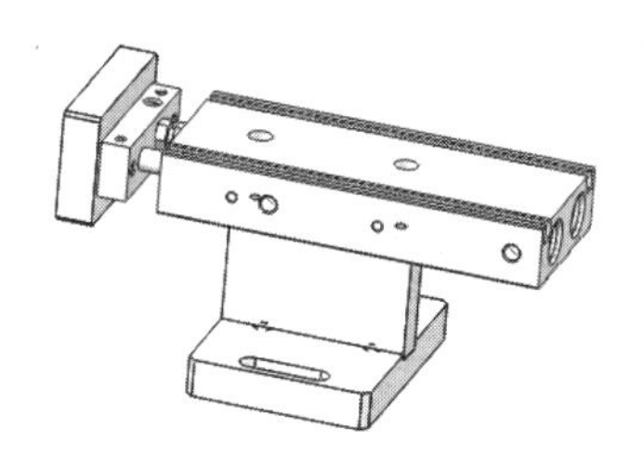

图 7-3

❷ 在图形区域下方的“运动算例”下拉列表中选择“动画”选项，此时在图形区域下方将出现“运动管理器”工具栏和时间线。单击“运动管理器”工具栏中的“动画向导”按钮，弹出“选择动画类型”对话框，如图 7-4 所示。

图 7-4

❸ 在“选择动画类型”对话框中，选中“爆炸”单选按钮，单击“下一步”按钮，弹出”动画控制选项”对话框，如图 7-5 所示。

❹ 在“动画控制选项”对话框中，设置“时间长度（秒）”为 4，“开始时间（秒）”为 0，单击“完成”按钮，完成爆炸动画的设置。

❺ 单击“运动管理器”工具栏中的“播放”按钮，可观看爆炸动画的制作效果，如图 7-6 所示。

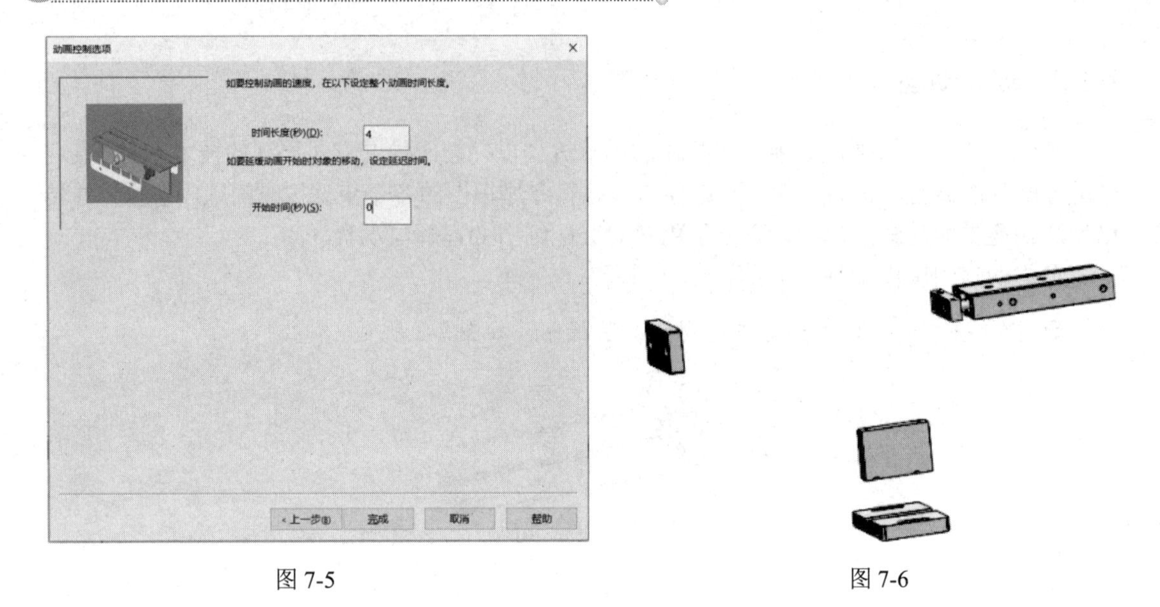

图 7-5　　　　图 7-6

7.1.3　旋转动画

旋转动画是一种能够将整个装配体或零部件依据某一轴线旋转的动态过程以动画形式展现的技术，使用户能够全面、多角度地观察装配体或零部件的外观细节。

旋转动画的制作步骤如下：

❶ 打开一个先前已制作好爆炸视图的装配体，如图 7-7 所示。

❷ 在图形区域下方的“运动算例”下拉列表中选择“动画”选项，此时在图形区域下方将出现“运动管理器”工具栏和时间线。单击“运动管理器”工具栏中的“动画向导”按钮，弹出“选择动画类型”对话框，如图 7-8 所示。

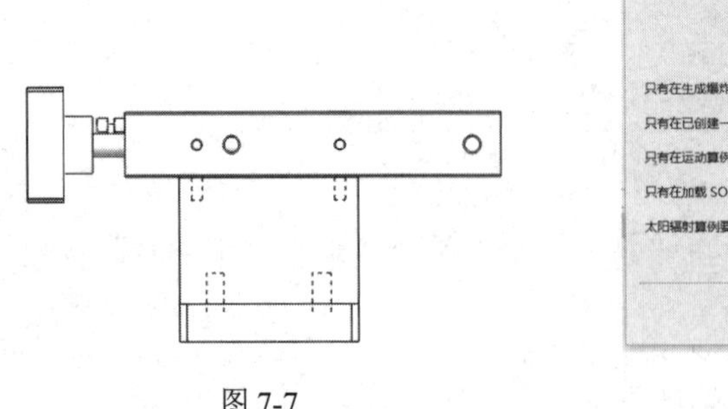

图 7-7

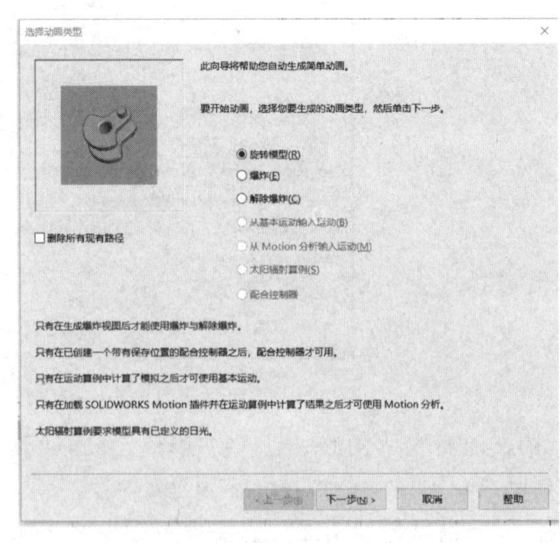

图 7-8

❸ 在“选择动画类型”对话框中，选中“旋转模型”单选按钮。若需要删除所有的动画序列，则勾选“删除所有现有路径”复选框，单击“下一步”按钮，弹出“选择一旋转轴”

对话框，如图 7-9 所示。

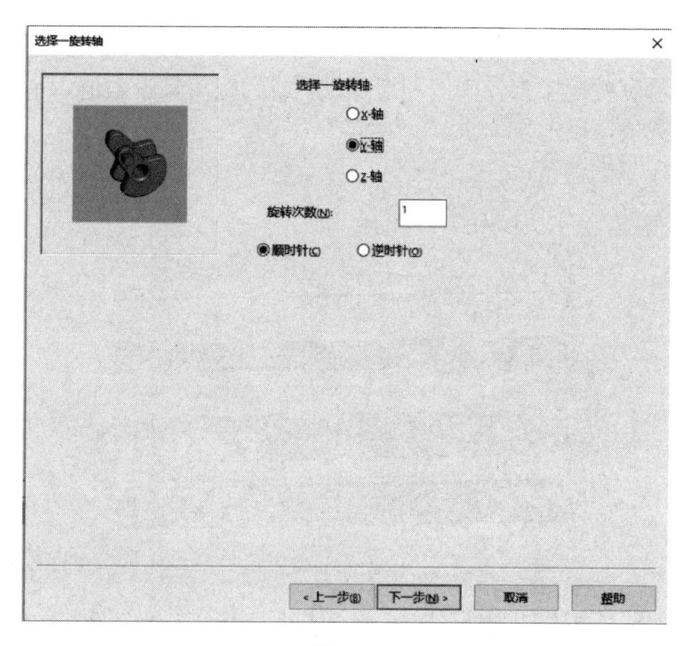

图 7-9

❹ 选中“Y-轴”单选按钮，即选择 Y 轴为旋转轴，在“旋转次数”文本框中输入 1，选中“顺时针”单选按钮，单击“下一步”按钮，弹出“动画控制选项”对话框，如图 7-10 所示。在“动画控制选项”对话框中，设置“时间长度（秒）”为 10，“开始时间（秒）”为 0，单击“完成”按钮，完成旋转动画的设置。

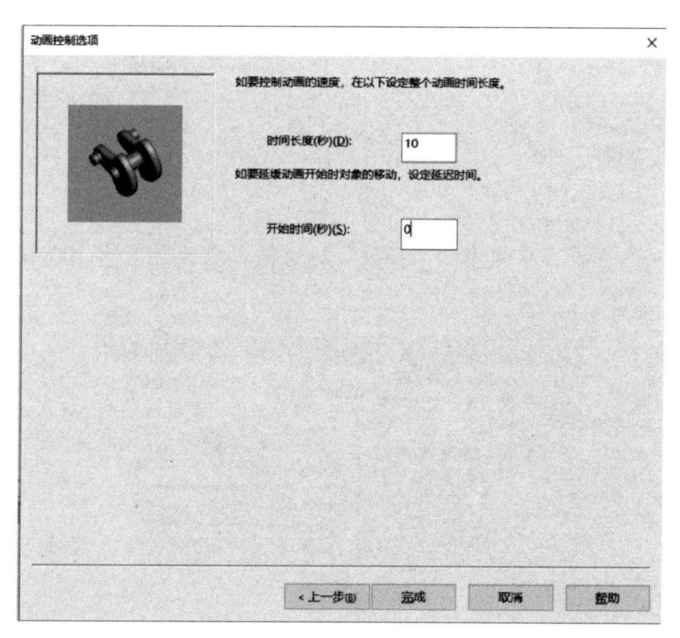

图 7-10

❺ 单击“运动管理器”工具栏中的”播放”按钮，可观看旋转动画的制作效果。

7.1.4 距离动画

可以通过距离动画实现零部件间的相对运动，或为距离预设数值，并且在动画的不同时间点灵活调整这些数值，以适应需求。

距离动画的制作步骤如下：

❶ 打开一个装配体文件，如图 7-11 所示。

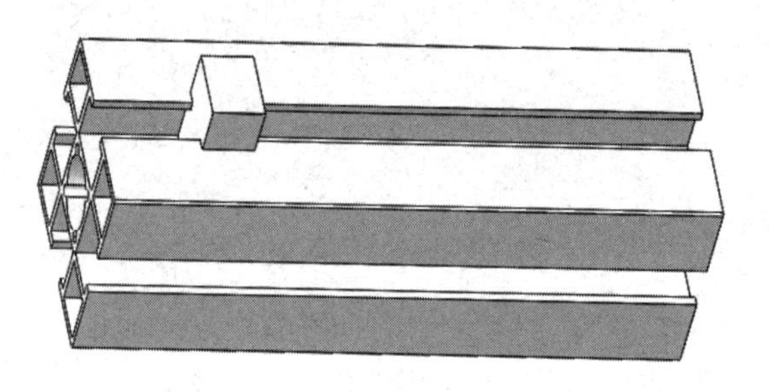

图 7-11

❷ 在图形区域下方的“运动算例”下拉列表中选择“动画”选项，此时在图形区域下方会出现“运动管理器”工具栏和时间线。通过拖动小滑块可设置动画顺序的时间长度，如图 7-12 所示。

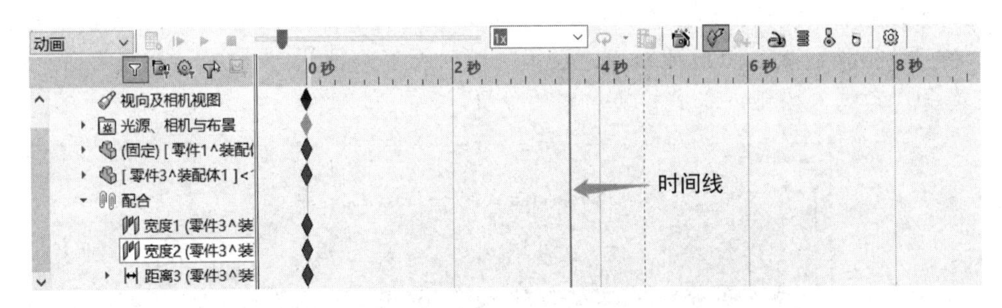

图 7-12

❸ 双击“距离 3”图标，在弹出的“修改”对话框中更改数值为 100mm，如图 7-13 所示。

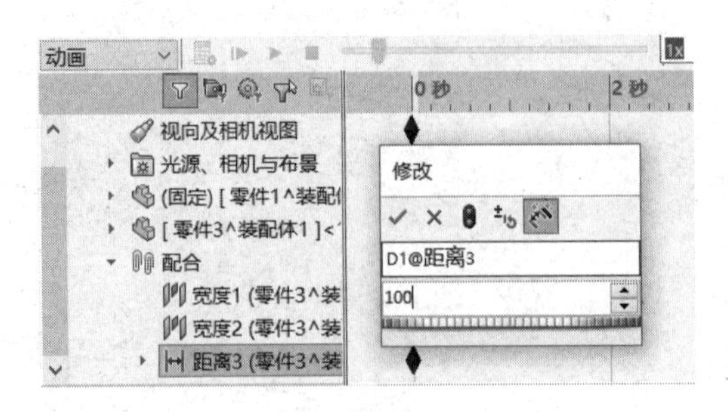

图 7-13

❹ 单击“运动管理器”工具栏中的“播放”按钮，当动画开始时，滑块与参考直线上端点的距离是 10mm；当动画结束时，滑块与参考直线上端点的距离是 100mm。

7.2 物理模拟动画

物理模拟动画用于模拟引力、马达、弹簧等在装配体上的运动效果。物理模拟动画包括引力动画、马达动画、弹簧动画等。

7.2.1 引力动画

引力动画用于模拟零部件沿某一方向的万有引力在零部件之间移动的运动效果。生成引力动画的步骤如下：

❶ 打开一个装配体文件，将其地板属性设置为“固定”，效果如图 7-14 所示。

❷ 在图形区域下方的“运动算例”下拉列表中选择“基本运动”选项，此时在图形区域下方将出现 MotionManager 工具栏和时间线。在 MotionManager 工具栏中单击“引力”按钮，弹出“引力”属性管理器，如图 7-15 所示。

❸ 在“引力参数”选项组中，设置引力方向为 Z 轴，数字引力值为默认值，单击“确定”按钮，完成引力的添加。

❹ 在 MotionManager 工具栏中单击“接触”按钮，弹出“接触”属性管理器，如图 7-16 所示，选择绘图区中的方块零件和底座零件的上表面。

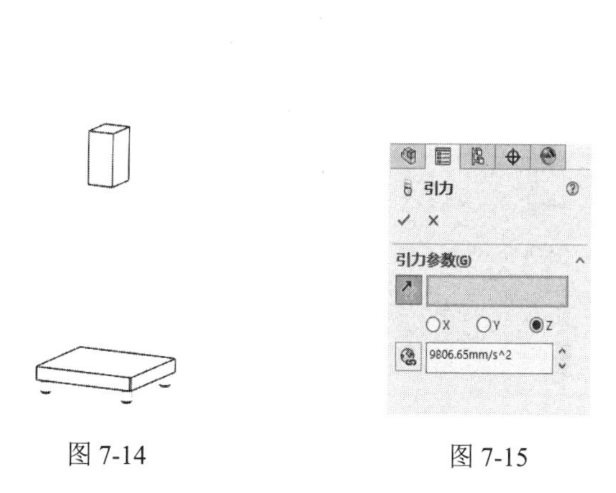

图 7-14　　图 7-15

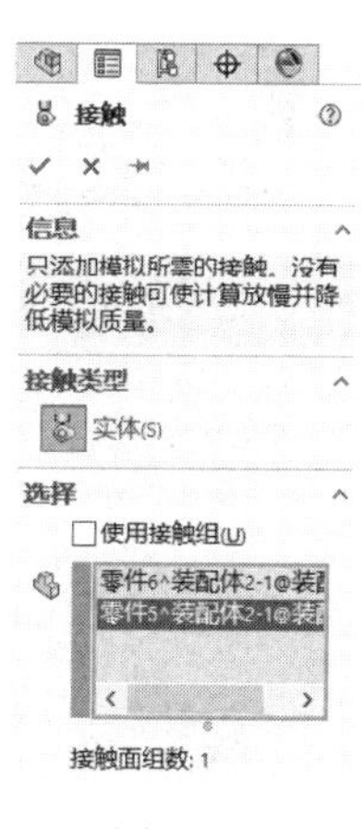

图 7-16

❺ 单击 MotionManager 工具栏中的“播放”按钮即可播放生成的引力动画。

7.2.2 马达动画

马达动画用来模拟零部件在物理力的驱动下围绕一个装配体进行运动的动态效果。马达动画可分为线性马达动画和旋转马达动画。

1. 生成线性马达动画

❶ 打开一个装配体文件，如图 7-17 所示。

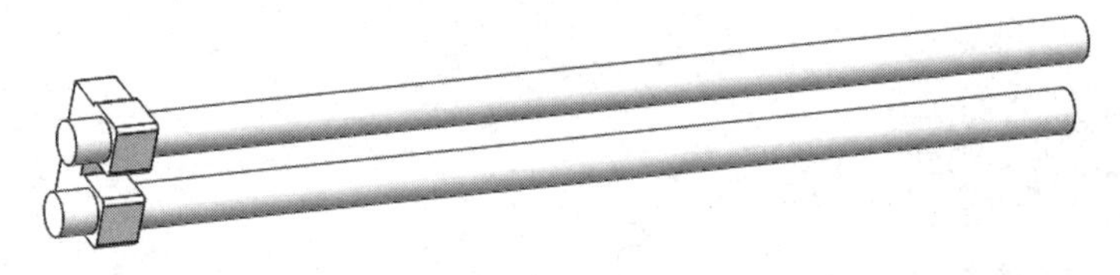

图 7-17

❷ 在图形区域下方的“运动算例”下拉列表中选择“基本运动”选项，此时在图形区域下方将出现 MotionManager 工具栏和时间线。在 MotionManager 工具栏中单击“马达”按钮，弹出“马达”属性管理器。

❸ 在“马达类型”选项组中，单击“线性马达（驱动器）”按钮。在“零部件/方向”选项组中的 (马达位置) 文本框中选择滑块的表面，单击 (反向) 按钮，出现如图 7-18 所示的箭头。在“运动”选项组中，设置运动类型为“等速”，设置运动速度为 10mm/s。单击“确定”按钮，完成线性马达动画的制作。

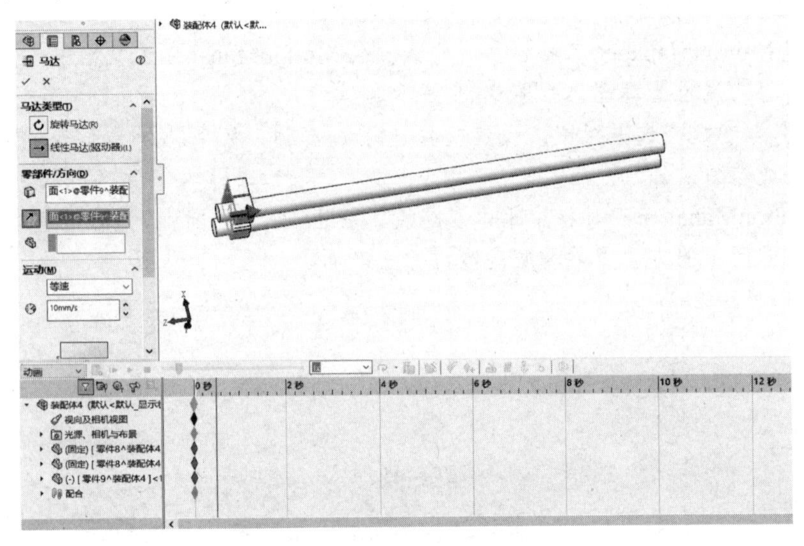

图 7-18

❹ 单击 MotionManager 工具栏中的“播放”按钮即可播放生成的线性马达动画。

2. 生成旋转马达动画

❶ 打开一个装配体文件，如图 7-19 所示。

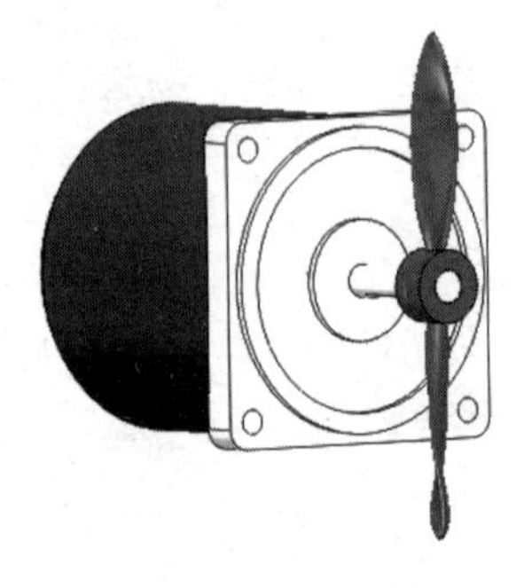

图 7-19

❷ 在图形区域下方的“运动算例”下拉列表中选择“基本运动”选项，此时在图形区域下方将出现 MotionManager 工具栏和时间线。在 MotionManager 工具栏中单击“马达”按钮，弹出“马达”属性管理器。

❸ 在“马达类型”选项组中，单击“旋转马达”按钮。在“零部件/方向”选项组中的 （马达位置）文本框中选择叶片的一个面；在“运动”选项组中，设置运动类型为“等速”，设置运动速度为 10 RPM。单击“确定”按钮，完成旋转马达动画的制作，如图 7-20 所示。

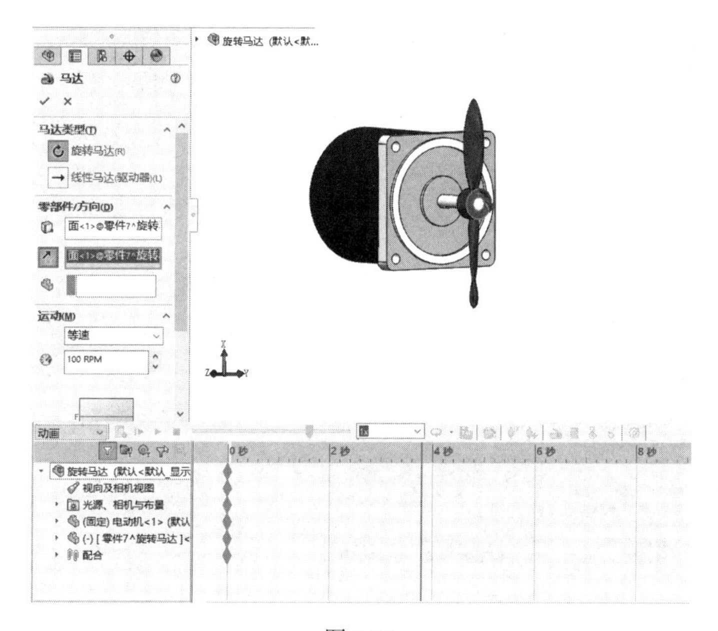

图 7-20

❹ 单击 MotionManager 工具栏中的“播放”按钮即可播放生成的旋转马达动画。

7.2.3　弹簧动画

❶ 打开一个装配体文件，将其地板属性设置为“固定”，效果如图 7-21 所示。

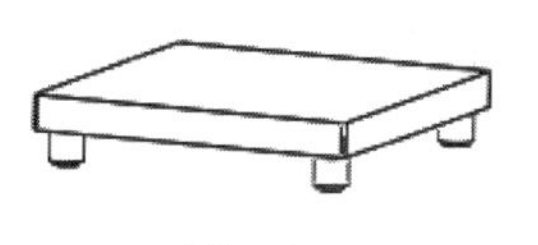

图 7-21

❷ 在图形区域下方的“运动算例”下拉列表中选择“基本运动”选项，此时在图形区域下方将出现 MotionManager 工具栏和时间线：先在 MotionManager 工具栏中单击“引力”

按钮，给小球施加一个重力；再单击 MotionManager 工具栏中的“弹簧”按钮，弹出“弹簧”属性管理器。

❸ 在“弹簧参数”选项组中的（弹簧端点）文本框中，先在图形区域中选中平板的下表面，再选择球面，设置弹簧类型为“1（线性）”。其他参数使用系统默认值，如图 7-22 所示。

❹ 单击“确定”按钮，完成弹簧动画的制作。单击 MotionManager 工具栏中的“播放”按钮即可播放生成的弹簧动画。

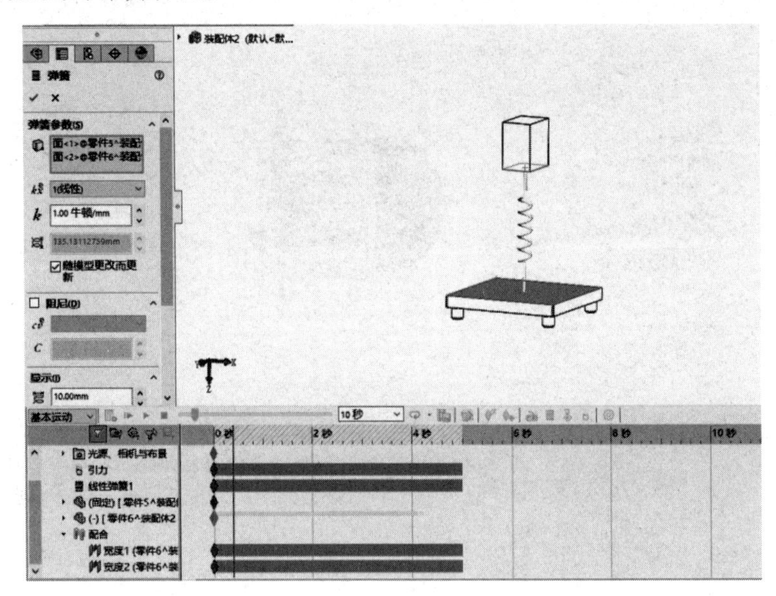

图 7-22

7.3 知识点练习

1. 制作标准气缸的爆炸动画

制作标准气缸爆炸动画的操作步骤如下：

❶ 打开气缸装配体，如图 7-23 所示。

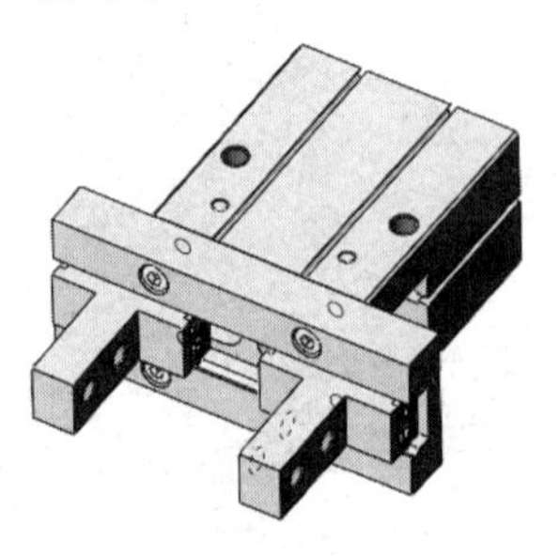

图 7-23

❷ 选择菜单栏中的“插入”>“爆炸视图”命令，打开“爆炸”属性管理器。将气缸左侧的气动手指部分分离，如图 7-24 所示。

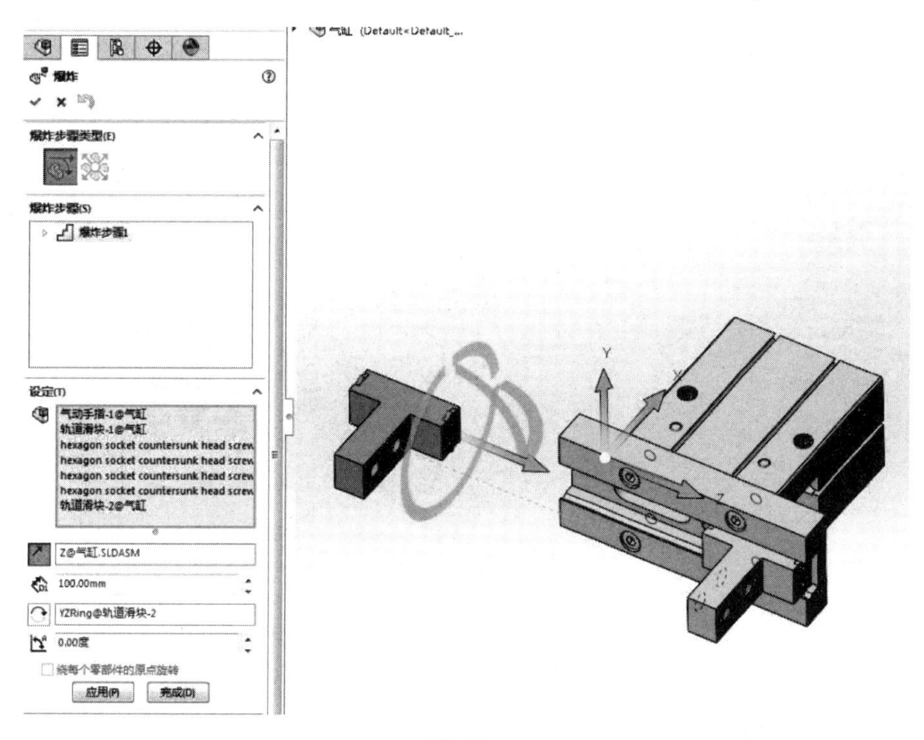

图 7-24

❸ 将左侧气动手指中的 4 个螺栓逐个分离，如图 7-25 所示。

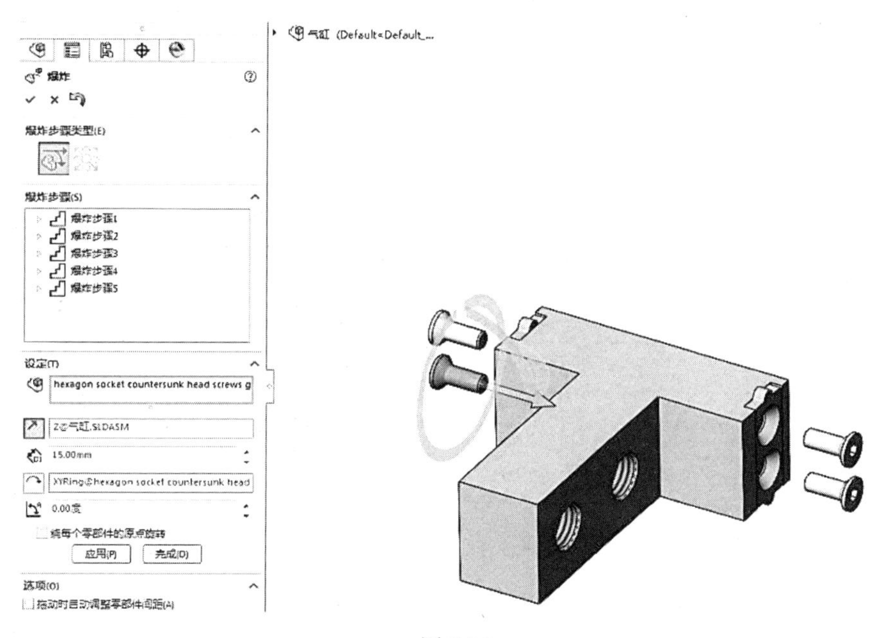

图 7-25

❹ 将轨道滑块分离，如图 7-26 所示。

❺ 将气缸右侧的气动手指部分分离，如图 7-27 所示。

❻ 将右侧气动手指中的 4 个螺栓逐个分离，如图 7-28 所示。

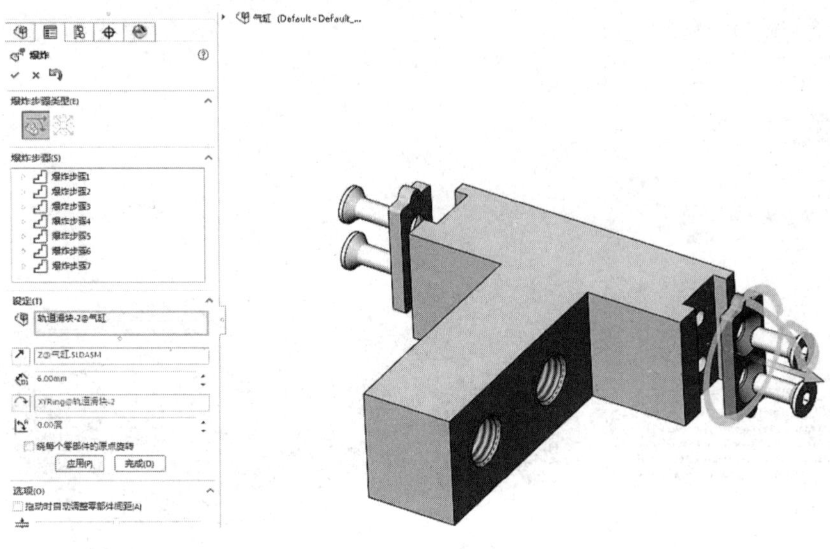

图 7-26

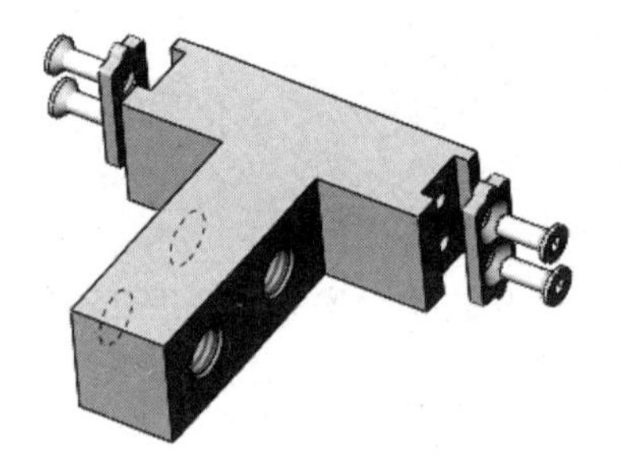

图 7-27

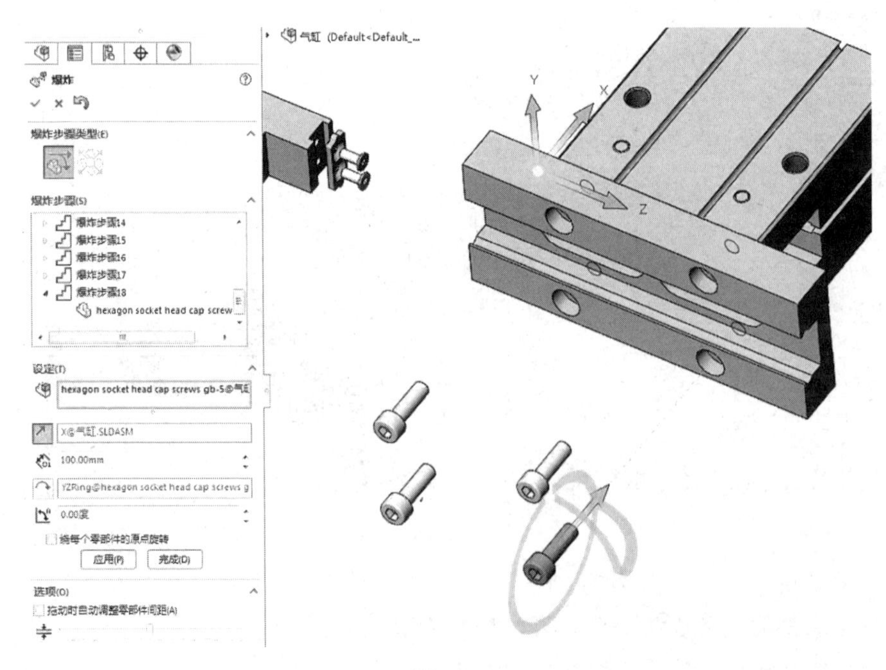

图 7-28

❼ 在“设定”选项组中分离手指轨道，设置如图 7-29 所示。

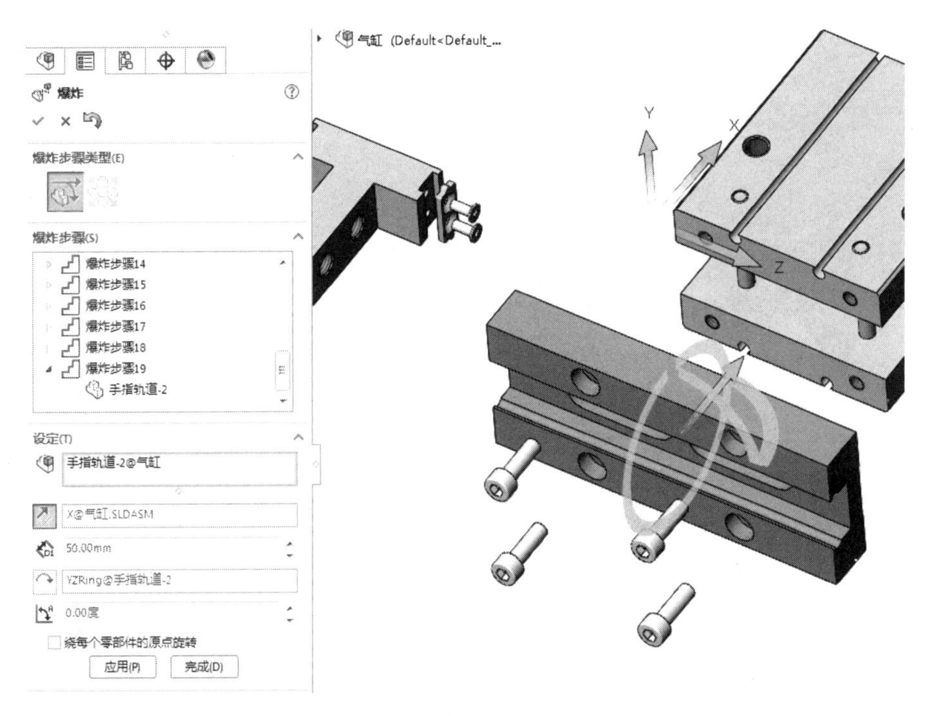

图 7-29

❽ 打开“配置”属性管理器，右击“气缸 配置”下的“爆炸视图 1”，在弹出的快捷菜单中选择“动画解除爆炸”命令，如图 7-30 所示。

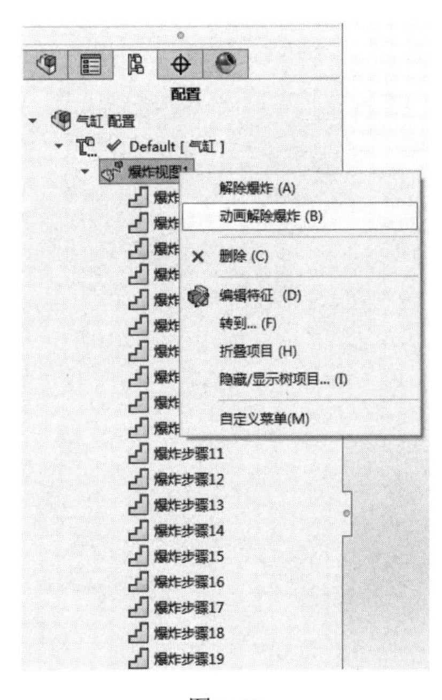

图 7-30

❾ 按照如图 7-31 所示的操作保存动画。至此，标准气缸的爆炸动画制作完成。

动画控制器
保存动画到文件
保存在(I):
装配设计综合练习
名称
修改日期
没有与搜索条件匹配的项。
文件名(N):
气缸
保存(S)
保存类型(T):
Microsoft AVI 文件 (*.avi)
取消
帮助(H)
渲染器(R):
SOLIDWORKS 屏幕
图象大小与高宽比例(M)
1838
889
画面信息
每秒的画面(F)
7.5
固定高宽比例(F)
使用相机高宽比例(U)
自定义高宽比例(宽度：高度)(C):
1838 : 889

图 7-31

第 8 章

渲染设计

【学习目标】

- 渲染基础
- 渲染操作

8.1 渲染基础

SolidWorks 中的插件 PhotoView 360 可以对三维模型进行光线投影处理，并可形成十分逼真的渲染效果图。渲染对象包括模型中的外观、光源、布景及贴图等。

8.1.1 编辑材料

在开始渲染前，零件的材质是未指定的，如图 8-1 所示。此时，需要执行材料编辑的操作，操作步骤如下。

❶ 右击“材质<未指定>”选项，在弹出的快捷菜单中选择“编辑材料”命令，如图 8-2 所示。

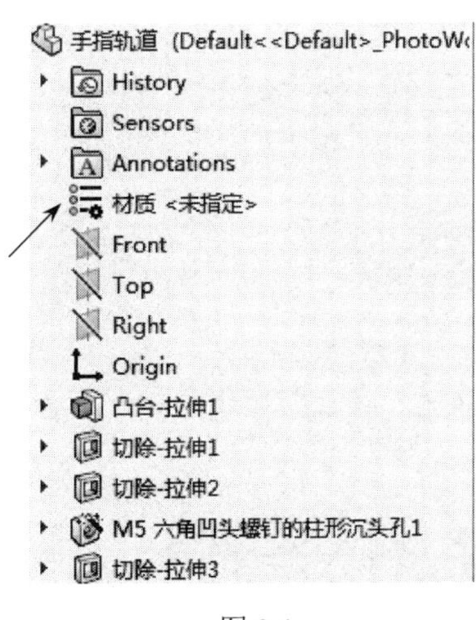

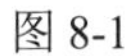
图 8-1

图 8-2

❷ 弹出“材料”对话框，选择合适的材料即可，如图 8-3 所示。

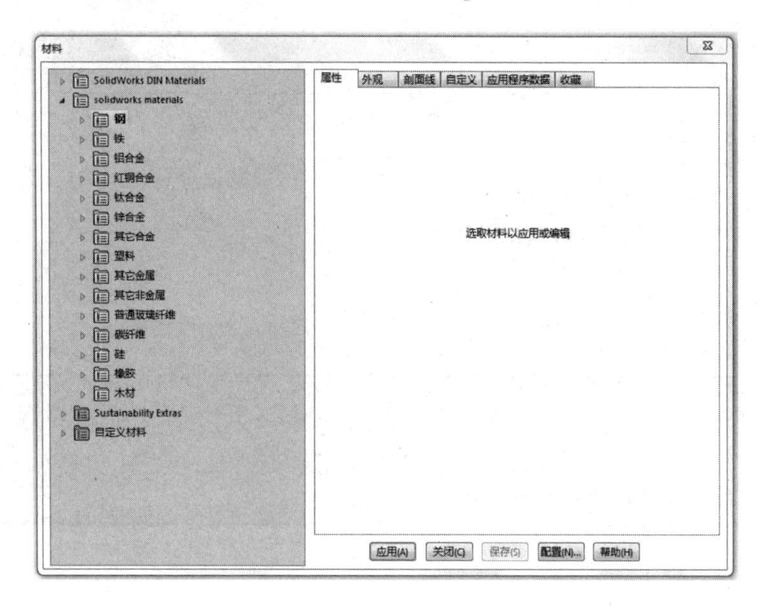

图 8-3

8.1.2 打开插件 PhotoView 360

❶ 选择菜单栏中的“工具”→“插件”命令，打开“插件”对话框，如图 8-4 所示。

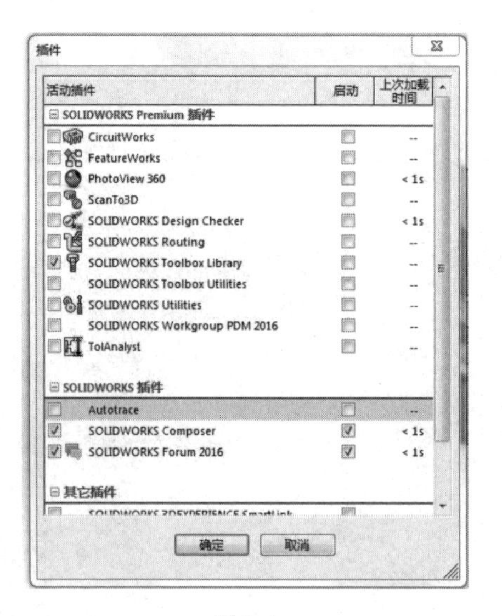

图 8-4

❷ 在“插件”对话框中勾选“PhotoView 360”，单击“确定”按钮后将在工具栏中出现“渲染工具”选项卡，如图 8-5 所示。

图 8-5

8.2 渲染操作

8.2.1 编辑外观

❶ 单击“渲染工具”选项卡中的“编辑外观”按钮，弹出如图 8-6 所示的属性管理器。在该属性管理器中可对零件外观进行编辑，如为零件添加颜色等。

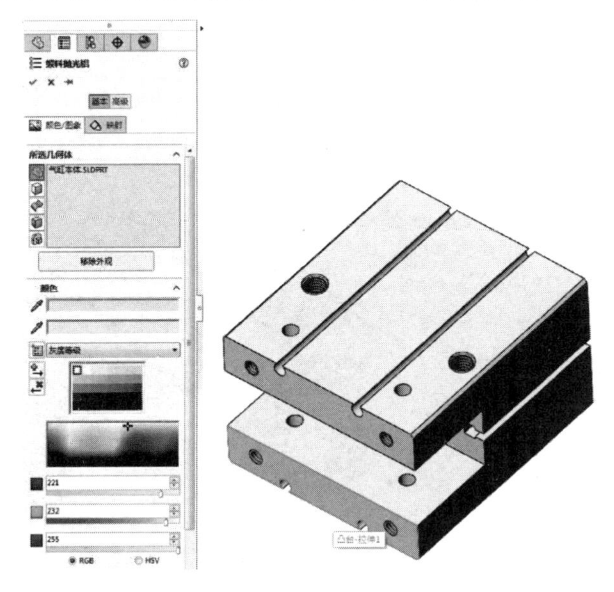

图 8-6

❷ 打开“外观、布景和贴图”对话框，对零件的外观进行预览，如图 8-7 所示。

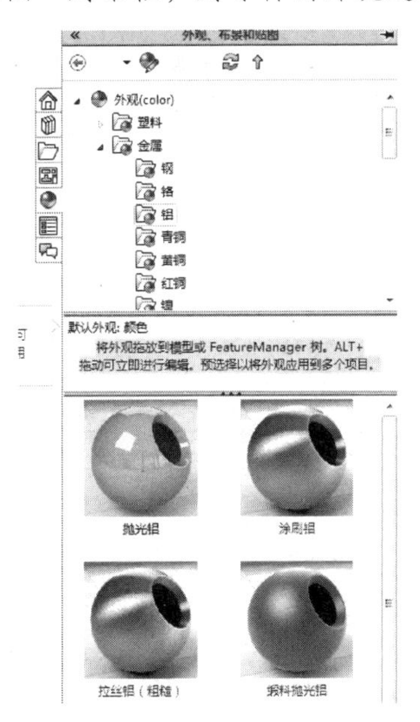

图 8-7

8.2.2 编辑布景

布景由环绕 SolidWorks 模型的虚拟框或球形框组成。通过编辑布景，既可调整布景的大小和位置，也可切换其显示状态和反射度，并将背景添加到布景，常规操作如下。

❶ 单击“渲染工具”选项卡中的“编辑布景”按钮，弹出“编辑布景”属性管理器。在该属性管理器中可对布景进行相关设置，如图 8-8 所示。

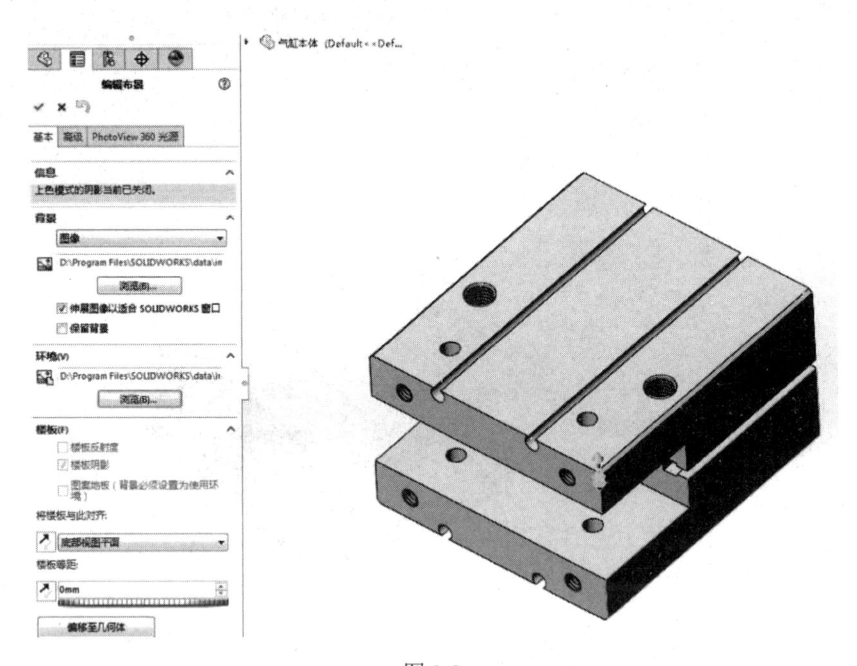

图 8-8

❷ 打开“外观、布景和贴图”对话框，对零件的布景进行预览，如图 8-9 所示。

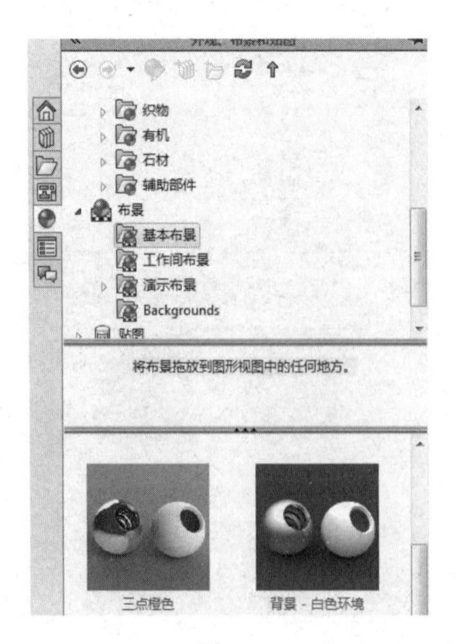

图 8-9

8.2.3　编辑贴图

贴图是在模型的表面附加的某种平面图形，如商标和标志等。编辑贴图的操作如下。

❶ 选择菜单栏中的“PhotoView 360”>“编辑贴图”命令，弹出“贴图”属性管理器，如图 8-10 所示。

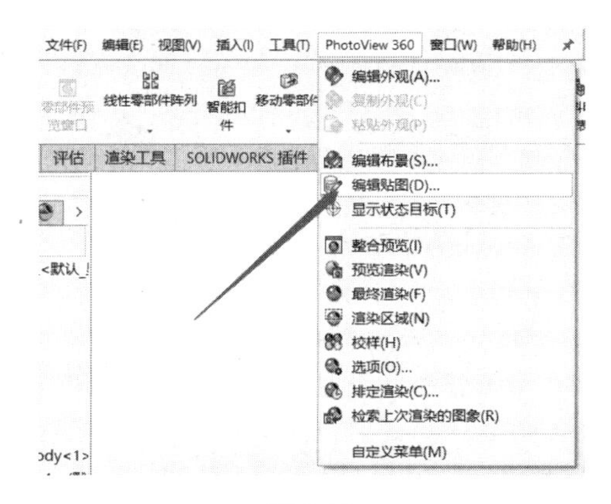

图 8-10

❷ 在“贴图”属性管理器中，单击下方的“浏览”按钮，在弹出的“浏览”对话框中选择需要的图片及需要粘贴的实体，效果如图 8-11 所示。

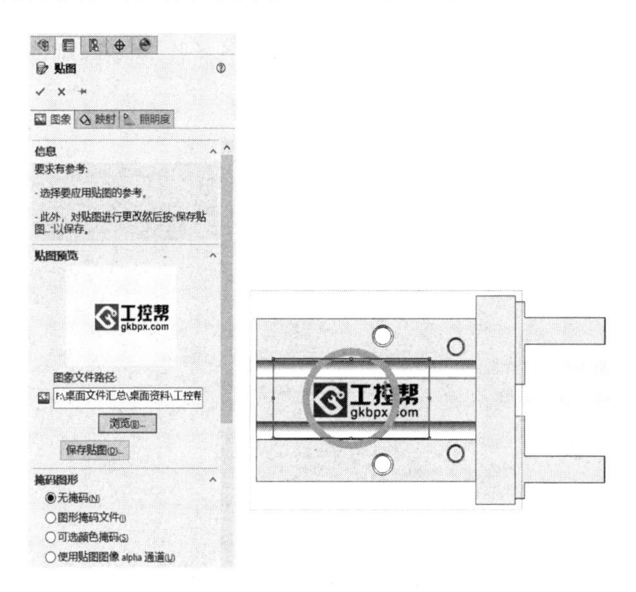

图 8-11

8.2.4　设置光源

❶ 打开“布景、光源与相机”特征管理器，如图 8-12 所示。右击“SOLIDWORKS 光源”选项，在弹出的快捷菜单中选择“线光源”命令，弹出“线光源”属性管理器（根据生成的线光源顺序，利用数字进行排序），如图 8-13 所示。

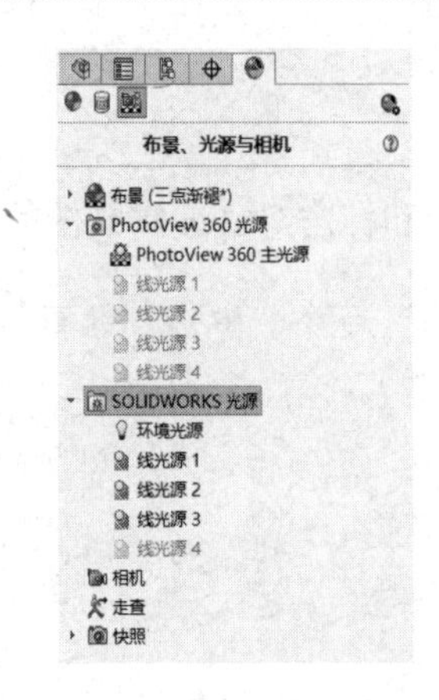

图 8-12

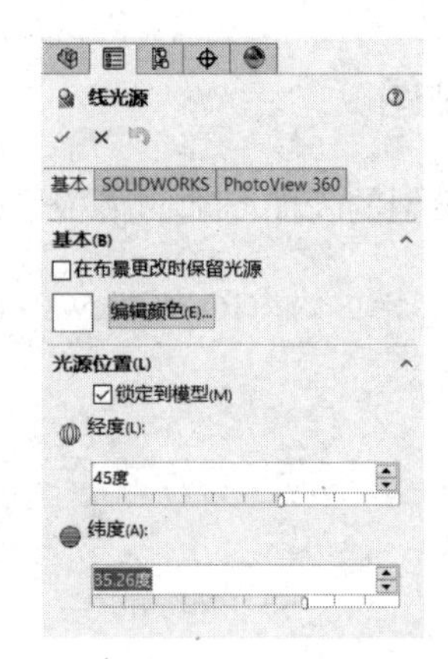

图 8-13

❷ 在“线光源”属性管理器中，可对光源进行相关设置：在“基本”选项组中，勾选“在布景更改时保留光源”复选框，表示在布景变化后保留模型中的光源，单击“编辑颜色”按钮即可显示颜色调色板，用于调整光源颜色；在“光源位置”选项组中，勾选“锁定到模型”复选框，在“经度”微调框中可调整光源的经度坐标，在“纬度”微调框中可调整光源的纬度坐标。

8.2.5 整合预览和最终渲染

❶ 通过单击“渲染工具”选项卡中的“整合预览”按钮即可对渲染效果进行预览。若对预览效果不满意，则可通过“PhotoView 360 选项”属性管理器对输出图像、渲染品质进行设置，如图 8-14 所示。

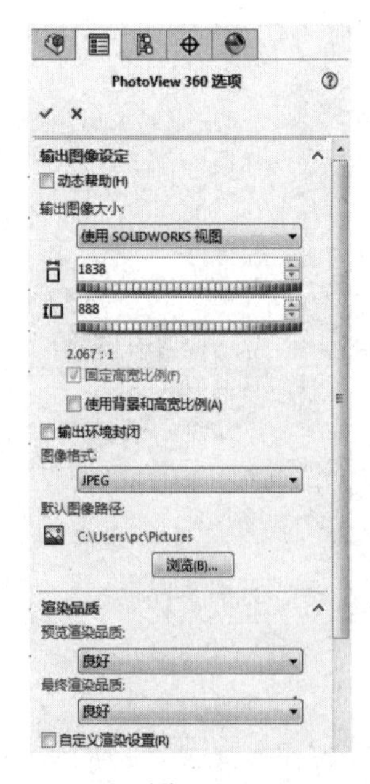

图 8-14

❷ 单击“渲染工具”选项卡中的“最终渲染”按钮，保存渲染结果。

8.3　知识点练习

对装配体中的零部件材质进行编辑的操作步骤如下：

❶ 打开气缸装配体，逐个对装配体中的零部件材质进行编辑，例如，将气缸支撑销、手指轨道和轨道滑块的材质设置为 304 不锈钢；将气动手指的材质设置为铝合金 6063；将紧固螺钉的材质设置为 1035 钢，如图 8-15 所示。

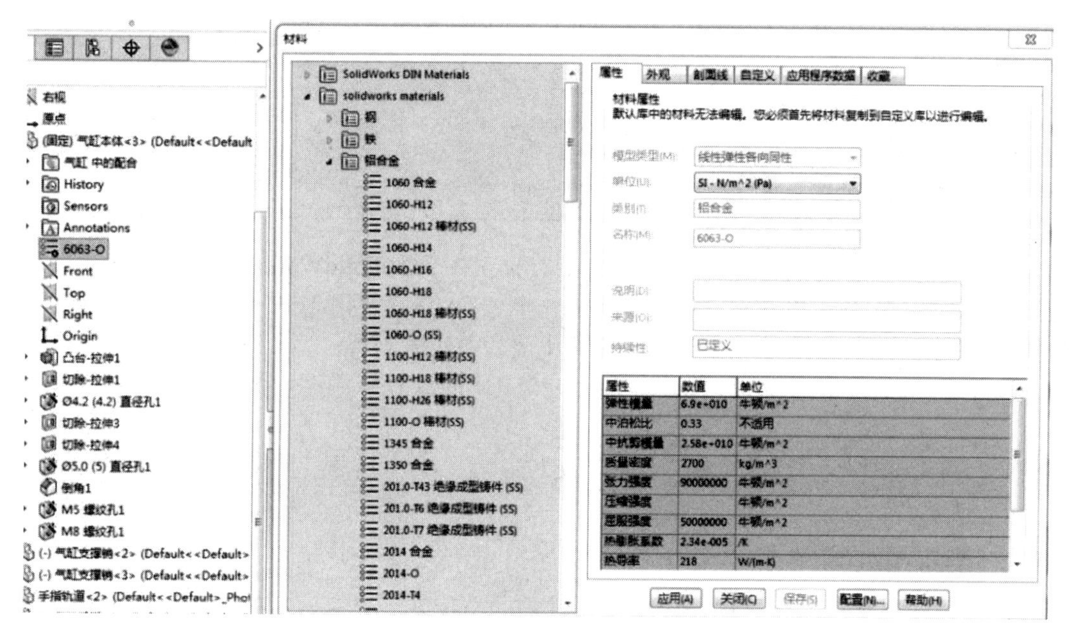

图 8-15

❷ 通过单击“渲染工具”选项卡中的“整合预览”按钮即可对渲染效果进行预览。若对预览效果不满意，则可通过“PhotoView 360 选项”属性管理器对输出图像、渲染品质进行设置。单击“渲染工具”选项卡中的“最终渲染”按钮，保存渲染结果。

第 9 章

工程图文件

【学习目标】

- 工程图文件的基础设置
- 工程图文件的视图生成
- 工程图文件的模板定制

工程图文件是 SolidWorks 设计文件中的一种。在一个 SolidWorks 工程图文件中，可以包含多张图纸。用户可以利用同一文件生成一个零件的多张图纸或多个零件的工程图文件。本章主要介绍工程图文件的基础设置、视图生成、模板定制等。

9.1 工程图文件的基础设置

9.1.1 设置图纸属性

❶ 打开一个编辑好的零件设计文件，在菜单栏中选择“文件”>“从零件制作工程图”命令，打开“新建 SOLIDWORKS 文件”对话框，如图 9-1 所示。

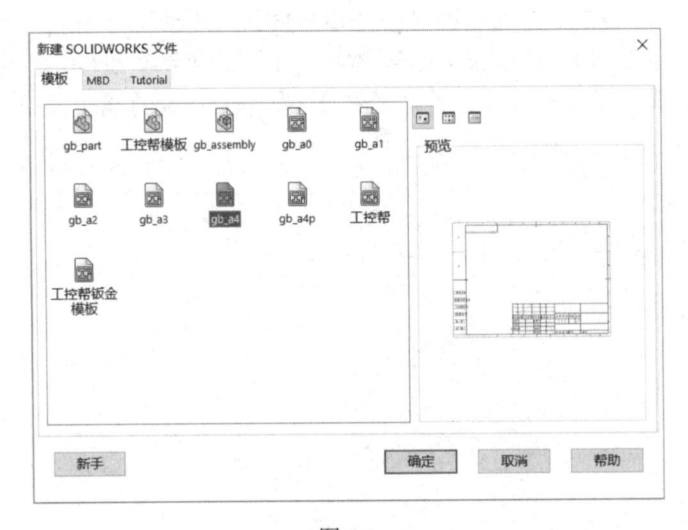

图 9-1

❷ 在图 9-1 中选择合适的模板，单击“确定”按钮，进入工程图文件的制图界面，如图 9-2 所示。

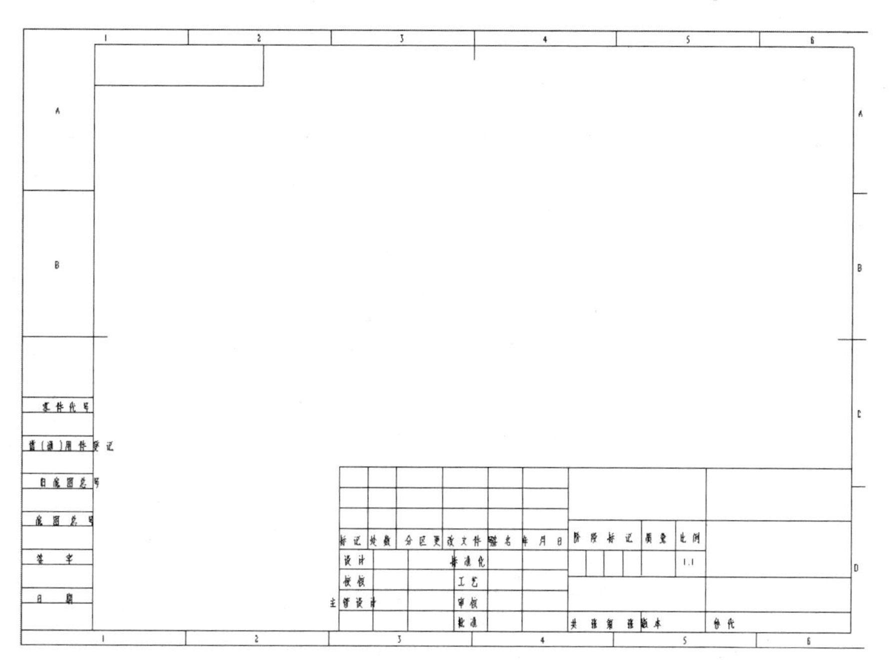

图 9-2

❸ 在工程图文件制图界面的任意位置单击鼠标右键，在弹出的快捷菜单中选择“属性”命令，打开“图纸属性”对话框中的“图纸属性”选项卡，如图 9-3 所示。在该选项卡中可以设置图纸比例、投影类型，以及加载用户自定义的图纸格式等。

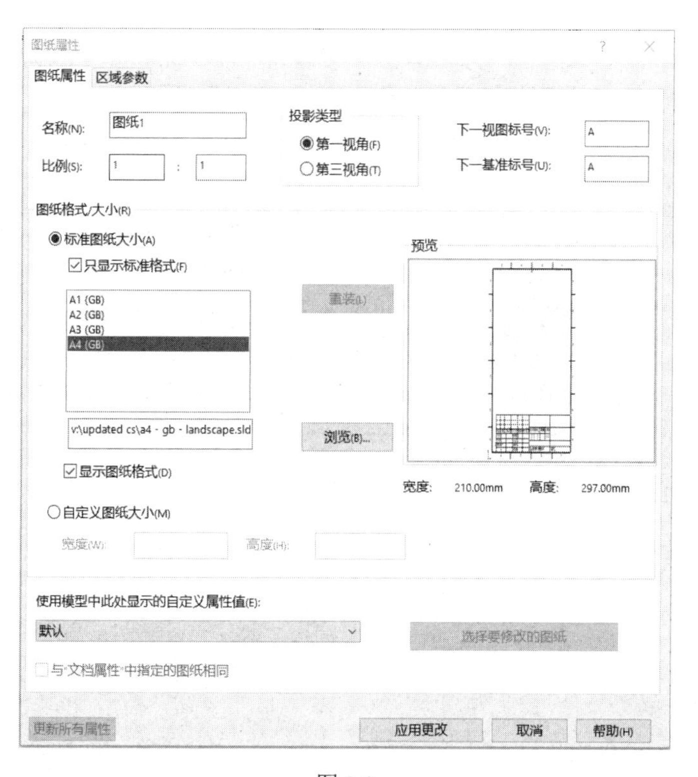

图 9-3

9.1.2 设置图层属性

在工程图文件中，可以根据用户需求建立图层，并为每个图层上生成的实体指定线条颜色、线条粗细和线条样式。实体会被自动添加到激活的图层中（图层可以被隐藏或显示）。另外，还可以将实体从一个图层移到另一个图层。在创建好工程图文件的图层后，可以分别为每个尺寸、注解、表格和视图标号等局部视图设置不同的图层属性。设置图层属性的操作步骤如下。

❶ 新建一个空白的工程图文件。

❷ 在工程图文件中，单击“线型”工具栏中的“图层属性”按钮，弹出图 9-4 所示的“图层”属性管理器。

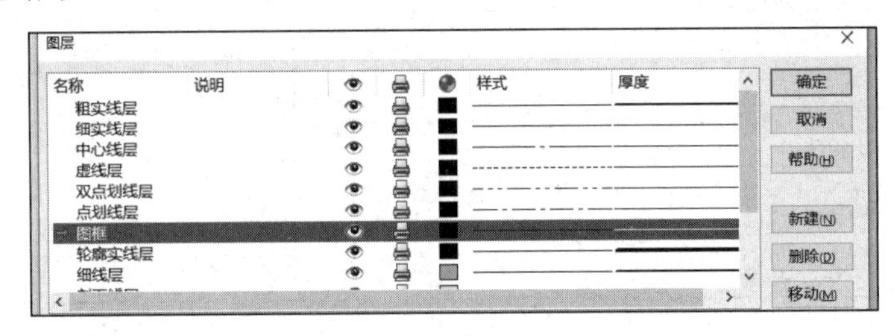

图 9-4

❸ 在“图层”属性管理器中可以修改图层名称、图层颜色、样式等。

9.1.3 添加注释

利用“注释”属性管理器可以在工程图文件中添加文字信息和一些特殊要求的标注形式。注释既可以独立存在，也可以指向某个对象（如面、边线、顶点等）；既可以包含文字、符号，也可以包含参数文字、超文本链接等。如果注释中包含引线，则引线可以是直线、折弯线或多转折引线。添加注释的操作步骤如下。

❶ 单击工具栏中的“注释”按钮，弹出“注释”属性管理器。

❷ 在“注释”属性管理器中保持默认设置，移动光标到绘图区，单击绘图区中的空白处，在弹出的文字输入框中输入文字，即可完成注释添加，如图 9-5 所示。

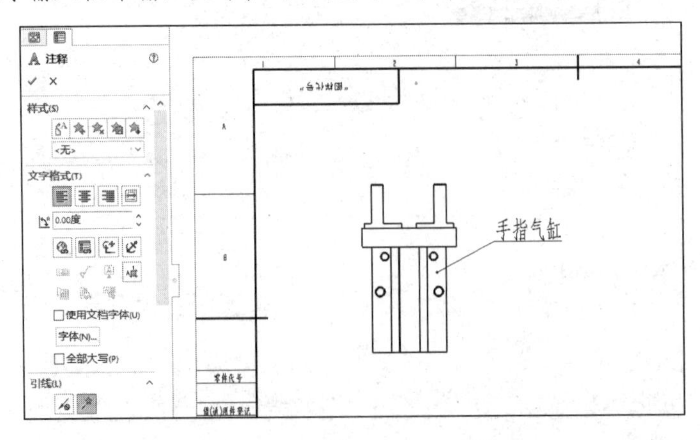

图 9-5

9.2　工程图文件的视图生成

9.2.1　标准三视图

标准三视图包括 3 个默认的正交视图：主视图、俯视图及左视图，其中主视图的方向为装配体的前视方向，其他两个视图的方向依照投影方法的不同而不同。

生成标准三视图的方法：单击工具栏中的“标准三视图”按钮，弹出“标准三视图”对话框，在左侧进行相关设置后，会生成标准三视图，如图 9-6 所示。

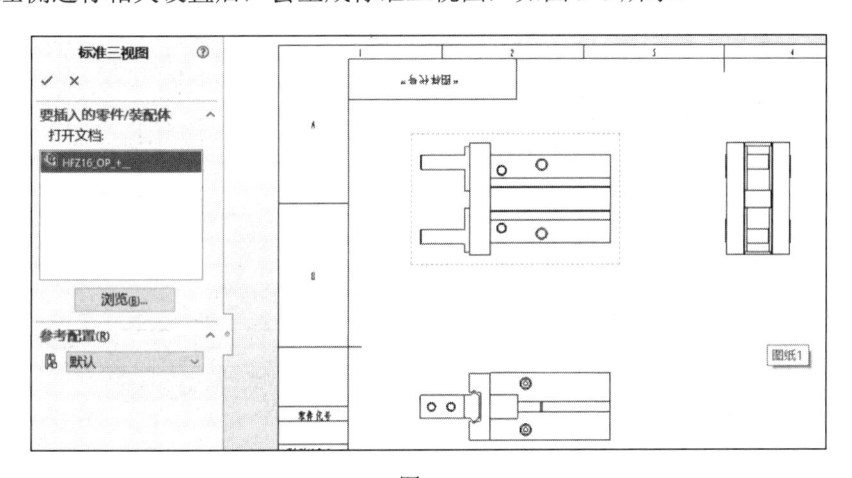

图 9-6

9.2.2　投影视图

投影视图是利用正交投影对已有视图生成的视图。投影视图的投影方法根据在“图纸属性”对话框中设置的投影类型（第一视角或第三视角）而定。

生成投影视图的方法：单击工具栏中的“投影视图”按钮，出现“投影视图”属性管理器，选中要投影的视图，移动光标将其放置到新视图，即可生成投影视图，如图 9-7 所示。

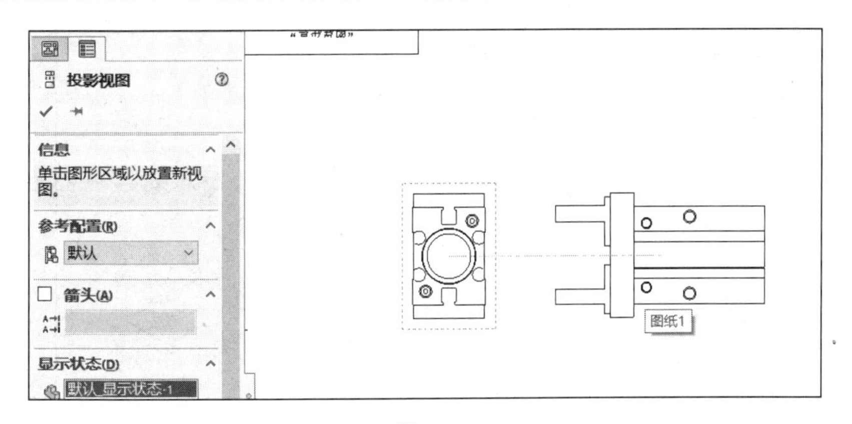

图 9-7

9.2.3 剖面视图

剖面视图通过一条剖切线切割父视图而生成，属于派生视图，可以显示模型内部的形状和尺寸。剖面视图可以是用剖切面或阶梯剖切线定义的等距剖面视图，也可以是半剖视图。

生成剖面视图的方法：单击工具栏中的“剖面视图”按钮，或者选择菜单栏中的“插入”>“工程图视图”>“剖面视图”命令，打开“剖面视图 A-A”属性管理器。在需要剖切的位置绘制一条直线，选中要剖面的视图，通过移动光标将其放置到新视图，即可生成剖面视图，如图 9-8 所示。

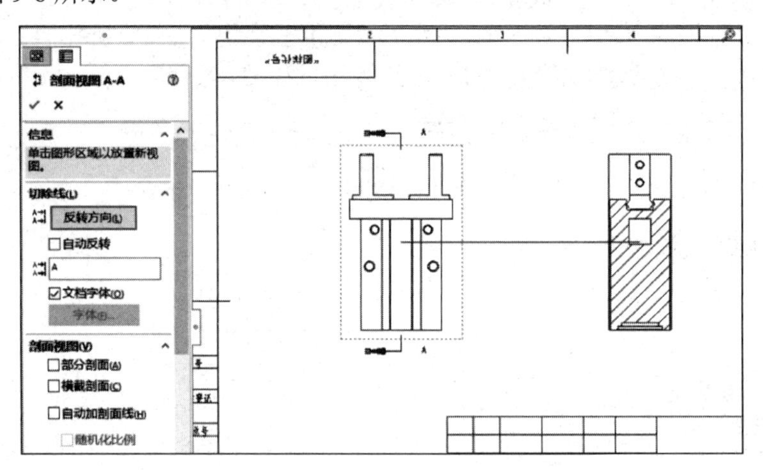

图 9-8

9.2.4 辅助视图

辅助视图类似于投影视图，也叫向视图。对于不能正常做正交投影视图的零件，可以使用辅助视图对零件进行投影，用来表示零件的倾斜结构。它的投影方向垂直于所选视图的参考边线。

生成辅助视图的方法：单击工具栏中的“辅助视图”按钮，或者选择菜单栏中的“插入”>“工程图视图”>“辅助视图”命令，打开“辅助视图”属性管理器。确定参考边线，选中图形区域，通过移动光标将其放置到新视图，即可生成辅助视图，如图 9-9 所示。

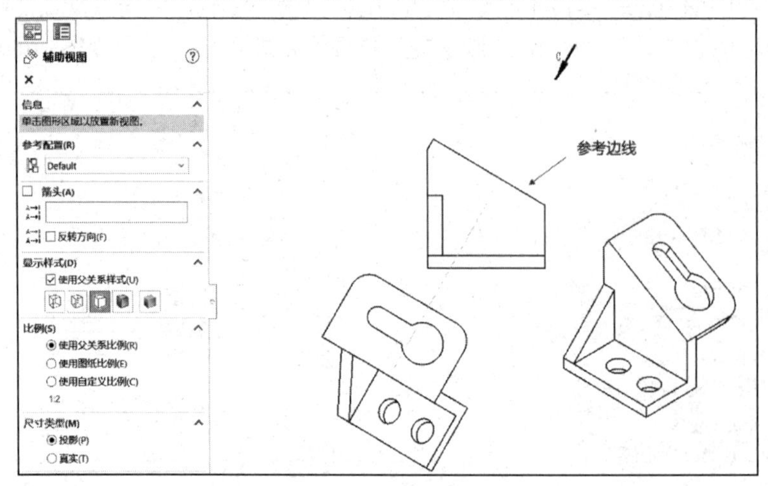

图 9-9

9.3　工程图文件的模板定制

为了构建一个良好的设计环境，实现文档管理的标准化，并显著提升工作效率，SolidWorks 提供了强大的功能来定制符合企业特定标准的工程图文件模板。

9.3.1　设置系统选项

❶ 在 D 盘下新建一个“模板”文件夹，用来存放工程图文件模板。

❷ 打开 SolidWorks 软件，单击菜单栏后的⚙按钮，在弹出的下拉列表中选择“选项”命令，弹出“系统选项”对话框。在“系统选项”对话框中打开“系统选项”选项卡，选中左侧的“文件位置”选项，在“显示下项的文件夹”下拉列表中选择“文件模板”选项，在“文件夹”下拉列表中选择“D:\模板”，单击“添加”按钮，即可将“模板”文件夹添加到列表中，如图 9-10 所示。

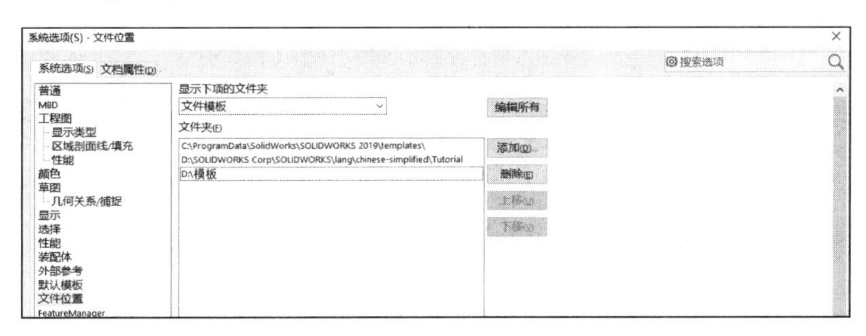

图 9-10

❸ 先选中左侧的“显示类型”选项，再设置工程图文件模板的显示样式、边线品质等，如图 9-11 所示。

图 9-11

❹ 打开“文档属性”选项卡，在“总绘图标准”下拉列表中选择“GB”，如图 9-12 所示。

图 9-12

❺ 先选中左侧的“尺寸”选项，再设置箭头大小、样式等，如图 9-13 所示。

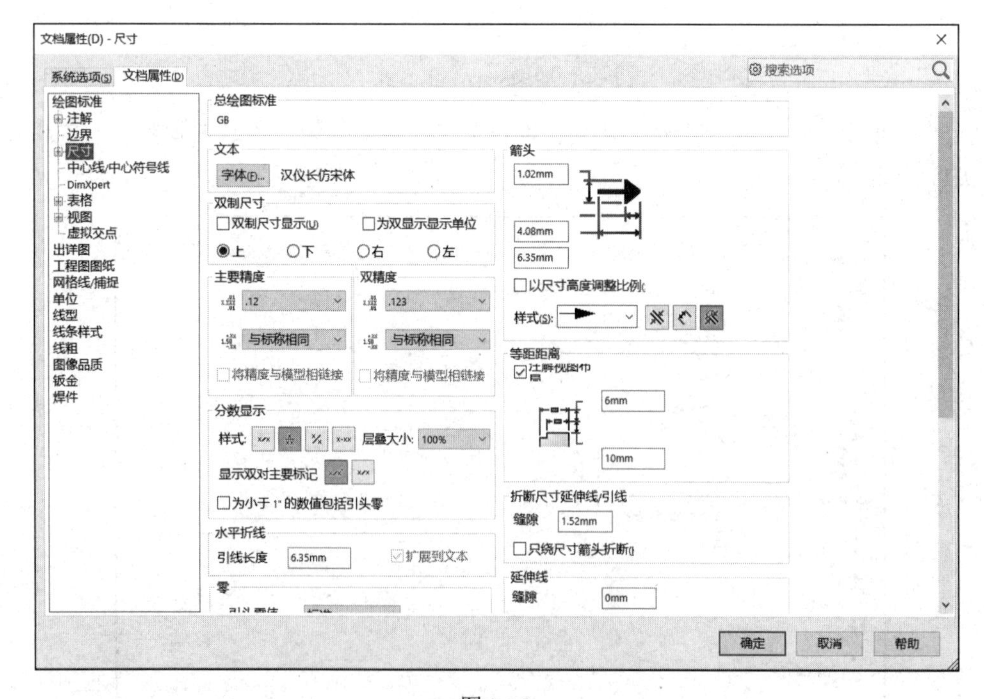

图 9-13

❻ 先选中“尺寸”下的“角度”选项，再设置“基本角度尺寸标准”与“引线/尺寸线

样式”选项，如图 9-14 所示。

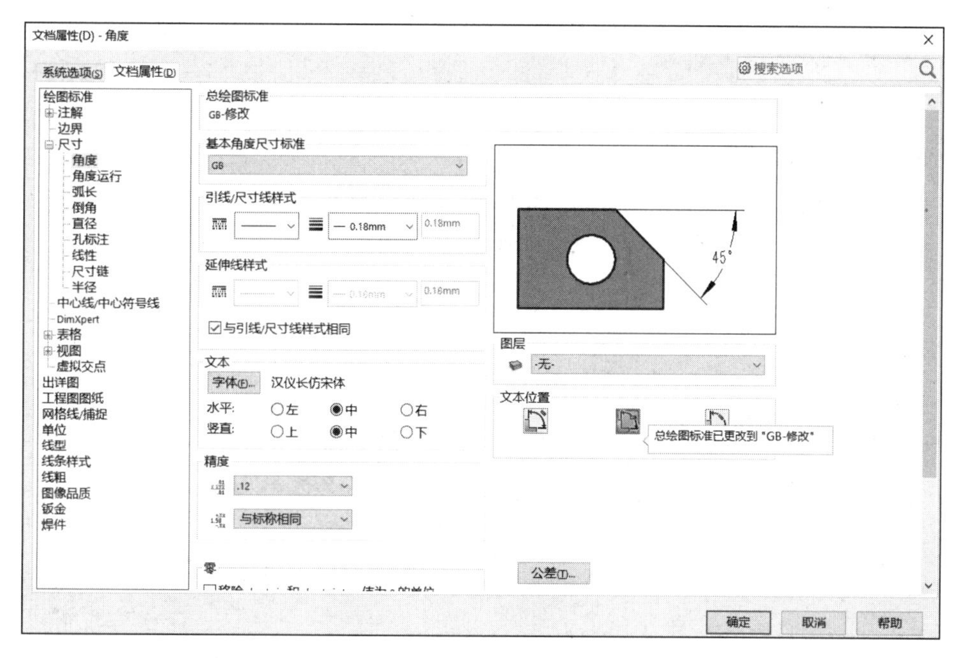

图 9-14

9.3.2　保存模板

❶ 在标题栏中的相应位置添加注释，并设置“链接到属性”对话框中的相关选项，如图 9-15 所示。

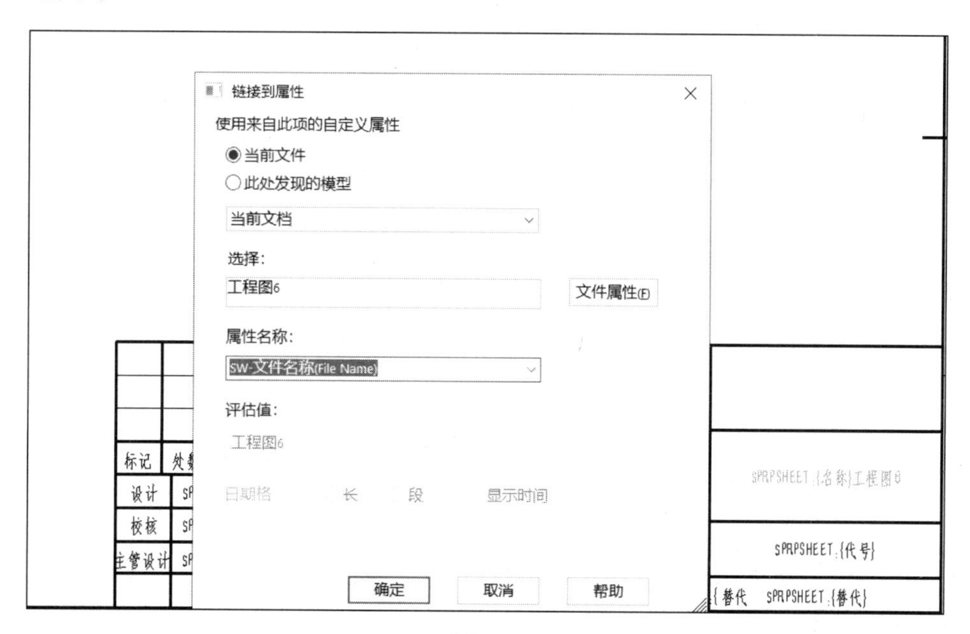

图 9-15

❷ 将工程图文件模板保存到“模板”文件夹中，并命名为“自定义模板.slddrt”。

9.4 知识点练习

1. 创建手指轨道零件的工程图文件

❶ 打开手指轨道零件文件，如图 9-16 所示。

❷ 选择菜单栏中的“文件”>“从零件制作工程图”命令，如图 9-17 所示。

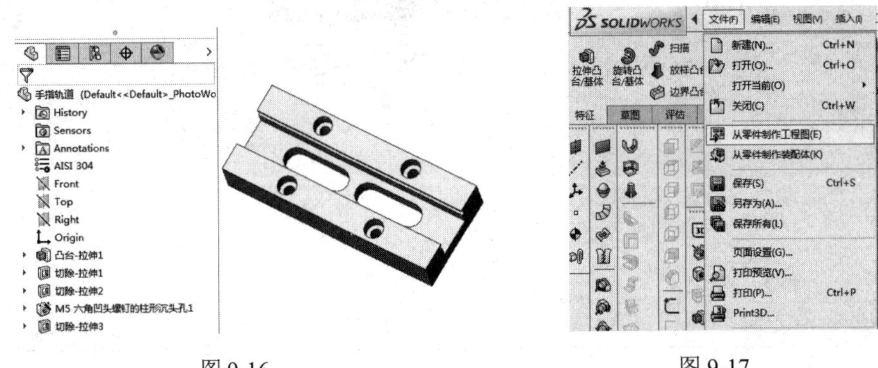

图 9-16　　　　图 9-17

❸ 在弹出的“新建 SOLIDWORKS 文件”对话框中选择 gb-a4 模板，也就是横向的 A4 模板，单击“确定”按钮，如图 9-18 所示。

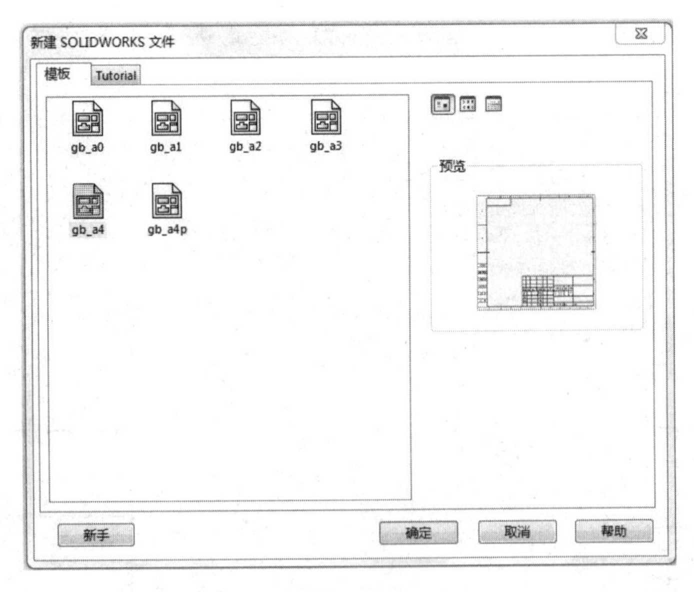

图 9-18

❹ 进入工程图文件的编辑界面，在工具栏的“视图布局”选项卡中单击“模型视图”按钮，如图 9-19 所示。

❺ 在右侧的任务窗格中，打开工程图文件的任务窗格，如图 9-20 所示。

❻ 选择一个前视图，同时投影一个左视图，效果如图 9-21 所示。

图 9-19

图 9-20

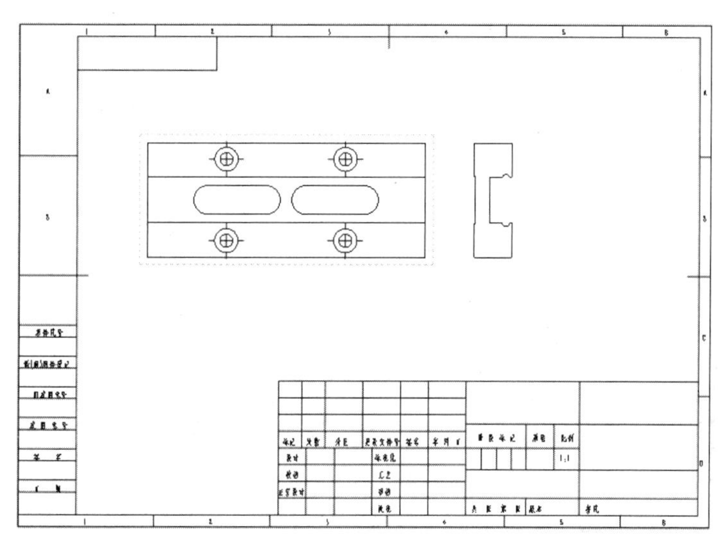

图 9-21

❼ 此时可以看到两个视图有点大，需要进行调整：右击“图纸格式 1”选项，在弹出的快捷菜单中选择“属性”命令，如图 9-22 所示。

❽ 在弹出的“图纸属性”对话框中，将图纸比例设置为 1:2，如图 9-23 所示。

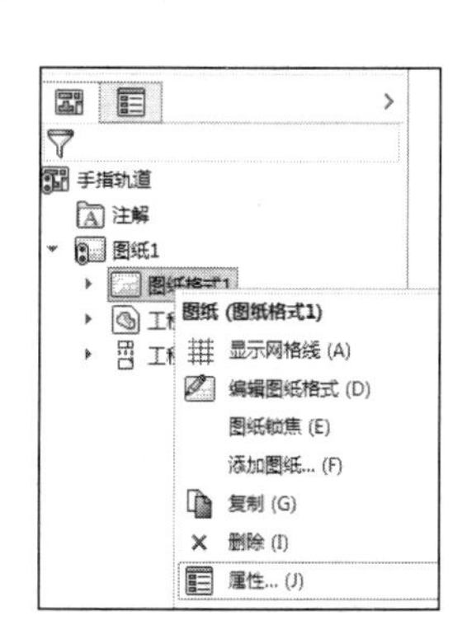

图 9-22

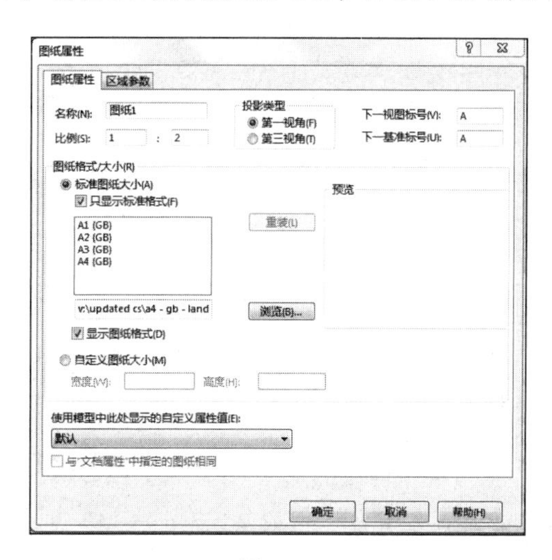

图 9-23

❾ 单击“确定”按钮，返回到工程图文件的编辑界面，这时可以看到两个视图都缩小了。添加一个等轴视图，效果如图 9-24 所示。

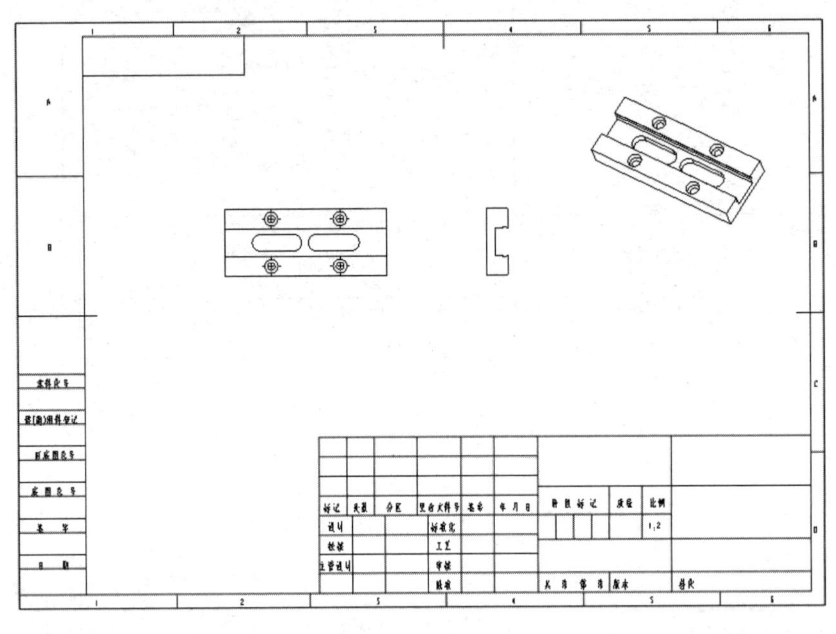

图 9-24

❿ 通过在“注解”工具栏中单击“中心线”工具，为视图添加对应的中心线，效果如图 9-25 所示。

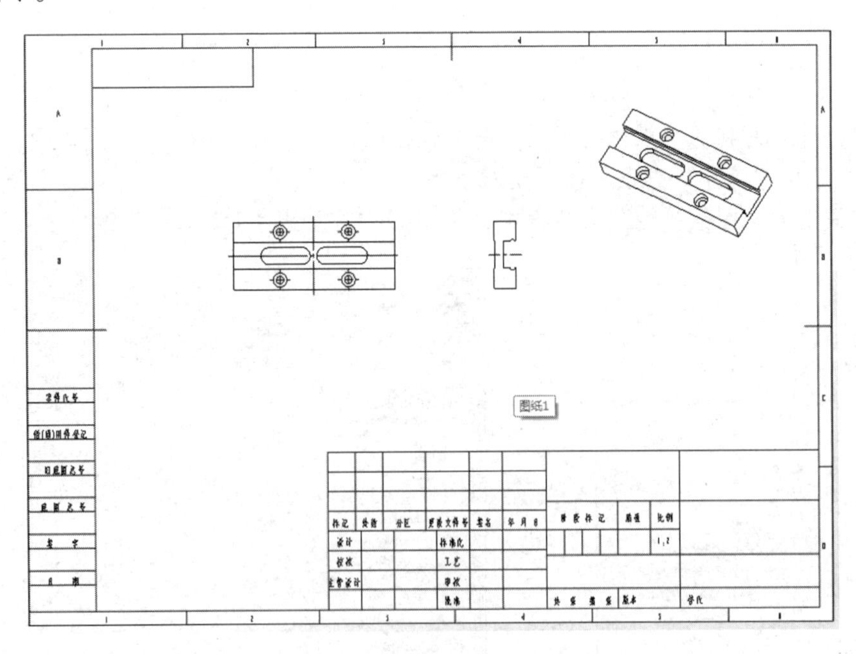

图 9-25

⓫ 利用“中心符号线”工具、“尺寸标注”工具，为视图添加对应的中心符号线与尺寸标注，效果如图 9-26 所示。

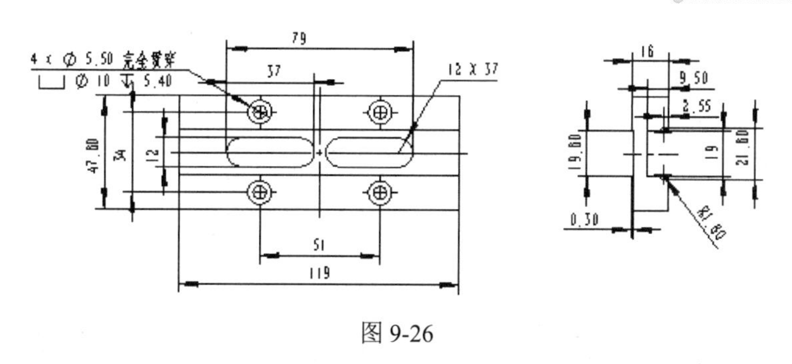

图 9-26

⓬ 通过“表面粗糙度”属性管理器设置符号布局的粗糙度为 6.3，并将符号放置在图纸的右上角，效果如图 9-27 所示。

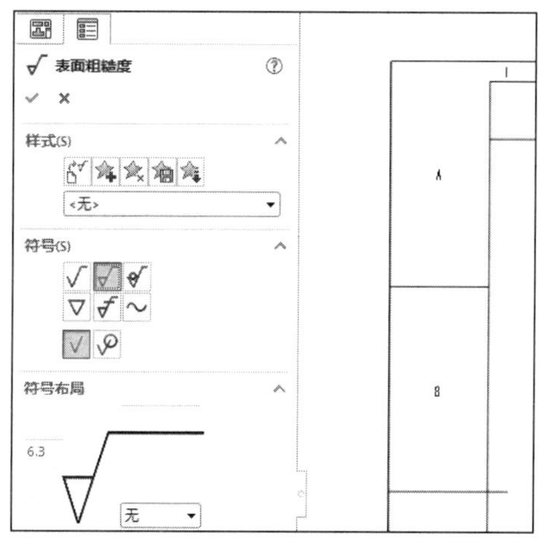

图 9-27

⓭ 通过“注释”属性管理器添加“技术要求”，效果如图 9-28 所示。

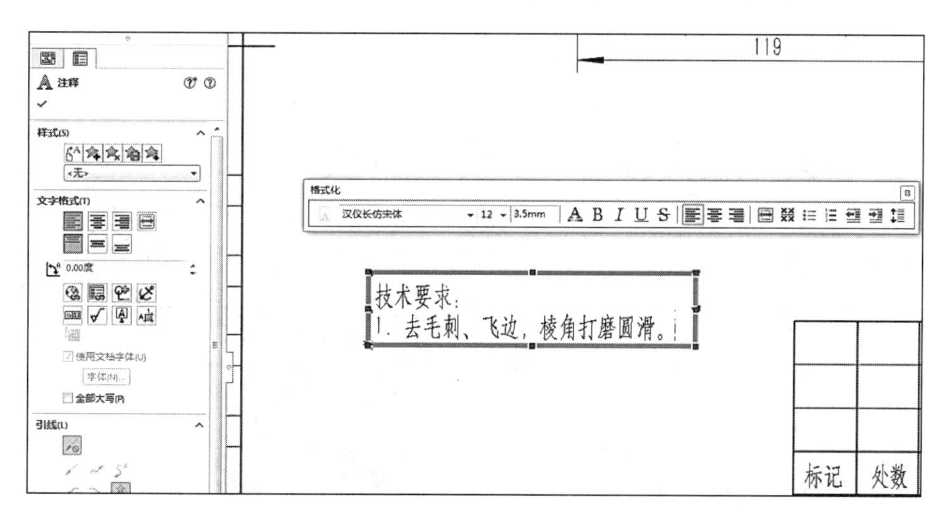

图 9-28

⓮ 右击任意一个视图，在弹出的快捷菜单中选择“打开零件”命令，并在菜单栏中单击 （文件属性）按钮，如图 9-29 所示。

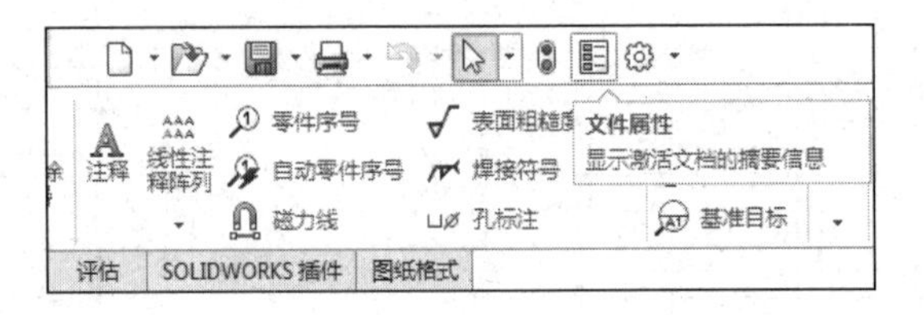

图 9-29

⓯ 在弹出的“摘要信息”对话框中，根据图纸的相关内容进行编辑，如图 9-30 所示。

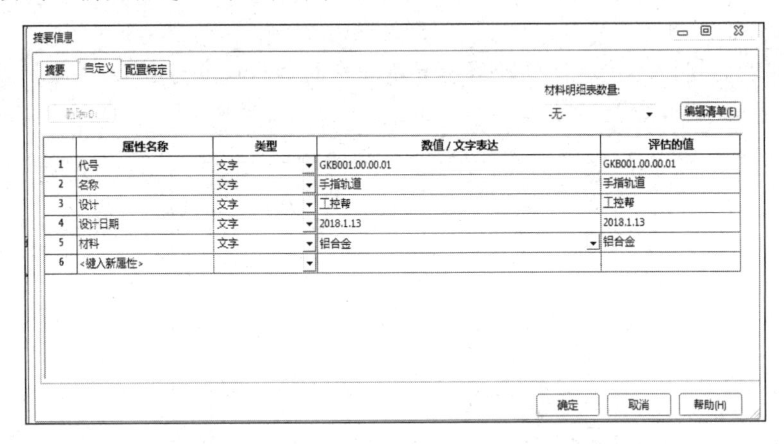

图 9-30

⓰ 将所有信息完善后，手指轨道零件的工程图文件制作完成。

2. 创建气缸装配体的工程图文件

❶ 打开气缸装配体文件，如图 9-31 所示。

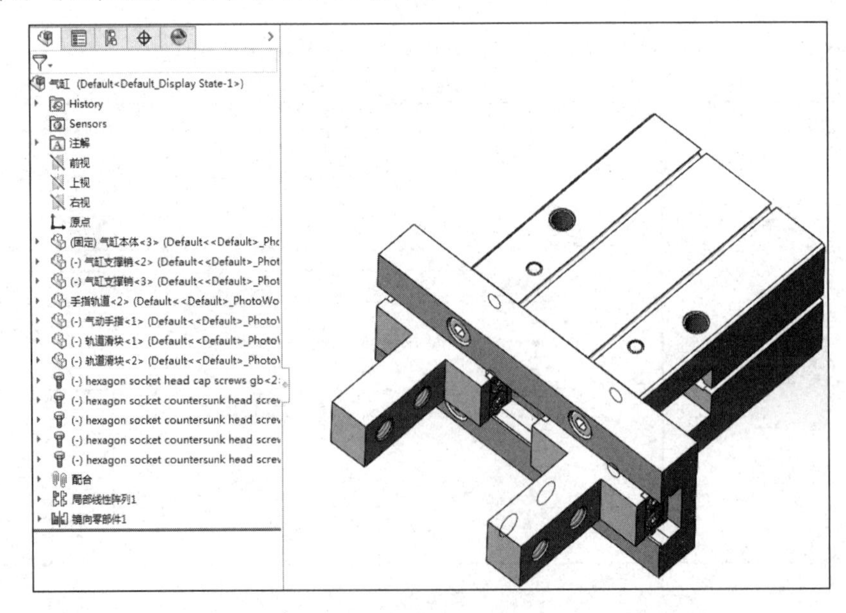

图 9-31

❷ 选择菜单栏中的“文件”>“从装配体制作工程图”命令，如图 9-32 所示。

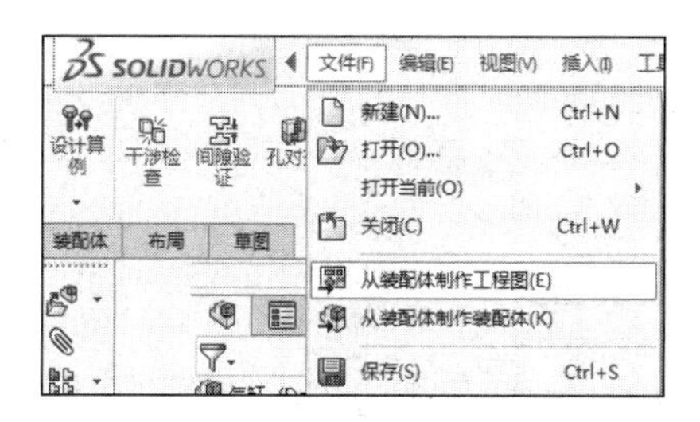

图 9-32

❸ 在弹出的“新建 SOLIDWORKS 文件”对话框中选择 gb-a3 模板，也就是横向的 A3 模板，单击“确定”按钮，如图 9-33 所示。

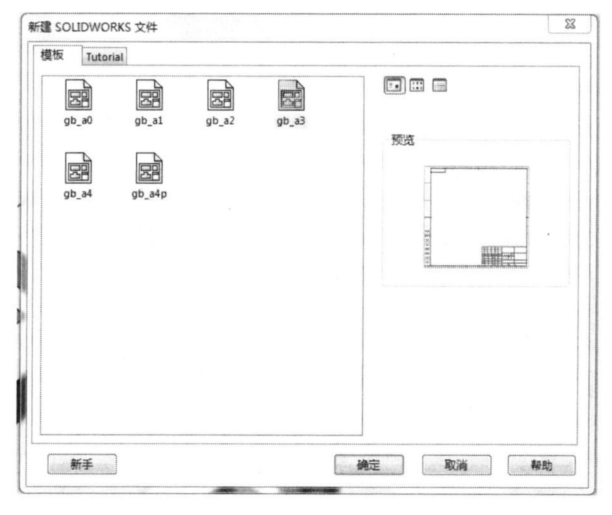

图 9-33

❹ 进入工程图文件的编辑界面，在工具栏的“视图布局”选项卡中单击“模型视图”按钮，如图 9-34 所示。

❺ 在右侧的任务窗格中，打开工程图文件的任务窗格，如图 9-35 所示。

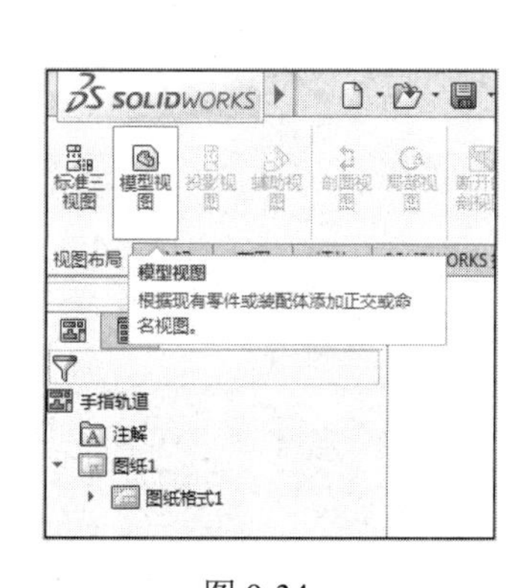

图 9-34

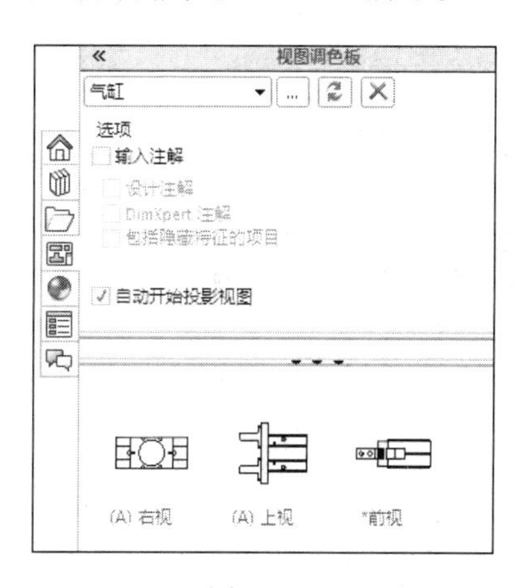

图 9-35

❻ 添加三个视图，效果如图 9-36 所示。

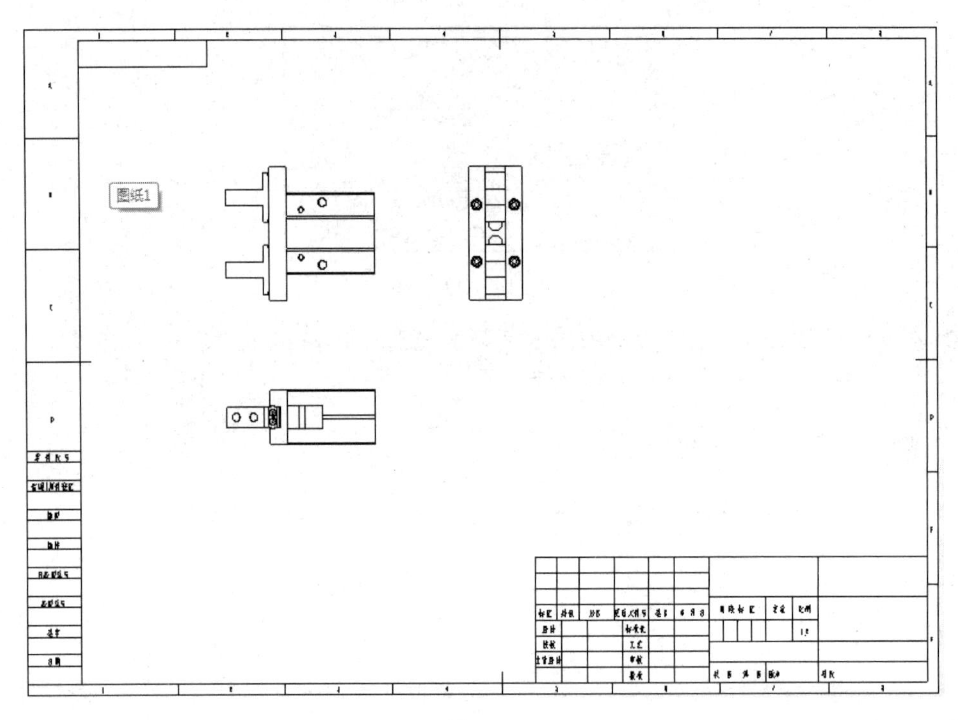

图 9-36

❼ 如果三个视图较大，需要进行调整，则右击“图纸格式 1”选项，在弹出的快捷菜单中选择“属性”命令，如图 9-37 所示。

❽ 在弹出的“图纸属性”对话框中，将图纸比例设置为 1:2，如图 9-38 所示。

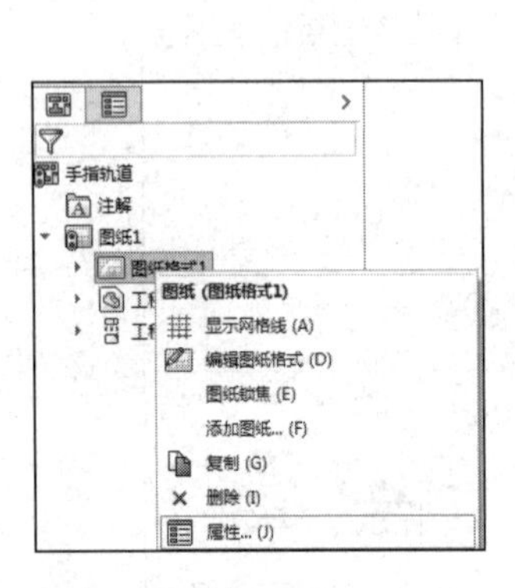

图 9-37

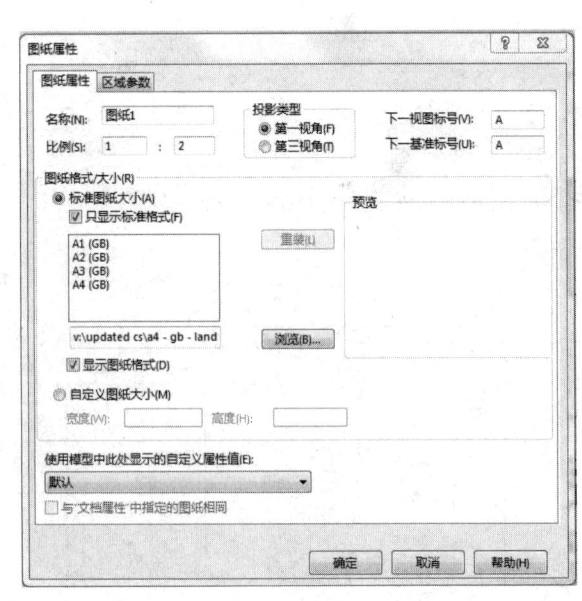

图 9-38

❾ 单击“确定”按钮，返回到工程图文件的编辑界面，这时可以看到三个视图都缩小了。添加一个等轴视图，效果如图 9-39 所示。

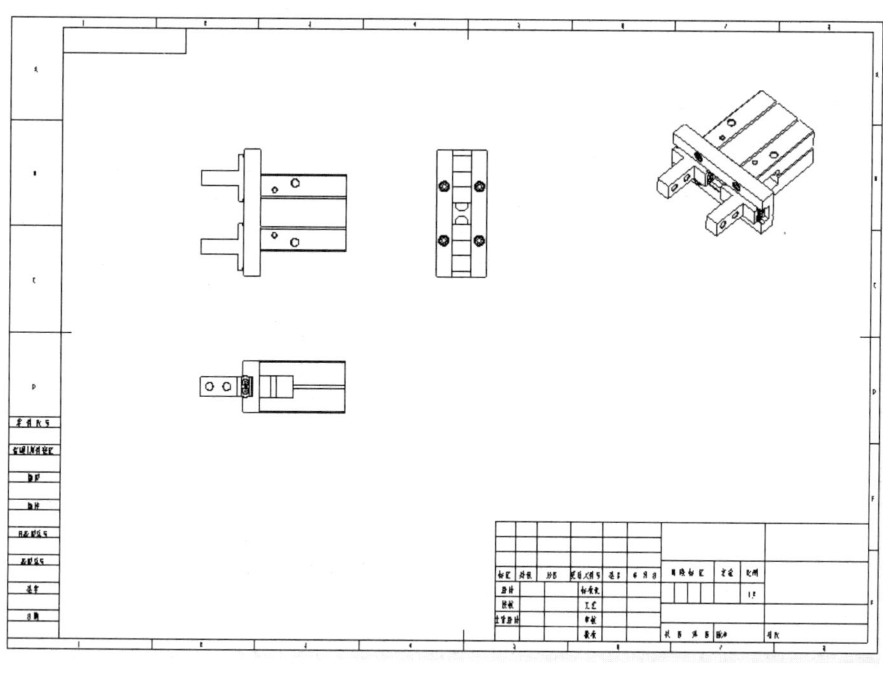

图 9-39

⑩ 通过在“注解”工具栏中单击“中心线”工具，为视图添加对应的中心线，效果如图 9-40 所示。

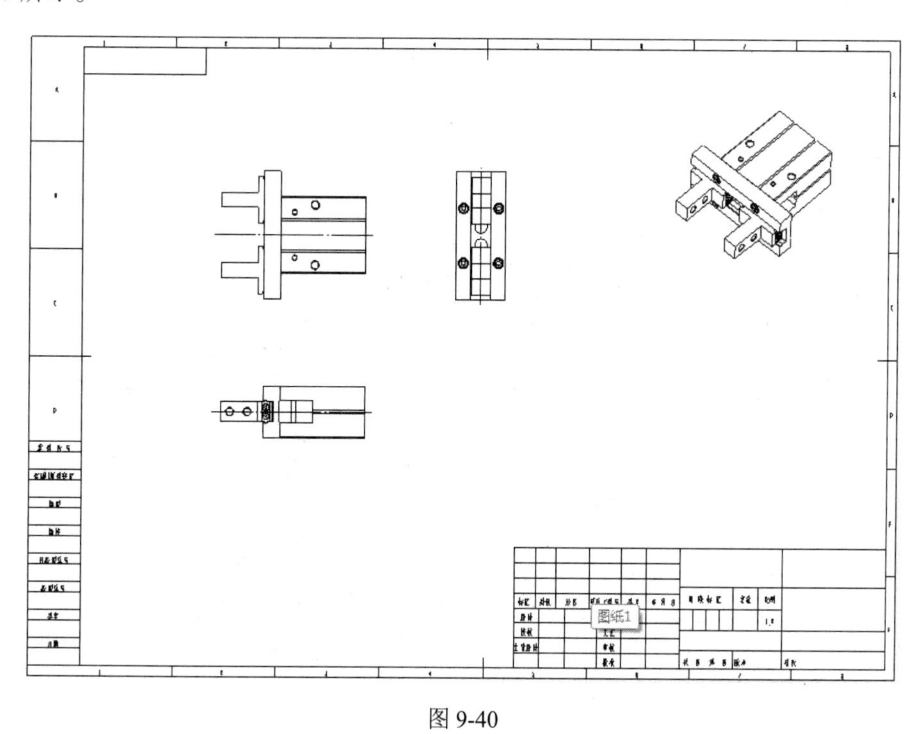

图 9-40

⑪ 利用“中心符号线”工具、“尺寸标注”工具，为视图添加对应的中心符号线与尺寸标注，效果如图 9-41 所示。

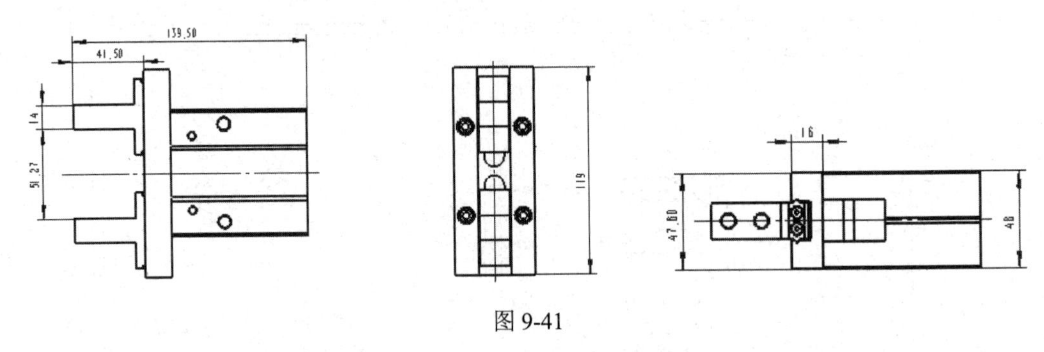

图 9-41

⑫ 通过“注释”属性管理器添加“装配要求”，效果如图 9-42 所示。

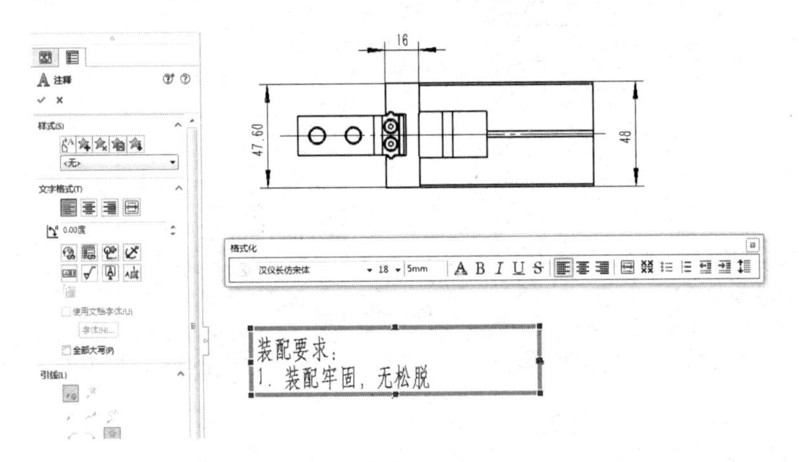

图 9-42

⑬ 选中“等轴视图”，选择菜单栏中的“插入”>“注解”>“自动零件序号”命令，如图 9-43 所示。

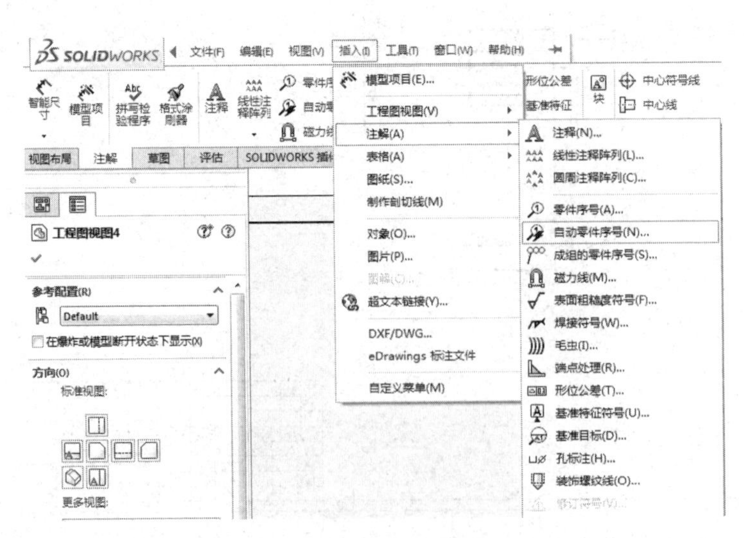

图 9-43

⑭ 移动光标，对零件序号的位置进行调整，效果如图 9-44 所示。

⑮ 右击任意一个视图，在弹出的快捷菜单中选择“打开装配体”命令，并在菜单栏中

单击 （文件属性）按钮，如图 9-45 所示。

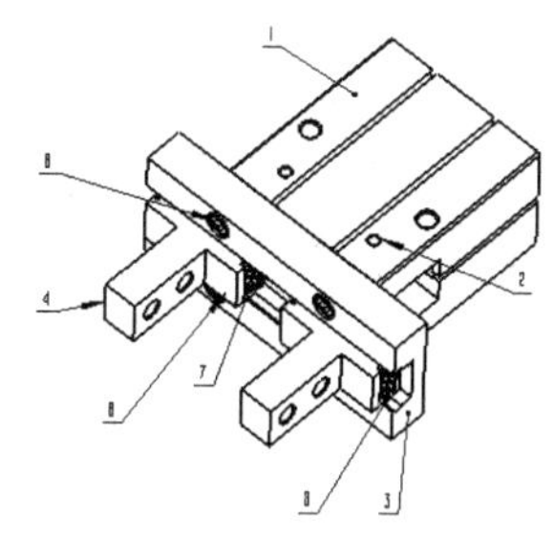

图 9-44

图 9-45

⑯ 在弹出的“摘要信息”对话框中，根据图纸的相关内容进行编辑，如图 9-46 所示。

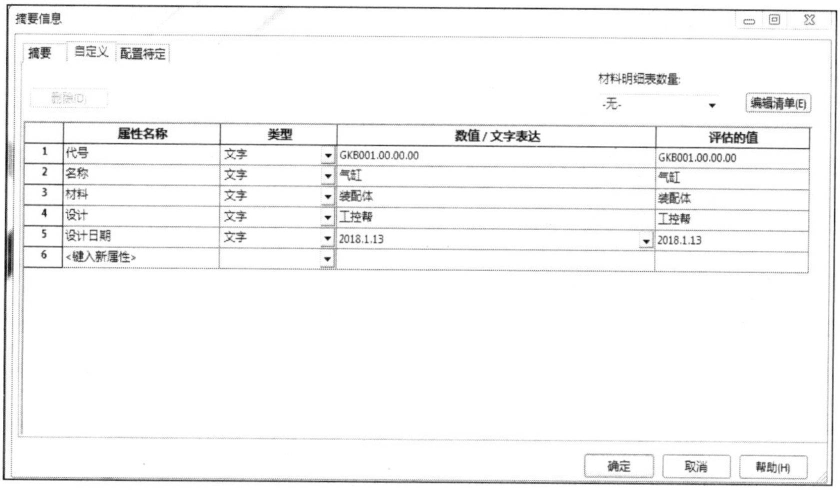

摘要信息

摘要 | 自定义 | 配置特定

删除(D)

材料明细表数量：-无-　编辑清单(E)

	属性名称	类型	数值 / 文字表达	评估的值
1	代号	文字	GKB001.00.00.00	GKB001.00.00.00
2	名称	文字	气缸	气缸
3	材料	文字	装配体	装配体
4	设计	文字	工控帮	工控帮
5	设计日期	文字	2018.1.13	2018.1.13
6	<键入新属性>			

确定　取消　帮助(H)

图 9-46

⑰ 选择菜单栏中的“插入”>“表格”>“材料明细表”命令，如图 9-47 所示，打开“材料明细表”属性管理器。

图 9-47

⑱ 选中任意视图，在“材料明细表”属性管理器中的“表格模板”中选择材料明细表的模板，如图 9-48 所示。

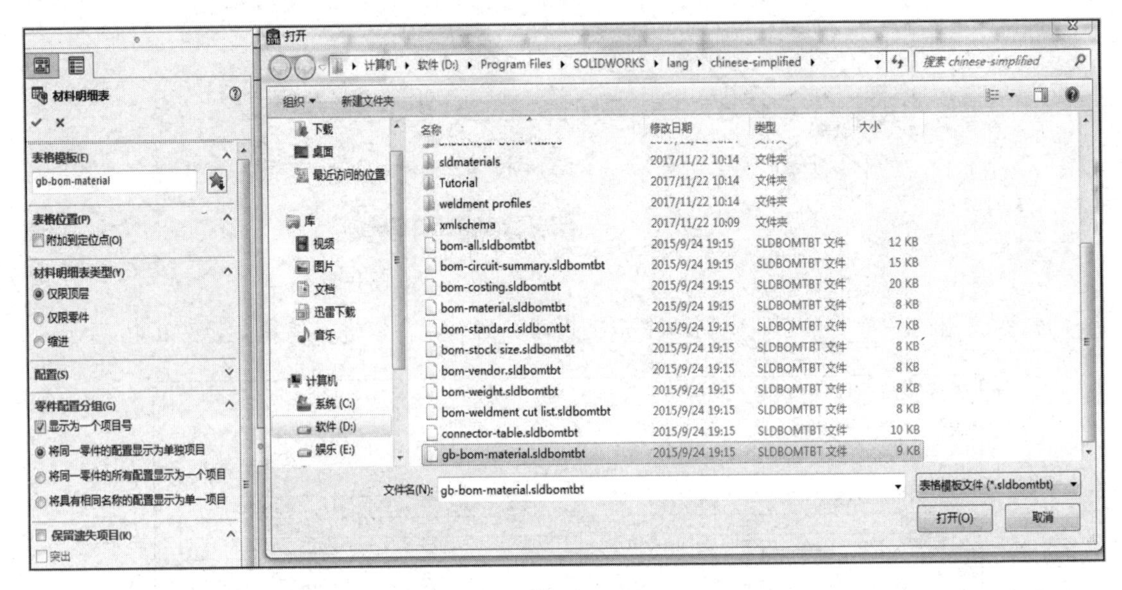

图 9-48

⑲ 单击“打开”按钮后，将材料明细表放置在已有表格的右下角，效果如图 9-49 所示。

8			2		0.00	0.00	
7			8		0.00	0.00	
6			4		0.00	0.00	
5			2		0.00	0.00	
4			2		0.00	0.00	
3	CKB001.00.00.01	手指轨道	1		0.00	0.00	
2			2		0.00	0.00	
1			1		0.00	0.00	
序号	代号	名称	数量	材料	单重	总重	备注

标记	处数	分区	更改文件号	签名	年 月 日	阶 段 标 记	重量	比例	气缸
设计	工控帮	2018.1.13	标准化					1:2	
校核			工艺						CKB001.00.00.00
主管设计			审核						
			批准			共 张 第 张	版本		替代

装配体

图 9-49

⑳ 右击材料明细表，在弹出的快捷菜单中选择“打开气缸本体.sldprt”，如图 9-50 所示。

㉑ 在打开的“摘要信息”对话框中，对材料明细表的内容进行编辑，如图 9-51 所示。

打开 气缸本体.sldprt (H)
插入
选择
删除
隐藏
隐藏所选 (O)
格式化
合并单元格 (R)
分割
排序 (T)
插入 - 新零件 (U)
另存为... (V)
所选实体
更改图层 (W)
自定义菜单(M)

C	D	E
	2	
	8	
	4	
	2	
	2	
手指轨道	1	
	2	
	1	

序号	代号	名称	数量	材料

图 9-50

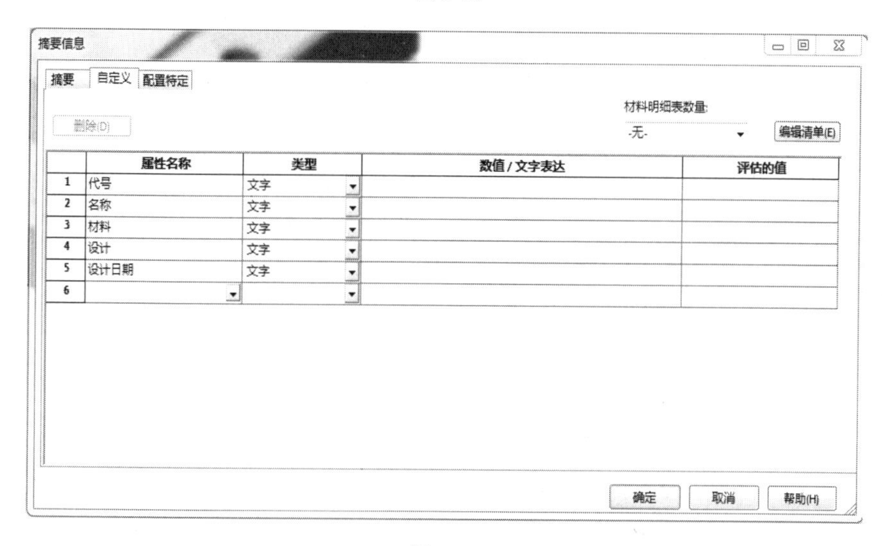

图 9-51

㉒ 参考上述步骤对其他文件属性进行编辑。至此，完成气缸装配体的工程图文件制作完成。

进阶篇

第 10 章

工业机器人末端执行器设计

【学习目标】

- 夹持式末端执行器设计
- 吸附式末端执行器设计
- 画线末端执行器设计
- 打磨末端执行器设计

工业机器人的末端执行器是一个安装在移动设备或者工业机器人手臂上，使其能够拿起一个物体，并且具有处理、传输、夹持、放置和释放对象到一个准确的离散位置等功能的机构，是直接执行作业任务的装置，大多数末端执行器的结构和尺寸都是根据不同的作业任务要求来设计的，从而形成了多种多样的结构形式。通常情况下，根据用途和结构的不同，末端执行器可以分为多类。

通常情况下，末端执行器是为特定的用途而专门设计的，但也可以设计成一种适用性较广的多用途末端执行器。虽然末端执行器的种类较多，但有些在技术上尚不成熟。因此，如何研制出能满足各种作业要求，并且实用可靠、结构简单、造价低廉的末端执行器是我们的主要任务。

10.1 夹持式末端执行器设计

1. 设计需求

- 夹持式末端执行器需要具有能满足作业需要的夹持力，以及所需的夹持精度。
- 尽可能使夹持式末端执行器的结构简单、质量小，以降低工业机器人的手臂负荷。

2. 分类

- 按夹持式末端执行器手指的运动方式不同，可分为平移型和回转型。
- 按夹持式末端执行器夹持方式的不同，可分为外夹式和内撑式。

3. 原理分析

夹持式末端执行器的主要设计方式是利用夹爪动作来实现抓取作业，具体过程如下：

❶ 当压力气体进入气缸腔时，活塞被推动，使手指张开。

❷ 对准需要夹取的产品，反向通入压力气体，再次推动活塞移动，使手指闭合，从而将产品夹紧。

4．夹持力计算

夹持力的计算步骤如下：

❶ 确定需要搬运的工件质量，此处为 0.2kg。

❷ 考虑到夹持臂与工件之间的摩擦系数及形状差异，为确保夹持式末端执行器能够稳定夹持，应选择能提供工件质量 10～20 倍夹持力的夹持式末端执行器。为了确保更高的安全性，可直接采用 20 倍的规格计算所需夹持力。

❸ 在工件搬运过程中，若涉及高速移动、急停或冲击，则需要预留更大的安全裕量。因此，所需夹持力=工件质量×安全系数×重力加速度=0.2kg×20×9.8m/s² = 39.2N。

5．夹爪选型

夹爪的选型过程如下：

❶ 条件确认与初步选择：根据具体的结构工况和安装空间要求，选定了亚德客的 HFT 系列夹爪。根据厂商提供的数据，当该夹爪的气缸内径为 16mm 时，其夹持力能达到 45N，这一数值超出了我们所需的 39.2N 的设计需求。具体选型如图 10-1 所示。、

内径（mm）	10	16	20	25	32
工作介质	空气				
使用压力范围	0.15～0.7MPa				
保证耐压力	1.2MPa				
工作温度	-20～70℃				
重复精度	±0.1mm				
夹持力（N）	14	45	74	131	228
最高使用频率	40次/分钟				20次/分钟
接管口径	M5×0.8				PT1/8

图 10-1

❷ 模型导出与最终确定：经过进一步的考虑和比对，最终确定了型号为亚德客 HFT16×30S 的夹爪。这款夹爪的具体外观和参数如图 10-2 所示。

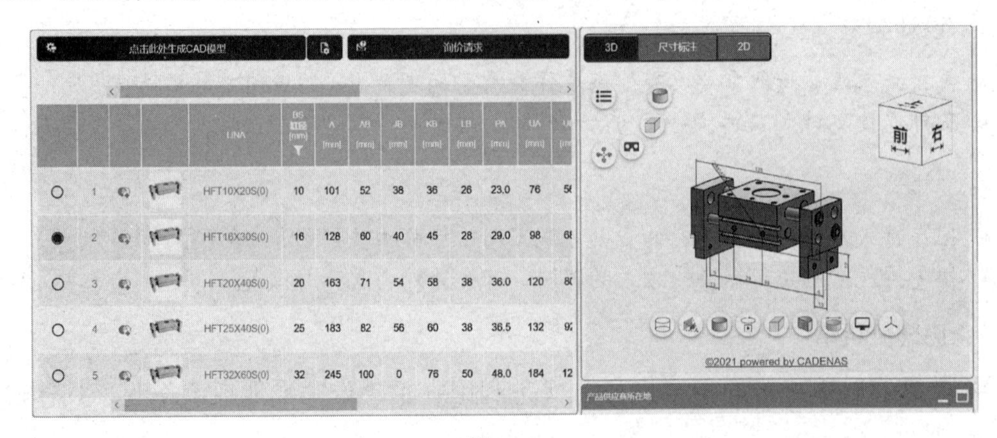

图 10-2

6. 快换器选型

快换器是一种能够消除重复定位误差的快换夹具装置。该装置的工作过程如下。

❶ 通过气缸驱动楔铁，使得楔铁上的斜面与快换夹具的斜面发生相互作用，从而夹紧快换夹具。

❷ 在此过程中，由两个楔铁产生的轴向分力会使快换夹具同向旋转，从而消除圆柱销、菱形销与定位套之间的间隙。

因此，快换夹具的位置总是被精确地固定在唯一确定的位置上，从而达到消除定位误差的效果。根据品牌为上海连朗的气动快换器 QC-10B 的产品数据可知（见图 10-3），此快换器可搬运的 98N 的工件，能满足我们的设计需求。

可搬运重量(N)	98	位置再现精度(±mm)	0.01
动态允许扭矩（弯矩方向）(N·m)	49	动态允许扭矩（扭转方向）(N·m)	68.6
锁紧力(N)	970.8	材质	不锈钢
外形尺寸（锁紧时or连接时）(φ · mm)	50×38.5	重量(g)	245
拆装机构	钢球定位方式	拆装动作气压(Mpa)	0.39～0.68
允许温度与湿度范围(℃·%)	0～55℃,0～95%(不结露)	通用气压孔	M5×6
电气信号数量	10	功能	主盘

图 10-3

导出快换器模型，如图 10-4 所示。

图 10-4

7. 结构设计

❶ 定位板设计：根据所提供的工件信息，专门设计了定位板，以便在工具架上实现工件的精确定位。

❷ 定位板连接：定位板的一端与快换器连接，确保能够快速且准确地更换工具；另一端通过避空连接轴与夹爪的气缸安装板相连，以实现夹持动作的传递。

❸ 夹持机构设计：设计与夹爪相连的夹持机构，该机构能够响应夹爪的驱动，实现对

工件的夹持与释放。

❹ 装配体的功能检查与改进：对整个装配体进行功能检查，确保其能够按照设计要求正常工作，并根据检查结果，对装配体进行必要的改进，以优化其性能。

夹持式末端执行器的结构设计示意图如图 10-5 所示。

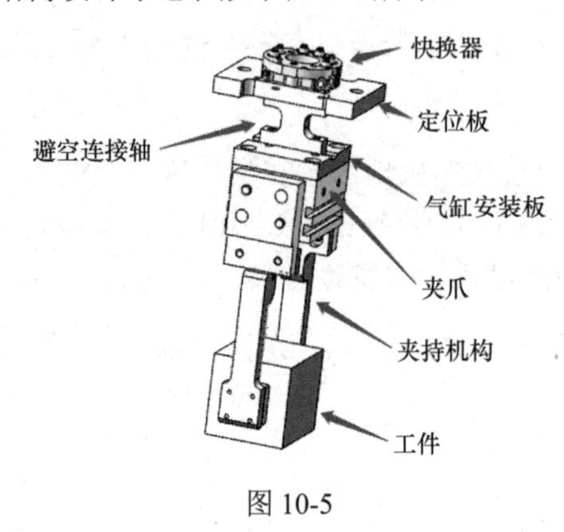

图 10-5

10.2 吸附式末端执行器设计

1．设计需求

- 吸附式末端执行器需要具有能满足作业需要的吸附力，以及所需的吸附精度。
- 真空吸附装置应满足作业标准，能够生成足够的负压以稳固吸附工件。
- 需要配备电信号反馈机制，以明确指示吸附状态已达预期。
- 尽可能使吸附式末端执行器的结构简单、质量小，以降低工业机器人的手臂负荷。

2．分类

- 依据应用场景划分：吸附式末端执行器可根据实际需求设计为单吸盘、双吸盘、多吸盘或特定形状的吸盘，以适应多样化的作业环境。
- 依据负压产生方式划分：挤压式吸盘，即通过机械挤压产生负压，实现工件的吸附；气流负压式吸盘，即利用气流流动原理形成负压，达到吸附效果；真空泵排气式吸盘，即通过真空泵抽取空气，形成稳定的负压环境，确保工件稳固吸附。

3．功能分析

吸附式末端执行器通过集成真空发生器以生成负压环境，巧妙地利用真空吸盘作为其核心执行组件，实现对工件的稳固吸附，适用于处理质量较轻的物件，如薄金属片、木质板材、纸张、玻璃，以及弧形壳体等精细零件，具有广泛的适用性。

4．执行结构设计

❶ 工件定位板设计：依据给定的工件规格与特性设计定位板，以确保其能精准、稳固地安置于工具架上，便于快速定位与更换。

❷ 连接机制创新：定位板的一端与快换器无缝对接，另一端通过精密的连接轴与真空吸笔固定座紧密相连（在此连接轴上集成了真空负压值检测器），从而实现了结构与功能的双重优化。

❸ 真空吸笔固定座设计：为了稳定支撑并固定真空吸笔，特别设计了坚固耐用的真空吸笔固定座，以确保在高强度作业中吸附式末端执行器也能保持高效稳定的吸附性能。

❹ 装配体验与优化：对整个装配体进行全面的功能测试，细致检查每一环节，针对发现的问题进行细致调整与优化，以确保吸附式末端执行器的性能达到最佳状态。

❺ 设计定稿：在经过反复验证与改进后，最终完成吸附式末端执行器的整体设计，确保其满足各项性能指标要求，为实际应用奠定坚实基础。

吸附式末端执行器的结构设计示意图如图 10-6 所示。

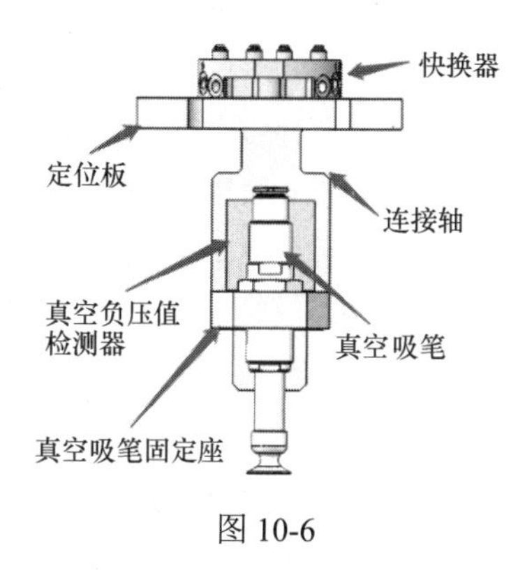

图 10-6

10.3　画线末端执行器设计

1. 设计需求

- 工具固定性：必须能够稳固地装载并固定各类绘制工具，包括但不限于传统笔、激光指示笔及带有刻度的专用笔，以确保绘制过程中的稳定性与精确性。
- 功能适应性：能充分满足实际画线作业的需求，以确保在各种应用场景下均能高效、准确地完成画线任务。
- 结构优化设计：追求简单且紧凑的设计，以减轻整体质量，旨在降低工业机器人的手臂负载，同时便于快速更换，以适应不同的作业负重需求。

2. 分类

- 颜料笔执行器：专为传统书写与绘图设计，能够稳定驾驭各类颜料笔，无论是细腻线条的勾勒还是文字的书写，都能胜任，可满足艺术创作与日常记录的多重需求。
- 激光笔执行器：集成高科技激光技术，功能强大且应用广泛，不仅能进行高精度的划线作业，还具备切割、打印、焊接等多种能力，是现代工业加工与科技创新中的得力助手。

3. 功能分析

画线末端执行器，作为一款集成了多种功能的智能工具，其核心在于具备灵活搭载各种笔类工具的能力，并依托精准的移动控制技术，广泛适用于多种行业场景。无论是进行精确的标记指示，还是满足锡膏溶解、表面精细刻字等特定工艺需求，它都能以高效、准确的表现，满足各行业的严格要求。

4. 结构设计

❶ 定制化定位板设计：依据工件的具体规格与需求设计定位板，以确保画线末端执行器能够稳固且精确地安装于工具架上，为执行器的稳定运行提供支撑。

❷ 灵活高效的连接架构：定位板的一端与快换器紧密相连，实现了工具的快速更换与高效对接；另一端则通过精密的连接轴与固定块结合，以构建起稳固且灵活的机械连接体系。

❸ 通用性笔座设计：能够固定各种圆柱类工具，如颜料笔、激光笔等，无论尺寸大小，均能实现稳固安装，以确保画线末端执行器在绘制或加工过程中的高精度与稳定性。

❹ 全面校验与持续优化：在完成结构设计后，需要对整个装配体进行严格的功能测试与校验，针对发现的问题进行细致的调整与优化，以确保画线末端执行器可满足用户的多样化需求与高标准要求。

画线末端执行器的结构设计示意图如图 10-7 所示。

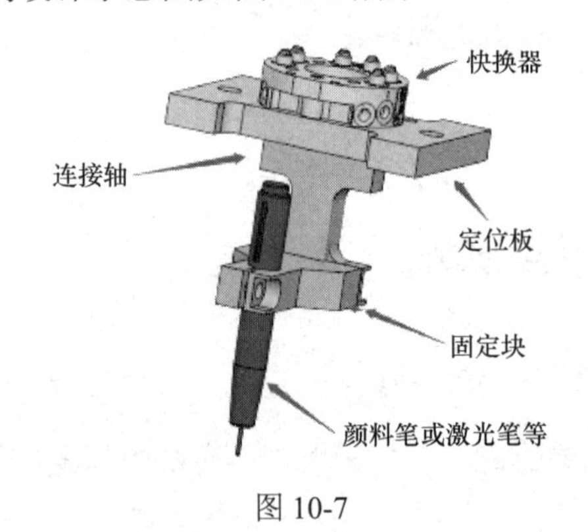

图 10-7

10.4 打磨末端执行器设计

1. 设计需求

- 确保打磨工具与打磨电机连接稳固，以实现高效转动。
- 充分适应工作场景，确保能有效且均匀地打磨工件表面，满足既定的加工标准。
- 追求简单且紧凑的设计，以减轻整体质量，旨在降低工业机器人手臂的负载，同时便于快速更换，能适应不同的作业负重需求。

2. 分类

- 电动式打磨执行器：采用电力作为动力源，通过电动机直接驱动打磨工具旋转，具有控制精准、适应性强及易于集成到自动化生产线中的特点。

- 气动式打磨执行器：利用压缩空气作为动力媒介，通过气动马达带动打磨头工作，适用于需要高转速、低维护成本及在易爆环境中使用的场景。

3. 功能分析

打磨末端执行器作为一种高效集成装置，其核心在于通过精密的搭载机制，灵活驱动打磨工具进行多维度的移动作业。该执行器专为工件的精细处理而设计，涵盖了从边缘倒角、表面打磨到最终抛光的一系列加工需求，确保工件达到所需的光洁度与精度要求。

4. 执行器结构设计

❶ 依据工件的具体规格与特征设计定位板，以确保打磨末端执行器能快速且准确地定位工具架，以提升作业效率。

❷ 定位板的一端接入快换器，以实现工具的迅速更换与适配；另一端通过精密的连接轴与固定块紧密相连，以确保打磨末端执行器的结构稳固且便于维护。

❸ 设计笔固定座，旨在稳固承载打磨电机、研磨笔等多种打磨工具，以确保在作业过程中工具不晃动、不偏移，保障加工质量。

❹ 对初步完成的装配体进行功能检测，细致排查可能存在的隐患或不足，并据此进行必要的调整与优化。

❺ 在经过严格测试与验证后，完成打磨末端执行器的整体设计，为后续的制造与应用奠定基础。

打磨末端执行器的结构设计示意图如图 10-8 所示。

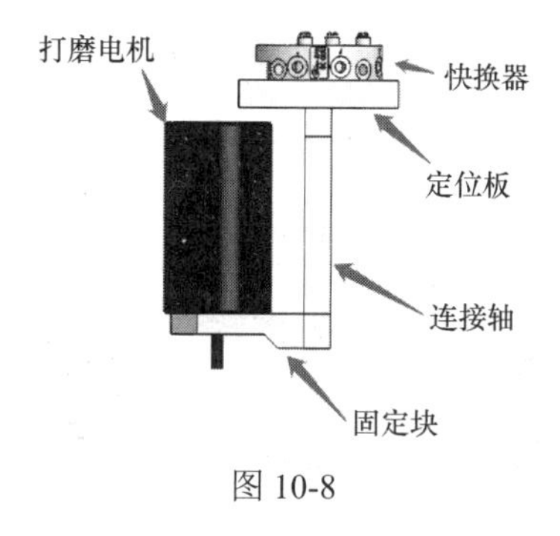

图 10-8

10.5 工具架设计

1. 设计需求

- 精准定位设计：为确保执行器的稳固安装与精确定位，工具架采用双定位销设计，定位销的直径为 8mm，两销间距为 73mm，以满足执行器的限位尺寸需求。
- 优质材料选用：工具架的主体结构选用高性能的铝合金 6061 材质，不仅保证了结构的坚固耐用，同时实现了轻量化设计，整体重量控制在约 2kg，便于搬运与安装。
- 高效承载能力：工具架能够同时容纳并稳固支撑 4 个工业机器人末端执行器，可满足多工具同时管理的需求。

- 模块化结构设计：工具架由三大核心组件构成，包括平台限位机构、立杆支撑机构、脚板安装定位机构，各部件既相互独立又紧密协作，确保了工具架整体的稳定性和功能性，便于组装、拆卸及后期维护。

2. 工具架的功能分析

工具架专为稳固、承载各类执行器而设计。通过精密的定位机制，能确保执行器被牢牢固定于预定位置，从而便于工业机器人的机械臂在执行器更换过程中的精准对接与高效操作，不仅提升了生产线的自动化水平，还增强了作业流程的灵活性与可靠性，为智能制造的持续优化与升级奠定了基础。

3. 工具架的结构设计

❶ 依据提供的工件数据，构建工件的三维模型，为后续的设计奠定基础。

❷ 专门设计一个稳固且便于操作的平台，用于妥善安置各类执行器工具，确保工具放置稳定且易于取用。

❸ 采用高质量的型材，规划并设计支撑架的结构，旨在提供足够的强度和稳定性，以支撑整个工具架的重量及日常使用中的动态负载。

❹ 设计一块坚固耐用的底板，作为整个工具架的基座，确保工具架能够平稳放置于各种工作环境中，同时考虑底板的承重能力与防滑特性。

❺ 在三维模型中加入装配约束，以确保各部件间配合紧密，并选用合适的紧固件进行组装，以增强结构的整体刚性和耐久性。

❻ 对初步完成的装配体进行功能检查，识别并解决可能存在的功能缺陷或设计不足，通过迭代设计不断优化，直至达到最佳性能状态。

❼ 完成设计细节的调整，形成如图 10-9 所示的完整设计方案。

将各执行器置于工具架的示意图如图 10-10 所示。

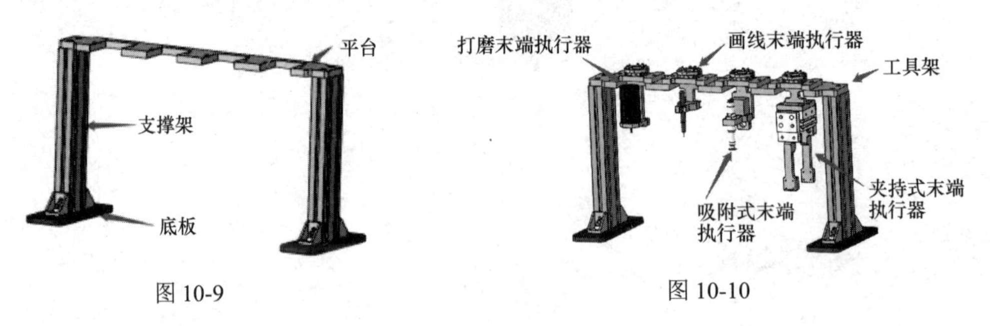

图 10-9　　图 10-10

10.6 知识点练习

本项目旨在设计一款为工业机器人量身定制的末端执行器，其核心功能为集成激光发射头，以实现高效、精确的激光焊接作业。

- 激光器的选型参考：为确保设计的精准度与实用性，选用了如图 10-11 所示的先进激光器作为设计基准。该激光器以其强大的稳定性、优秀的光束质量以及长寿命特性，为激光焊接任务提供了技术支撑。

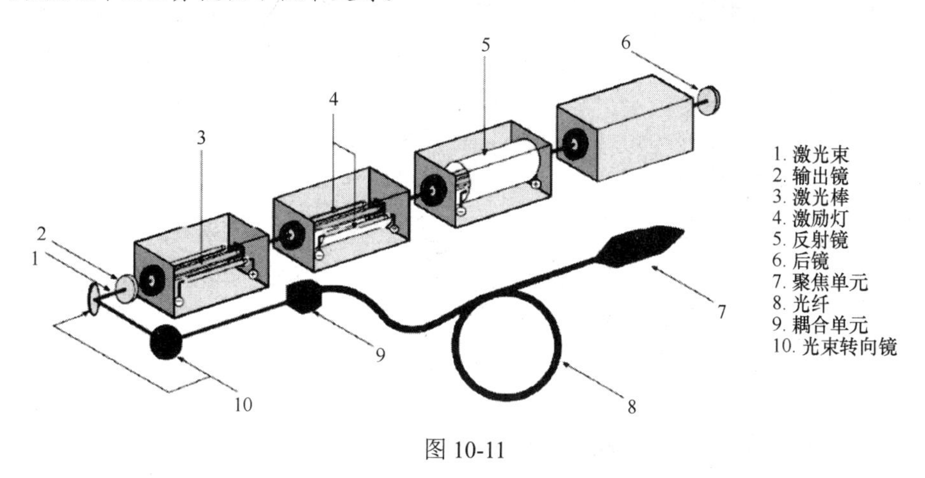

图 10-11

- 聚焦单元设计：配置了先进的激光聚焦单元，能够确保激光束在焊接过程中实现精准聚焦，从而大幅提升焊接的精度与效率。
- 机构融合创新：在借鉴并优化传统画线末端执行器设计的基础上，创新性地设计了激光焊接执行器。此设计不仅完美融合了激光聚焦单元，还充分考虑到了执行器的灵活性、稳定性、易于维护性，以确保在执行复杂焊接任务时，能够保持作业精度与可靠性。

第 11 章

焊接变位机及焊接工装夹具设计

【学习目标】
- 焊接变位机的分类
- 焊接工装夹具的设计

11.1 焊接变位机的分类

工业领域中的关键产品，尤其是航空航天及核能工业产品，均离不开焊接工艺，其焊接质量的好坏直接关乎产品的整体质量和性能优劣。因此，为了助力焊接技术的进步，确保焊接品质，并提升焊接作业的机械化水平，业界研发并推出了焊接变位机这一设备。

焊接变位机作为一种兼具通用性与高效率的环形焊缝焊接辅助设备，在焊接作业中扮演着至关重要的角色。通过科学合理地选用焊接变位机，不仅能显著提升工作效率，确保焊接质量的一致性和高标准，还能大幅度削减生产成本，同时有效增强生产过程中的安全性，为现代工业制造提供强有力的技术支持。

根据焊接变位机的结构不同，一般可分为三类：伸臂式焊接变位机、座式焊接变位机、双座式焊接变位机。

1．伸臂式焊接变位机

伸臂式焊接变位机的工作台安装在伸臂的一端，伸臂通常能够相对于一个倾斜轴进行角度回转。这个倾斜轴在大多数情况下是固定的，但也有部分设计允许其在小于 100° 的范围内进行上下倾斜调整。此外，伸臂设计是仅围绕某一中心点进行的圆弧运动。伸臂式变位机的工作范围广泛，作业适应性强，能够灵活应对各种焊接需求，特别适用于 0.5 吨以下小工件的变位翻转作业，如梁柱、框架以及椭圆容器等部件的焊接工作，然而，其整体稳定性相对较弱。

2．座式焊接变位机

座式焊接变位机工作台的回转轴与翻转轴相互垂直，工作台及回转传动装置由两侧稳固的翻转轴支撑。通过精密的扇形齿轮传动装置，翻转轴能够在 110° ～140° 的范围内实现灵活的倾斜与翻转动作。

座式焊接变位机具有优秀的整机稳定性，通常无需固定于地面，便于移动与灵活部署，广泛应用于 1～50 吨重量级零件的翻转变位作业中。在手工焊接领域，该变位机尤为常见，大多采用电机作为驱动力，具备强大的承载能力，特别适合于那些尺寸适中但重量较大的焊件，可为焊接作业提供高效、稳定的支持。

3．双座式焊接变位机

双座式焊接变位机是一种集翻转和回转功能于一体的先进设备。其工作台与回转机构共同安装在一个稳固的方形梁上，该梁的两端配备有翻转轴，并由两个坚固的基座提供支撑。通过精密的倾斜机构，整个方形梁能够实现灵活的翻转动作。

这款变位机的核心特点在于其双轴驱动设计：翻转和回转分别由两个独立的轴来控制。夹持工件的工作台不仅能够绕自身轴线进行回转，还能围绕另一个轴实现倾斜和翻转，大大提升了焊接作业的灵活性和效率。双座式焊接变位机的结构组成如图 11-1 所示。

- 基座：作为设备的支撑基础，基座采用坚固的型材焊接而成，以确保整个设备的稳定性和承重能力。
- 减速电机：配备自锁功能，拥有强大的转动力，以确保设备在定位时准确可靠，为翻转和回转动作提供稳定的动力源。
- 焊接导电头：为确保焊接电流不会通过轴承、齿轮等传动部件，双座式焊接变位机特别配备了导电装置，即焊接导电头，从而保护设备免受电流损害。
- 倾斜机构：由减速电机驱动，倾斜机构通过带动方形梁，进而传动给工作台，实现工件的翻转作业。这一机构的设计确保了翻转动作的平稳和准确。
- 方形梁：作为工作台的主要支撑结构，方形梁稳固地承载着工作台及其上的工件，为焊接作业提供稳定的平台。
- 旋转轴：旋转轴与翻转轴同步转动，是实现工作台回转动作的关键部件，以确保回转动作的流畅和精确。
- 更改干涉和不干涉零件的显示设置，便于查看干涉。

总之，双座式焊接变位机以其独特的双轴驱动设计和稳固的结构组成，可为焊接作业提供高效、稳定的支持。

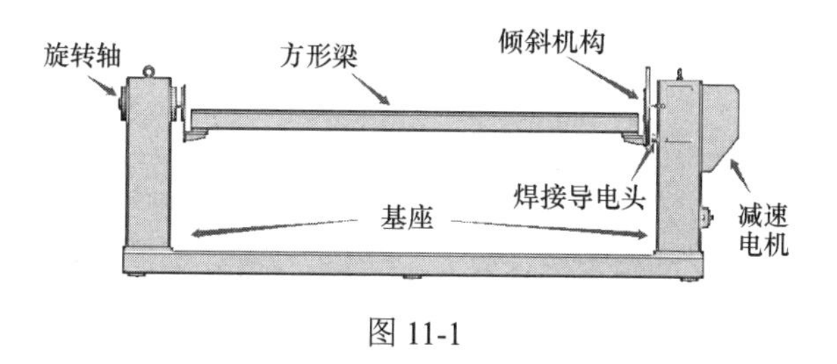

图 11-1

11.2 焊接工装夹具的功能设计

1．功能需求分析

- 夹具定位：设计一款专用夹具，并安装于翻转平台上，以实现对工件的稳定夹持，以便后续焊接操作。
- 工件固定方式：鉴于工件的长度与直径特点，采用 V 型块固定，并配合肘夹卧式夹紧策略，确保工件稳固不偏移。

- 结构强度与刚度：夹具必须具备足够的力学性能，以承受焊接过程中的各种力，保证焊接质量。
- 轻量化与紧凑性：在保持高强度的同时，追求结构的简洁、紧凑，力求体积小、重量轻，便于操作与搬运。
- 稳定性与可靠性：夹具的安装需稳固可靠，确保在焊接过程中无晃动或位移。
- 制造工艺性：设计应便于加工、组装及质量检测，尽可能降低生产成本，提高生产效率。
- 清洁维护：设计时应考虑日常清洁与维护的便捷性，以减少维护成本与时间。

2. 操作过程

❶ 将工件准确放置于夹具的 V 型块中。
❷ 手动操作肘夹，将工件紧紧固定，以确保焊接过程中的稳定性。
❸ 焊枪自动移至焊接位置，焊机启动，产生电弧开始焊接。
❹ 随着工件的旋转，焊枪自动完成整个焊接过程，要确保焊缝均匀美观。
❺ 焊接完成后，工件自动停止旋转，焊机断弧，焊枪退回初始位置。
❻ 手动松开肘夹，轻松取下已完成焊接的工件，为下一轮操作做准备。

此设计不仅满足了焊接工艺的高要求，还充分考虑到了操作的便捷性与效率，确保了焊接质量与生产效率的双重提升。

11.3 焊接工装夹具的结构设计

1. 构建工件模型

基于前期的需求调研与现场测绘构建工件模型，如图 11-2 所示。此模型不仅直观展示了工件的几何形态与尺寸细节，更为后续的夹具设计提供了参考依据。

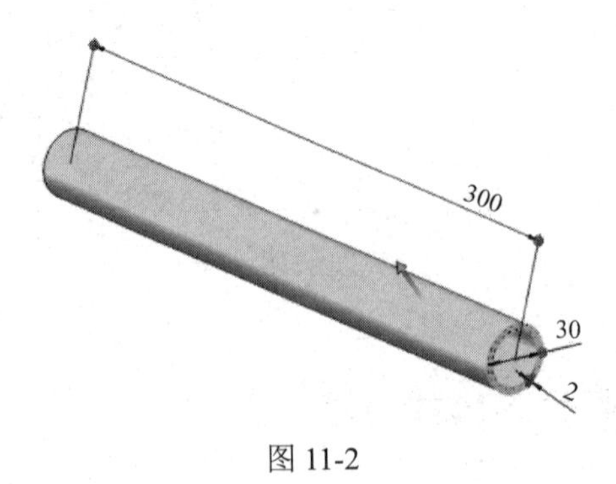

图 11-2

2. 固定架设计

根据前期的分析成果，设计固定架的各项参数与结构布局。

- 尺寸规划：设计工装的整体高度为 640mm，以确保操作便捷及焊接工艺的最佳呈现；宽度则设计为 190mm，既能满足工件的放置需求，又能保证结构的紧凑与稳固。

- 型材选用：主支撑结构采用 40×80 型材，其强大的承重能力与稳定性，为工装夹具提供了坚实的骨架；辅助支撑与细节连接处则选用 40×40 型材，既减轻了整体重量，又提升了设计的灵活性。

依托上述参数与型材选择，绘制固定架的设计参考图（见图 11-3），为实际制造与组装提供了直观指导。

3. 设计工装夹具的面板

基于前期的分析与工件的尺寸要求，进行工装夹具面板的设计，旨在确保工件的精准定位与稳定夹持，同时提升焊接作业的效率与质量。

工装夹具面板的外观尺寸为：长×宽×高 = 189.40mm×100mm×10mm，如图 11-4 所示，以确保工件能够完美贴合，无误差定位。

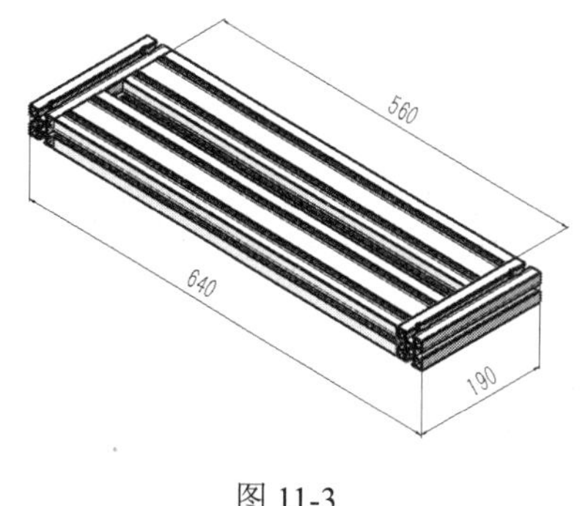

图 11-3

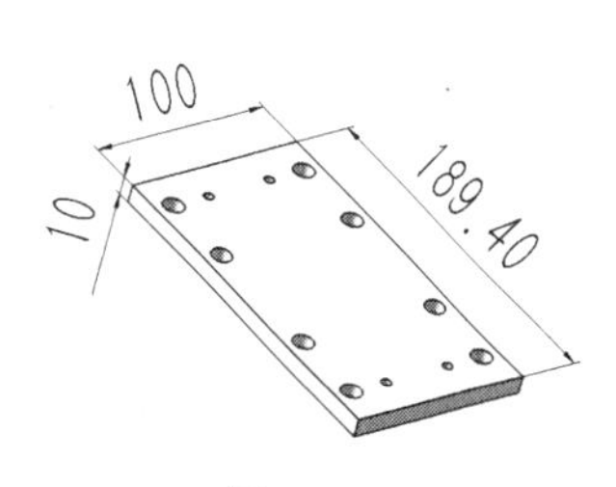

图 11-4

4. V 形块选型

在深入分析与综合考量后，确定了 V 形块的选型方案。

- 品牌选择：选定米思米（Misumi）作为 V 形块的供应品牌。米思米以其卓越的产品品质、丰富的选型范围以及完善的售后服务，在工装夹具领域享有盛誉，为后续设计提供了品质保障。
- 型号确定：经过细致比对与评估，最终选择 WGVA25 这一型号的 V 形块。该型号不仅尺寸精准，而且设计合理，可确保焊接过程中的稳定夹持与精确定位。
- 尺寸参照：为便于直观了解 V 形块的尺寸细节，下面提供详尽的尺寸参考图（见图 11-5）。图中清晰标注了 V 形块的关键尺寸参数，为后续的制造与组装提供了指导。

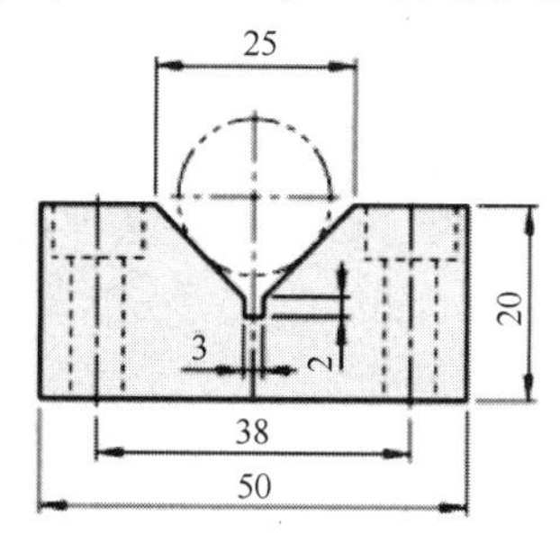

图 11-5

- 应用实例：为进一步展示 V 形块在实际焊接作业中的应用效果，下面给出应用实例图（见图 11-6）。

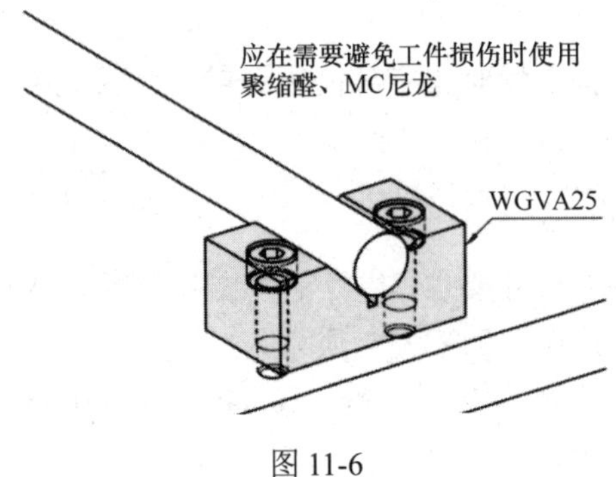

图 11-6

5．夹紧机构选型

在深入分析后，制定夹紧机构的选型方案。对夹紧机构的基本要求如下。

- 精准夹持，自锁稳固：夹紧机构需要确保夹持动作精确无误，一旦进入夹紧状态，应能自动锁定，从而有效保障夹紧定位的稳固性与安全性，杜绝任何可能的松动或偏移。
- 高效便捷，保护工件：夹紧过程需要迅速且操作简便，力求省力。与此同时，在夹紧过程中，必须严格避免对零件表面造成任何损伤，以确保工件质量的完好无损。
- 耐用，调节灵活：夹紧件需要具备出色的刚性与强度，以承受各种工况下的压力。夹紧作用力应可调节，以满足不同工件与夹持的需求。此外，结构设计应简洁明了，便于生产制造与后期维护。

为直观展示夹紧机构的具体细节与结构特征，下面列出参考图（见图 11-7）。该图清晰呈现了夹紧机构的各个组成部分及其相互间的关联，为后续的选型与决策提供了参考。

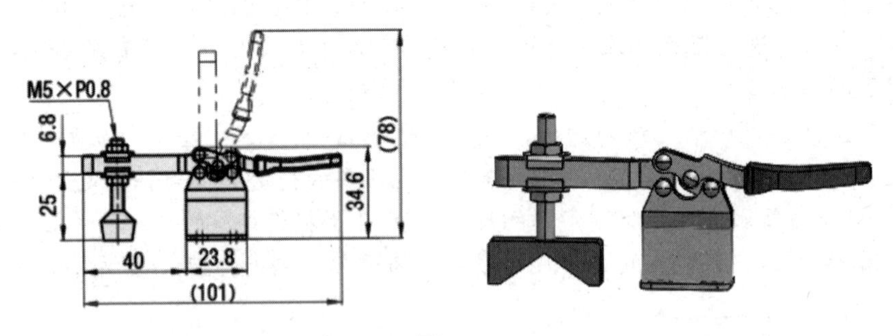

图 11-7

在广泛搜集与比对后，发现米思米品牌中的一款优质肘夹产品可满足项目对于夹紧机构的各项要求，其各项参数如图 11-8 所示。

6．完成所有装配

至此，已完成所有装配工作，效果如图 11-9 所示。

翻转平台作为此次装配的核心部分，其效果图如图 11-10 所示。通过此平台，用户可轻松实现工件的快速定位与精准加工，极大地提升了工作效率与操作便捷性。

安装方法	法兰基座安装	前端螺栓种类	橡胶头螺栓
前端螺栓位置调节	滑动调整	臂高种类	标准型
臂高 H(mm)	31.8	臂长种类	标准型
臂长 L(mm)	40	闭合压力(N)	400
材质	SS400	整体形状	底面固定·卧式把手型

图 11-8

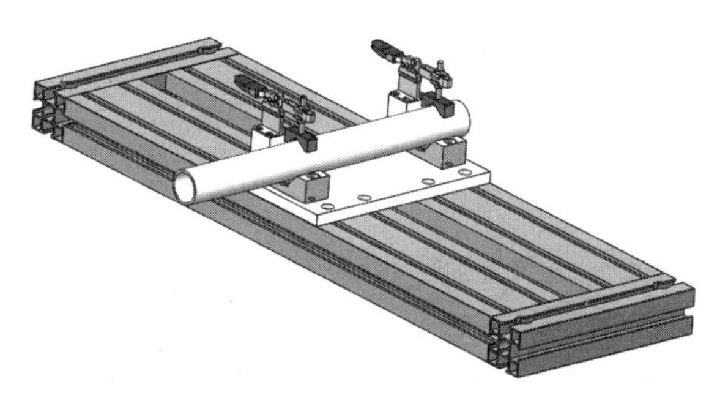

图 11-9

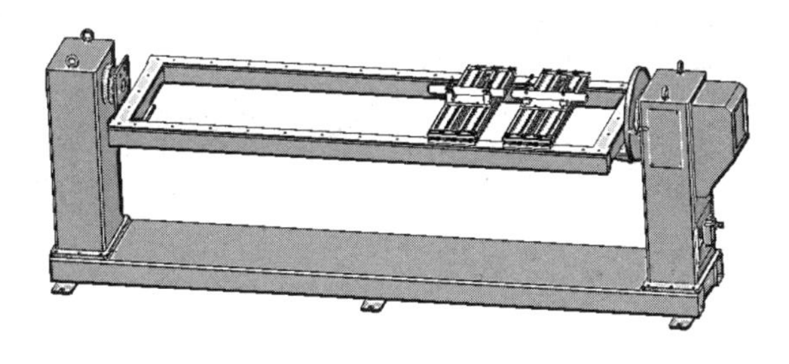

图 11-10

11.4　知识点练习

下面设计一款钣金零件焊接固定装置，操作步骤如下。

❶ 确定钣金零件模型，效果图如图 11-11 所示。

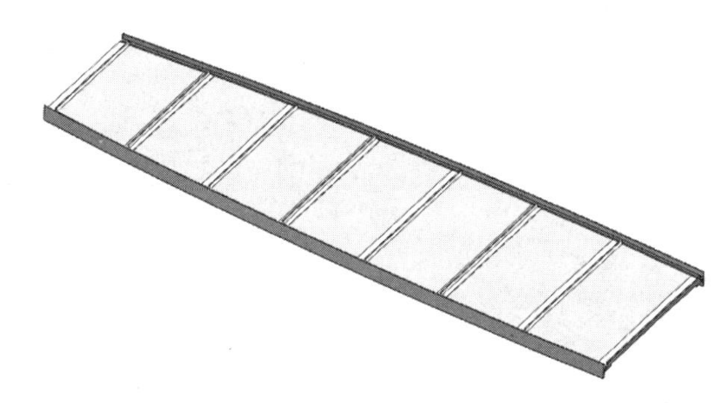

图 11-11

❷ 设计钣金固定架，示意图如图 11-12 所示。

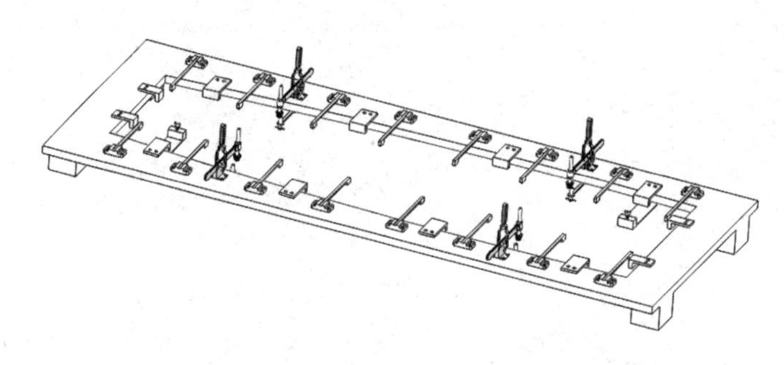

图 11-12

❸ 整体装配，效果如图 11-13 所示。

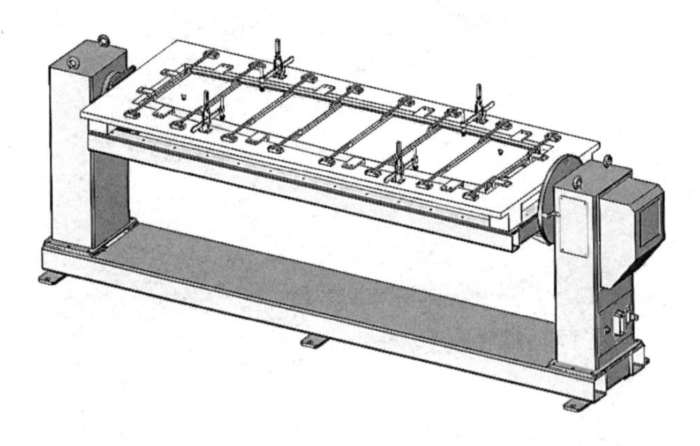

图 11-13

第 12 章

工业机器人工作站设计

12.1 项目基本要求

12.1.1 客户需求分析

对工业机器人工作站集成方案的客户需求进行如下分析。

- 核心功能需求：实现特定品牌工程车部件的自动化焊接，包括但不限于某品牌工程车地板横梁I合件、某品牌中顶 B 立柱加强板总成、某品牌工程车尾门内板合件、某品牌工程车顶盖支撑梁合件、某品牌三排工程车窗框内板合件、某品牌工程车后地板总成，以全面提升生产效率与焊接质量。
- 操作流程优化：采用人工辅助方式，依据设备配置的夹具定位上述各部件并运至工作站内，随后由焊接机器人执行焊接作业，确保操作简便且安全。
- 产能与质量目标：通过自动化的方式替代人工焊接，实现生产效率与质量控制的双重飞跃。
- 精度控制标准：对工件尺寸精度提出严格要求，确保焊缝位置误差不超过±0.3mm，长度误差不超过±1mm，且定位精度达到±0.2mm。为达到此标准，客户需要在焊接前完成工件的预定位，并提供经双方确认的 CAD 签字版最终工件图纸作为焊接夹具的设计依据。

通过上述细化分析，本方案旨在为客户提供一个高效、精准、可靠的工业机器人工作站集成方案，以全面满足其对生产节拍、质量控制及自动化升级的需求。

12.1.2 项目信息收集

1. 某品牌工程车地板横梁 I 合件

某品牌工程车所用的地板横梁 I 合件由钣金件精密焊接而成，其重量约为 8kg，高度约为 50mm、长度约为 1900mm、宽度约为 80mm。为直观了解工件外形，请参照如图 12-1 所示的示意图。

2. 某品牌中顶 B 立柱加强板总成

某品牌中顶 B 立柱加强板总成由钣金件焊接而成。其重量约为 5kg，高度约为 210mm，长度约为 1646mm，宽度约为 153mm。为直观了解工件外形，请参照如图 12-2 所示的示意图。

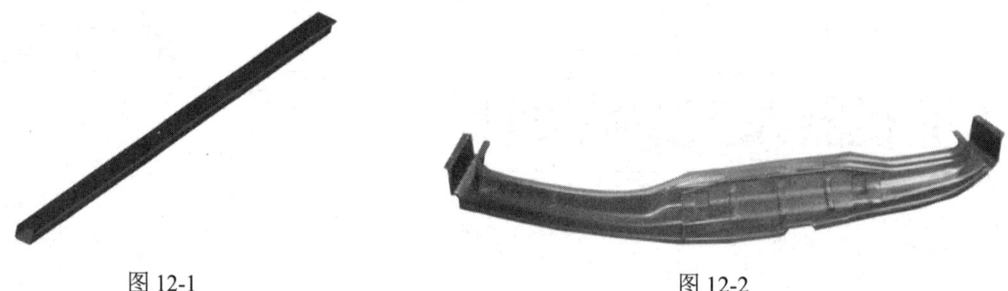

图 12-1　　　　图 12-2

3．某品牌工程车尾门内板合件

某品牌工程车尾门内板合件由轴套与钣金件焊接而成。其重量约为 14kg，高度约为 61mm，长度约为 1500mm，宽度约为 450mm。为直观了解工件外形，请参照如图 12-3 所示的示意图。

4．某品牌工程车顶盖支撑梁合件

某品牌工程车顶盖支撑梁合件由钢管与钣金件焊接而成。其重量约为 5kg，高度约为 255mm，长度约为 1600mm，宽度约为 130mm。为直观了解工件外形，请参照如图 12-4 所示的示意图。

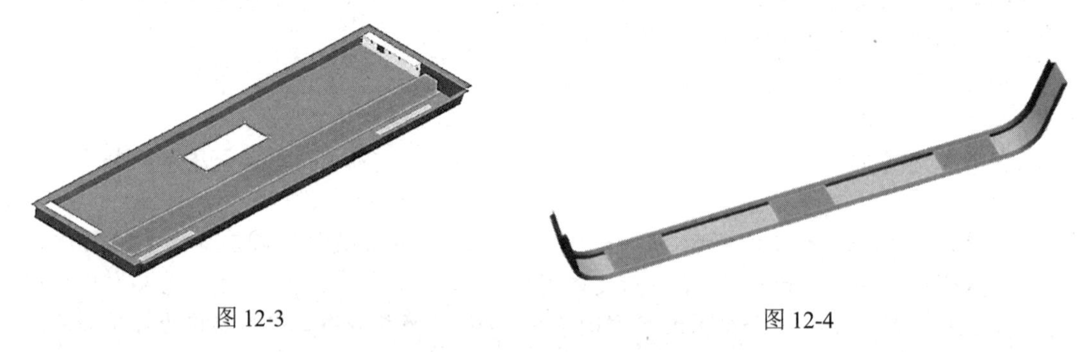

图 12-3　　　　图 12-4

5．某品牌三排工程车窗框内板合件

某品牌三排工程车窗框内板合件由钣金件焊接而成。其重量约为 10kg，高度约为 100mm，长度约为 730mm，宽度约为 710mm。为直观了解工件外形，请参照如图 12-5 所示的示意图。

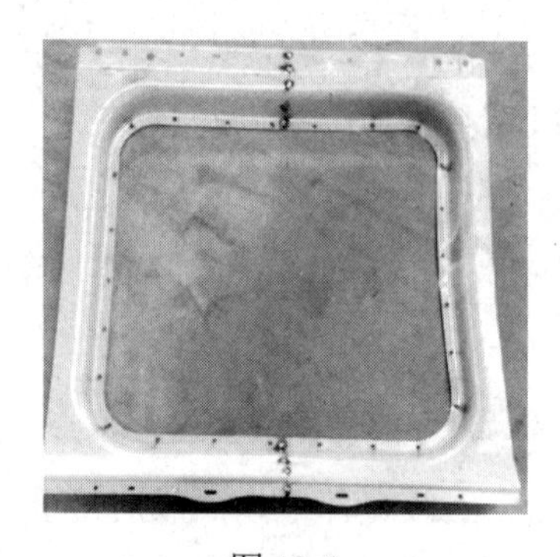

图 12-5

6．某品牌工程车后地板总成

某品牌工程车后地板总成由钣金件焊接而成。其重量约为 130kg，高度约为 80mm，长度约为 1960mm，宽度约为 1920mm。为直观了解工件外形，请参照如图 12-6 所示的示意图。

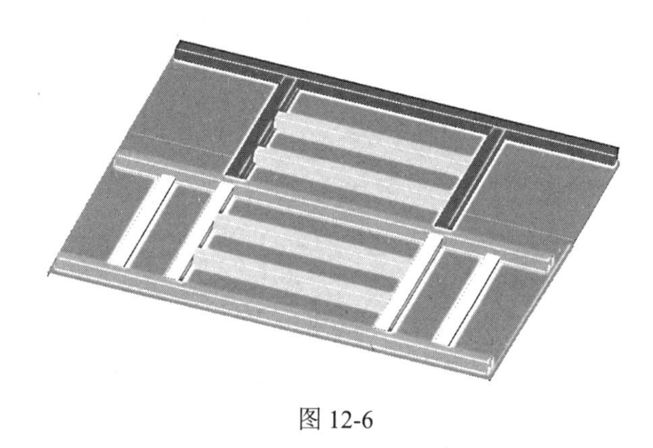

图 12-6

12.2　项目方案设计

12.2.1　项目总体介绍

本项目是专为车厢侧板焊接打造的工业机器人工作站。该工作站采用了 C 型梁可旋转倒吊焊接技术，并配备了 M-10iD/12 焊接机器人及松下 YD-350GS4 全数字焊机，同时集成了 TBI 自动清枪器，以确保焊接过程的高效与精准。此工作站的装卸简便快捷，操作直观易懂，显著降低了人力成本，并大幅提升了生产效率。

值得一提的是，工作站中的 C 型梁可旋转倒吊机架具备 360° 旋转功能，这一设计极大扩展了工业机器人的焊接作业范围，与此同时，工业机器人倒吊于工件上方的作业模式也有效节省了工作站的空间占用。

本工作站的核心设备如表 12-1 所示。

表 12-1

项　目	序　号	内　容	数量备注
工业机器人	1	M-10iD/12 焊接机器人	1 台
	2	机器人控制柜	1 个
机械设备	3	C 型梁可旋转倒吊机架	1 台
	4	多种品牌工程车部件的焊接夹具	2 套
系统控制设备	5	系统控制按钮盒	1 个
安全设备	6	安全围栏	1 组
	7	行程开关	2 个
配套设备	8	松下 YD-350GS4 全数字焊机	1 台
	9	TBI 自动清枪器	1 套

本工作站的设备配置与布局如图 12-7 所示，主视图如图 12-8 所示，俯视图如图 12-9 所示。

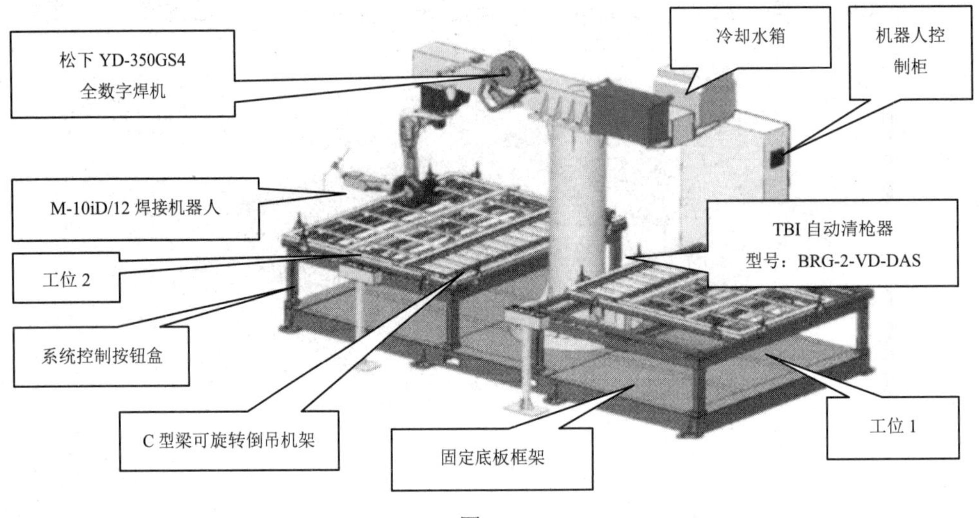

图 12-7

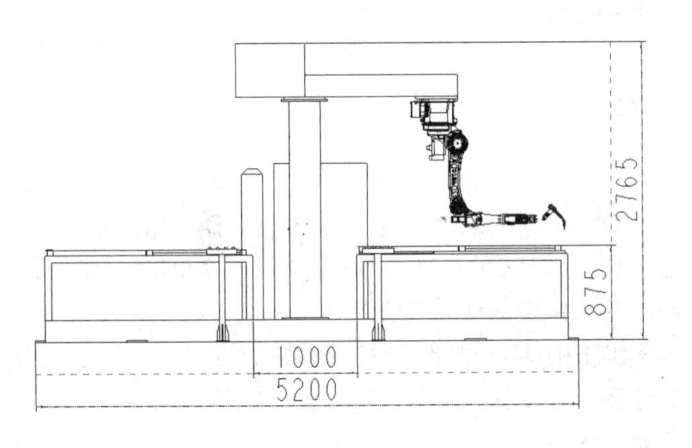

图 12-8

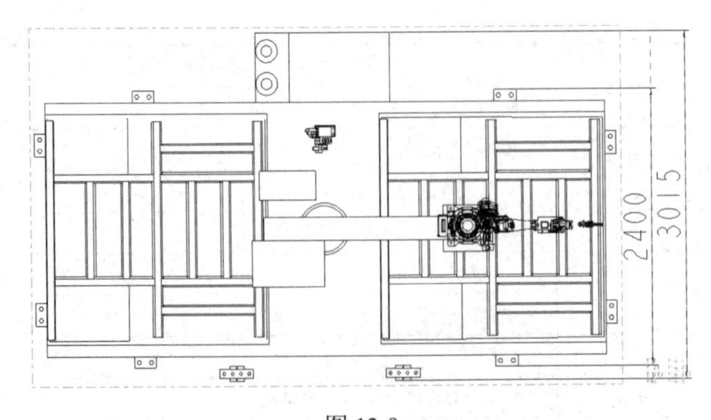

图 12-9

12.2.2　项目执行流程

❶ 工件装载与固定：操作人员手动将工件安置于工位 1 的专用夹具中，以确保工件的稳固性。

❷ 启动流程：操作人员单击“启动”按钮，激活整个工作站，系统依据预设的自动化程序启动运行。

❸ 自动化焊接启动：在接收到启动信号后，工业机器人自动移动至工位 1，依据编程指令开始执行焊接任务。

❹ 工位 2 准备：与此同时（或在前一个步骤执行期间），操作人员手动将另一个工件固定于工位 2 的相应夹具上，为接下来的焊接工作做准备。

❺ 工位切换与连续作业：一旦工位 1 的焊接任务完成，系统就自动切换至工位 2 进行焊接，以实现无缝对接。

❻ 工件卸载与再装载：在工位 2 焊接的同时，操作人员手动卸载工位 1 上已完成焊接的工件，并迅速将新的待焊接工件固定至工位 1 的夹具上，以保持生产线的连续性。

上述步骤构成一个完整的工作循环，不断重复进行，以确保生产过程的高效、有序进行。

12.2.3　生产节拍计算

1．某品牌工程车地板横梁 I 合件

生产节拍=客户提供的焊缝长度/焊接速度×工业机器人数量+
工业机器人在焊缝间的行走时间×焊缝数/工业机器人数量+
每次寻位时间×寻位次数/工业机器人数量+
每次清枪时间×清枪次数/每 2 米清枪一次+
在两个工位间执行动作的切换时间×工作臂的翻转次数
=150mm/8(mm/s) ×1+1s×30/1+8s×4/1+15s×0.2+4s×2=91.75s

单班产能=工作时长×效率/生产节拍
=9.5h×3600×90%/ 91.75s≈335

2．某品牌中顶 B 立柱加强板总成

生产节拍=客户提供的焊缝长度/焊接速度×工业机器人数量+
工业机器人在焊缝间的行走时间×焊缝数/工业机器人数量+
每次寻位时间×寻位次数/工业机器人数量+
每次清枪时间×清枪次数/每 2 米清枪一次+
在两个工位间执行动作的切换时间×工作臂的翻转次数
=917mm/8(mm/s) ×1+3s×25/1+8s×6/1+15s×0.4585+4s×2≈252.5s。

单班产能=工作时长×效率/生产节拍
=9.5h×3600×90%/252.5s≈122

3．某品牌工程车尾门内板合件

生产节拍=客户提供的焊缝长度/焊接速度×工业机器人数量+
工业机器人在焊缝间的行走时间×焊缝数/工业机器人数量+
每次寻位时间×寻位次数/工业机器人数量+
每次清枪时间×清枪次数/每 2 米清枪一次+
在两个工位间执行动作的切换时间×工作臂的翻转次数

=1240mm/8(mm/s) ×1+3s×48/1+8s×14/1+15s×0.62+4s×2=428.3s

单班产能=工作时长×效率/生产节拍

=9.5h×3600×90%/428.3s≈72

4．某品牌工程车顶盖支撑梁合件

生产节拍=客户提供的焊缝长度/焊接速度×工业机器人数量+
工业机器人在焊缝间的行走时间×焊缝数/工业机器人数量+
每次寻位时间×寻位次数/工业机器人数量+
每次清枪时间×清枪次数/每 2 米清枪一次+
在两个工位间执行动作的切换时间×工作臂的翻转次数

=180mm/8(mm/s) ×1+2s×18/1+8s×3/1+15s×0.1+4s×2=92s

单班产能=工作时长×效率/生产节拍

=9.5h×3600×90%/92s≈335

5．某品牌三排工程车窗框内板合件

生产节拍=客户提供的焊缝长度/焊接速度×工业机器人数量+
工业机器人在焊缝间的行走时间×焊缝数/工业机器人数量+
每次寻位时间×寻位次数/工业机器人数量+
每次清枪时间×清枪次数/每 2 米清枪一次+
在两个工位间执行动作的切换时间×工作臂的翻转次数

=408mm/8(mm/s) ×1+3s×4/1+8s×4/1+15s×0.204+4s×2=106.06s

单班产能=工作时长×效率/生产节拍

=9.5h×3600×90%/106.06s≈290

6．某品牌工程车后地板总成

生产节拍=客户提供的焊缝长度/焊接速度×工业机器人数量+
工业机器人在焊缝间的行走时间×焊缝数/工业机器人数量+
每次寻位时间×寻位次数/工业机器人数量+
每次清枪时间×清枪次数/每 2 米清枪一次+
在两个工位间执行动作的切换时间×工作臂的翻转次数

=3528mm/8(mm/s) ×1+1.5s×176.4/1+8s×26/1+15s×1.8+4s×2=948.6s

单班产能=工作时长×效率/生产节拍

=9.5h×3600×90%/948.6s≈32

注意：以上计算过程为大致估算，仅供参考。

12.2.4　焊接夹具设计

本项目中的焊接夹具采用手动操作模式，融合了快速拆装的设计理念，在确保结构强度的同时，最大限度地减少了对焊接作业区域的遮挡和干扰。为了提升设计的灵活性与通用性，焊接夹具着重实施了模块化和标准化的设计策略。通过采用一体化的精密底座结构，有效保障了各功能单元之间的相对位置精度与稳定性，从而实现了焊接夹具的高精度定位与可靠夹持。

12.3　主要设备描述

12.3.1　M-10iD/12 焊接机器人

M-10iD/12 焊接机器人的工作区域如图 12-10 所示。

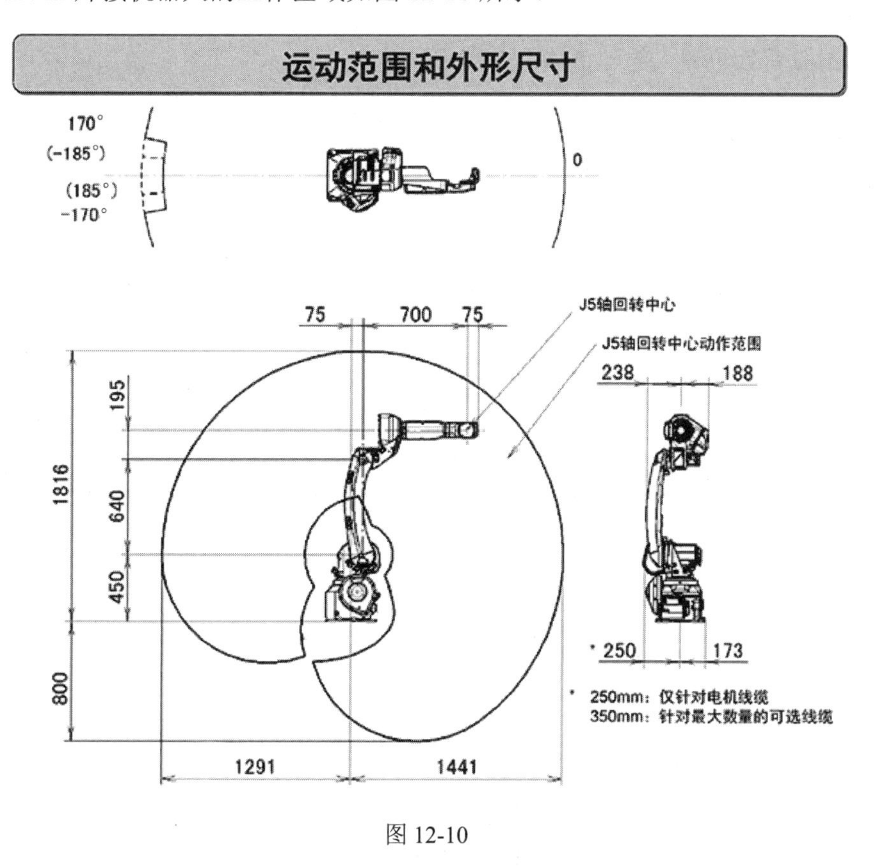

图 12-10

M-10iD/12 焊接机器人的技术参数如图 12-11 所示。

SHANGHAI-FANUC　　FANUC

规格

型号	M-10iD/12					
机构	多关节型机器人					
控制轴数	6 轴（J1，J2，J3，J4，J5，J6）					
可达半径	1441 mm					
安装方式（注释1）	地面安装、倒吊安装、倾斜安装					
动作范围（注释2）（最高速度）	J1	340°/370° (260°/s)	J2	235° (240°/s)	J3	455° (260°/s)
	J4	380° (430°/s)	J5	380° (450°/s)	J6	900° (720°/s)
手腕部最高运动速度	2000 mm/s					
手腕部最大负载	12 kg					
J3手臂部最大负载（注释3）	12 kg					
手腕允许负载转矩	J4	22 Nm	J5	22 Nm	J6	9.8 Nm
手腕允许负载惯量	J4	0.65 kgm²	J5	0.65 kgm²	J6	0.17 kgm²
驱动方式	交流伺服电机驱动					
重复定位精度	± 0.02 mm					
机器人质量（注释4）	145kg					
输入电源功率（平均功耗）	2 kVA （1 kW）					

注释1）如果采用倾斜安装方式，则J1轴和J2轴的运动范围将受到限制。
注释2）短距离运动时，可能达不到各轴的最高标称速度。
注释3）根据手腕部负载重量的不同，而受到限制。
注释4）不含机器人控制器的质量。

Service First　　10 -

图 12-11

M-10iD/12 焊接机器人的配置如表 12-2 所示。

表 12-2

项　　目	序　　号	内　　容	描　　述
M-10iD/12 焊接机器人配置	1	M-10iD/12 焊接机器人本体	
	2	焊接机器人连接电缆	10m
	3	焊接机器人连接附件	
	4	焊接机器人控制柜	
	5	示教器	
	6	示教器连接电缆	10m
	7	I/O 模块	
	8	总线通信模块	固定标配

对示教器的配置参数说明如下，其外形如图 12-12 所示。

图 12-12

- 轻盈便携：重量仅为 1.0kg，便于长时间手持操作，可减轻使用者的负担。
- 电源规格：采用 380V 三相电源输入，以确保示教器的稳定运行与高效能供应。
- 存储配置：Flash ROM 模块的容量为 32MB，为系统固件和关键数据提供了充足的存储空间，可保障数据的安全与稳定；DRAM 模块的容量为 32MB，支持快速的数据读写操作，以提升系统响应速度与处理效率；CMOS RAM 模块的容量为 3MB，专为实时数据处理与临时存储设计，以确保操作的流畅性与准确性。

12.3.2 松下YD-350GS4 全数字焊机

松下 YD-350GS4 全数字焊机，通过运用全数字化控制技术，可实现对从起弧至收弧的每个细节的精准操控，以确保焊接作业的精确度与稳定性。

该焊机的输出电流范围广：40～350A，可应对各种焊接需求，无论是薄板精细焊接还是厚板强力熔接，都能处理得当。

12.3.3 TBI自动清枪器

TBI 自动清枪器将清枪与喷硅油功能整合于同一位置，实现了仅执行单一动作就可高效完成清枪与喷硅油的双重任务，极大地提升了作业效率与便捷性。

值得一提的是，其喷硅油装置采用双喷嘴交叉喷射设计，这一创新之举确保了硅油能够均匀且深入地覆盖焊枪喷嘴的内表面，有效防止焊渣与喷嘴之间产生难以清除的死粘连现象，从而保障了焊接作业的连续性和焊枪的长期稳定运行。

12.4 工作分工

客户与承建商的大致工作分工如表 12-3 所示。

表 12-3

序号	内容	客户	承建方
1	焊接机器人的设计、制作、安装		※
2	C 型梁可旋转倒吊机架的安装及调试		※
3	焊接夹具的设计、制作、安装		※
4	系统安装的地面基础工程	※	
5	机械结构件的设计、制作、安装		※
6	安全门电气开关的设计、制作、安装		※
7	控制系统的设计、制作、安装		※
8	系统控制按钮盒的设计、制作、安装		※
9	连接系统的压缩空气管路 （含连接法兰及阀门）	※	
10	连接系统控制柜及焊接机器人控制柜的一次侧电源电缆	※	
11	焊接机器人的路径编程		※

12.5 公共设施及安全要求

1. 公共设施要求

- 厂房布局规划：需要提供详尽的厂房平面布局图，以精确规划焊接机器人及其控制柜的安置位置。
- 电力供应标准：要求接入三相 380V、50Hz 电源，并配备地线，以确保用电安全。
- 压缩空气参数：供应压力不低于 0.6MPa，压缩空气的流量超过 50L/min。
- 接地系统：每台焊接机器人需要实施一级接地措施，以保障电气安全。
- 环境温度控制：维持环境温度在 5℃～45℃，以满足设备稳定运行的需求。
- 湿度管理：环境湿度应不高于 75%RH，且避免结霜现象，以保护设备免受潮湿损害。
- 震动限制：确保工作区域的震动强度不超过 0.5G，以保护设备免受振动影响。
- 电磁兼容性：周围环境中的强无线电等干扰应不低于 EMC 等级的 3 级标准，确保设备正常工作，不受干扰。

2. 安全规范要求

- 安全隔离：必须在焊接机器人的作业区域周围安装封闭式安全围栏，以实现物理隔离。
- 作业禁区：严格禁止操作人员在焊接机器人的工作范围内逗留或进行任何作业活动，同时禁止操作人员与焊接机器人在同一作业区域内混合工作，以确保人员安全。

以上规定旨在为公共设施的配置与安全管理提供明确指导，从而确保机器人系统的高效、安全运行。

12.6 知识点练习

下面设计一个可抓取产品并自动下料的工业机器人工作站。

❶ 确认待抓取产品 PCB 的大小，如图 12-13 所示。

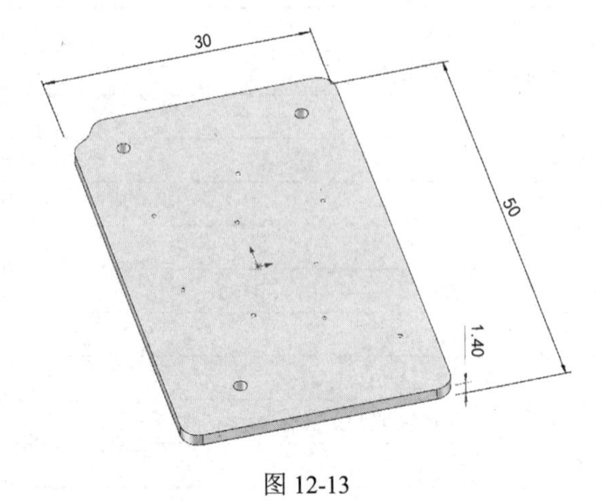

图 12-13

❷ 设计输送线路，如图 12-14 所示。

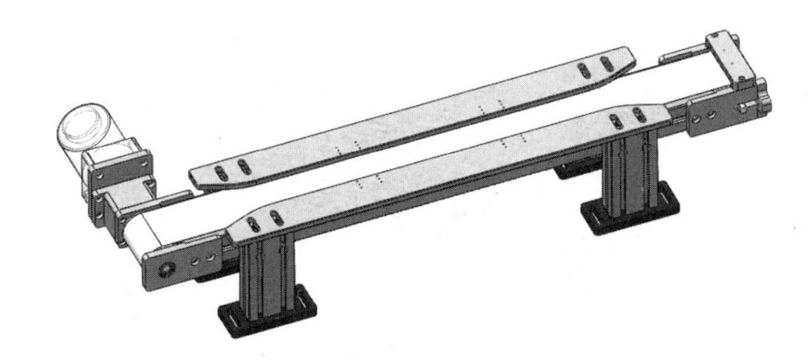

图 12-14

❸ 设计储料工位，如图 12-15 所示。

❹ 选择工业机器人，以及配套执行工具的型号，如图 12-16 所示。

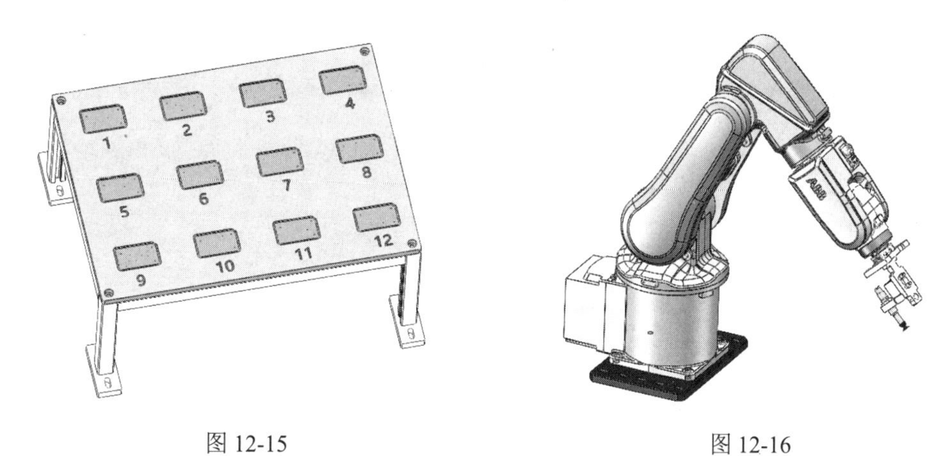

图 12-15　　　　图 12-16

❺ 设计机架，效果如图 12-17 所示。

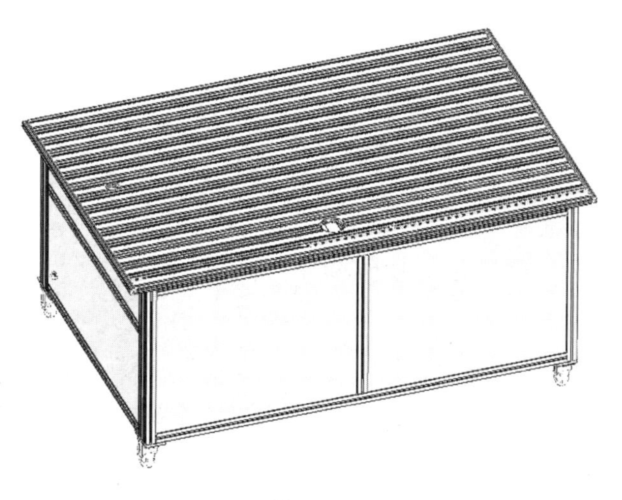

图 12-17

❻ 完成设计后的可抓取产品并自动下料的工业机器人工作站效果如图 12-18 所示。

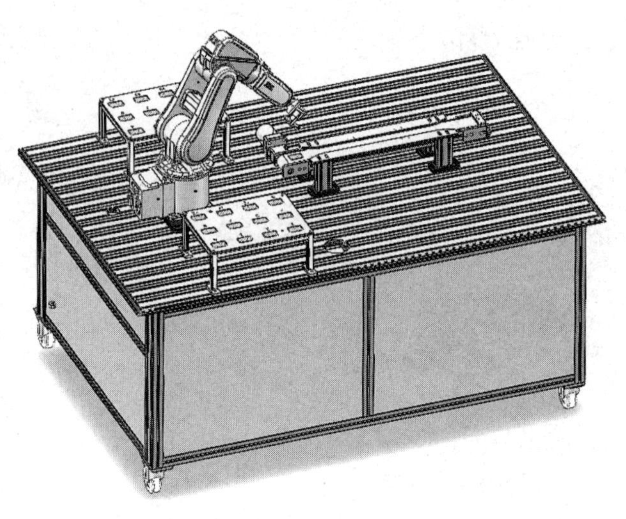

图 12-18